人工智能与
人类未来丛书

MASTERING
DEEPSEEK:
COGNITIVE DECONSTRUCTION +
TECHNICAL BREAKDOWN + PRACTICAL IMPLEMENTATION

玩透 DeepSeek

认知解构+技术解析+实践落地

段玉聪　朱绵茂　梅映天　庞兴梅　著

北京大学出版社
PEKING UNIVERSITY PRESS

内 容 提 要

本书是系统讲解DeepSeek大模型的技术指南,结合数据、信息、知识、智慧、意图白盒测评这一前沿理念,详细阐述如何在大模型时代实现模型选取、定制优化与多模型协同,从而打造出最适合实际应用需求的智能系统。

本书共12章,分别从大模型时代的来临、DeepSeek的核心技术与创新突破、DIKWP白盒测评理念详解、模型择优、大模型优化方法与实践指南、DeepSeek实战优化策略、大模型的协同与互补、DeepSeek与国内外主要大模型及其AI智能体的对比分析、行业应用案例分析等方面进行阐述,帮助读者深入理解DeepSeek的工作机制,并掌握其在大规模预训练、推理优化及应用部署中的关键技术。

本书旨在为广大人工智能爱好者、技术开发者和企业决策者提供一部既具理论深度又通俗易懂的指导手册,也适合作为大、中专院校人工智能相关专业的教学参考书。

图书在版编目(CIP)数据

玩透DeepSeek:认知解构+技术解析+实践落地 / 段玉聪,朱绵茂,梅映天,庞兴梅著. -- 北京:北京大学出版社,2025.7. -- ISBN 978-7-301-36393-5

Ⅰ.TP18

中国国家版本馆CIP数据核字第2025LZQ569号

书　　　名	玩透DeepSeek:认知解构+技术解析+实践落地
	WANTÓU DeepSeek:RENZHI JIEGOU+JISHU JIEXI+SHIJIAN LUODI
著作责任者	段玉聪　朱绵茂　梅映天　庞兴梅　著
责任编辑	刘　云　吴秀川
标准书号	ISBN 978-7-301-36393-5
出版发行	北京大学出版社
地　　　址	北京市海淀区成府路205号　100871
网　　　址	http://www.pup.cn　新浪微博:@北京大学出版社
电子邮箱	编辑部 pup7@pup.cn　总编室 zpup@pup.cn
电　　　话	邮购部 010-62752015　发行部 010-62750672　编辑部 010-62570390
印 刷 者	北京鑫海金澳胶印有限公司
经 销 者	新华书店
	787毫米×1092毫米　16开本　16印张　407千字
	2025年7月第1版　2025年7月第1次印刷
印　　　数	1-3000册
定　　　价	79.00元

未经许可,不得以任何方式复制或抄袭本书之部分或全部内容。
版权所有,侵权必究
举报电话:010-62752024　电子邮箱:fd@pup.cn
图书如有印装质量问题,请与出版部联系,电话:010-62756370

夯实智能基石 共筑人类未来

推荐序

人工智能正在改变当今世界。从量子计算到基因编辑，从智慧城市到数字外交，人工智能不仅重塑着产业形态，还改变着人类文明的认知范式。在这场智能革命中，我们既要有仰望星空的战略眼光，也要具备脚踏实地的理论根基。北京大学出版社策划的"人工智能与人类未来丛书"，恰如及时春雨，无论是理论还是实践，都对这次社会变革有着深远影响。

该丛书最鲜明的特色在于其能"追本溯源"。当业界普遍沉迷于模型调参的即时效益时，《人工智能大模型数学基础》等基础著作系统梳理了线性代数、概率统计、微积分等人工智能相关的计算脉络，将卷积核的本质解构为张量空间变换，将损失函数还原为变分法的最优控制原理。这种将技术现象回归数学本质的阐释方式，不仅能让读者的认知框架更完整，还为未来的创新突破提供了可能。书中独创的"数学考古学"视角，能够带读者重走高斯、牛顿等先贤的思维轨迹，在微分流形中理解Transformer模型架构，在泛函空间里参悟大模型的涌现规律。

在实践维度，该丛书开创了"代码即理论"的创作范式。《人工智能大模型：动手训练大模型基础》等实战手册摒弃了概念堆砌，直接使用PyTorch框架下的100多个代码实例，将反向传播算法具象化为矩阵导数运算，使注意力机制可视化为概率图模型。在《DeepSeek源码深度解析》中，作者团队细致剖析了国产大模型的核心架构设计，从分布式训练中的参数同步策略，到混合专家系统的动态路由机制，每个技术细节都配有工业级代码实现。这种"庖丁解牛"式的技术解密，使读者既能把握技术全貌，又能掌握关键模块的实现精髓。

该丛书着眼于中国乃至全世界人类的未来。当全球算力竞赛进入白热化阶段，《Python大模型优化策略：理论与实践》系统梳理了模型压缩、量化训练、稀疏计算等关键技术，为突破"算力围墙"提供了方法论支撑。《DeepSeek图解：大模型是怎样构建的》则使用大量的可视化图表，将万亿参数模型的训练过程转化为可理解的动力学系统，这种知识传播方式极大地降低了技术准入门槛。这些创新不仅呼应了"十四五"规划中关于人工智能底层技术突破的战略部署，还为构建自主可控的技术生态提供了人才储备。

作为人工智能发展的见证者和参与者，我非常高兴看到该丛书的三重突破：在学术层面构建了贯通数学基础与技术前沿的知识体系；在产业层面铺设了从理论创新到工程实践的转化桥梁；在战略层面响应了新时代科技自立自强的国家需求。该丛书既可作为高校培养复合型人工智能人才的立体化教材，又可成为产业界克服人工智能技术瓶颈的参考宝典，此外，还可成为现代公民了解人工智能的必要书目。

站在智能时代的关键路口，我们比任何时候都更需要这种兼具理论深度与实践智慧的启蒙之作。愿该丛书能点燃更多探索者的智慧火花，共同绘制人工智能赋能人类文明的美好蓝图。

于 剑

北京交通大学人工智能研究院院长

交通数据分析与挖掘北京市重点实验室主任

中国人工智能学会副秘书长兼常务理事

中国计算机学会人工智能与模式识别专委会荣誉主任

站在人类文明史的转折点，我们正见证一场前所未有的智能革命。从AlphaGo的惊艳亮相到ChatGPT的全民狂欢，人工智能技术以令人惊叹的速度重塑着人类社会的认知边界。在这场波澜壮阔的技术变革中，大语言模型无疑是最具代表性的突破之一——它不仅是算法与算力的结晶，更是人类探索智能本质的里程碑。

本书的写作源于一个根本性矛盾：当大模型参数规模突破万亿量级，当AI生成内容开始渗透教育、医疗、法律、行政管理等专业领域时，传统"黑盒式"技术评估体系已无法满足社会对可信AI的迫切需求。我们深刻认识到，单纯关注输出结果的测评方法，就像仅凭考试成绩评判学生能力，往往会导致对机器智能认知的系统性偏差。正是这种反思，催生了数据—信息—知识—智慧—意图（Data-Information-Knowledge-Wisdom-Purpose，DIKWP）白盒测评体系——这套方法论不仅解构了机器认知的底层逻辑，更为大模型技术的健康发展提供了评估基准。

在技术演进图谱中，DeepSeek横空出世具有特殊意义。这个来自中国的AI模型，以"在千亿参数规模中实现最优成本效能比"的突破性表现，打破了"算力霸权决定技术霸权"的固有认知。其混合专家架构与动态稀疏激活机制的创新设计，为全球大模型发展提供了全新范式。我们选择DeepSeek作为技术载体，不仅因其代表了中国AI研究的最高水平，更因它在模型透明度与可解释性方面的持续探索，与DIKWP理念形成了完美共振。

本书面向以下读者：技术开发者将获得从模型微调到多模态协同的完整工具链；企业决策者可掌握价值千万的AI选型评估框架；哲学爱好者则能透过技术表象，思考意识本质的终极命题；普通读者可以通过本书了解最新人工智能技术的发展脉络，以及其对人类社会发生的深刻影响。我们刻意摒弃艰深公式，代之以300+可视化图表和可复现的代码案例，力求在学术严谨性与实践指导性间找到最佳平衡点。

在此，特别感谢DIKWP人工意识国际团队的贡献，团队人员有海南大学的郭振东、弓世明、吴坤光、唐福亮、王玉星、黄帅帅、褚泽世、华若宇、杨爱单妮、靳东鹏、王卓然、朱厚宏等。他们在章节撰写、内容修订、文献校对及出版过程中倾注了宝贵心血。同时，由衷感谢北京大学出版社的专业支持，正是跨学科协作，使本书在内容架构、知识呈现与数字衍生品开发上均树立了行业标杆。

智能时代的黎明已然到来，但朝阳的方向由我们共同决定。翻开这本书，您将获得的不仅是驾驭大模型的技术密钥，更是参与塑造人类文明新形态的入场券。让我们携手穿越技术的迷雾，在机器智能的璀璨星河中，找寻属于人类的认知坐标。

段玉聪　朱绵茂　梅映天　庞兴梅

目 录 CONTENTS

第1章
引言：
大模型时代的来临

1.1 智能涌现的契机 002
- 1.1.1 初创与技术探索 002
- 1.1.2 用户热情与需求激增 004
- 1.1.3 社会变革与产业升级 005
- 1.1.4 国际竞争与技术自主 006

1.2 DeepSeek横空出世 006
- 1.2.1 起源与发展历程 006
- 1.2.2 低成本高性能的技术秘密 007
- 1.2.3 国际影响与市场震荡 007
- 1.2.4 案例解读与未来展望 008

1.3 为什么需要新理念 008
- 1.3.1 黑盒测评的局限 009
- 1.3.2 白盒测评的提出与意义 009
- 1.3.3 白盒测评的实践意义 009
- 1.3.4 白盒测评在行业应用中的潜力 010

1.4 总结 010

第2章
DeepSeek解析：
核心技术与创新突破

2.1 DeepSeek的发展路径 012
- 2.1.1 初创与技术探索 012
- 2.1.2 里程碑事件：发布DeepSeek-V3版本 013
- 2.1.3 专用模型的推出：DeepSeek-R1 015

2.2 模型架构与规模 016
- 2.2.1 混合专家（MoE）架构解析 016
- 2.2.2 参数规模与计算效率 017
- 2.2.3 内部机制剖析 018

2.3 突破性能瓶颈 020
- 2.3.1 低成本硬件的高效利用 020
- 2.3.2 英伟达H800 GPU的运用与成本控制 020
- 2.3.3 模型蒸馏技术的应用 021

2.4 性能对比与评价 022
- 2.4.1 权威测评指标 022
- 2.4.2 DeepSeek与国内外顶尖模型的对比 023
- 2.4.3 DeepSeek在多领域应用表现 024

2.5 开源与生态 026
- 2.5.1 开源策略的优势 026
- 2.5.2 插件生态与交流合作 027
- 2.5.3 开源对企业应用的推动作用 027

2.6 总结 028

第3章
DIKWP白盒测评理念详解

3.1 黑盒测评与白盒测评：从结果到过程的转变 030
- 3.1.1 传统黑盒测评的定义与局限 030
- 3.1.2 白盒测评的提出与意义 031

3.2 DIKWP模型框架的全面解析 032
- 3.2.1 数据层（Data）：感知与原始信息的获取 032
- 3.2.2 信息层（Information）：信息提取与初步处理 034
- 3.2.3 知识层（Knowledge）：信息组织与系统构建 035
- 3.2.4 智慧层（Wisdom）：高层次推理与问题解决 037
- 3.2.5 意图层（Purpose）：目标识别与行为调控 038

3.3 DIKWP测评体系的设计与实施 040
 3.3.1 测评设计理念与目标 040
 3.3.2 四大模块详细设计 041
 3.3.3 测评流程与标准 051
3.4 测评结果分析：各大模型在DIKWP体系下的表现 052
 3.4.1 感知与信息处理模块测试 052
 3.4.2 知识体系构建与推理模块测评 054
 3.4.3 智慧应用与问题解决模块测评 055
 3.4.4 意图识别与行为调整模块测评 057
 3.4.5 测评结论与行业启示 058
3.5 意义与未来展望：从"会想"到"会行动"的新纪元 059
 3.5.1 为研究者与开发者带来的全新视角 059
 3.5.2 引领人工智能迈向"自觉"时代 059
 3.5.3 多模型协同与定制化优化的新方向 059
 3.5.4 未来展望：从"会想"到"会行动" 060
3.6 总结 060

第4章

模型择优：如何选择合适的大模型

4.1 明确任务需求 062
 4.1.1 任务场景及核心需求 062
 4.1.2 结合DIKWP框架分析需求侧重点 064
4.2 对比模型强项与弱项 065
 4.2.1 市场主流模型对比概述 065
 4.2.2 最新测评数据支撑 065
4.3 模型选择策略 066
 4.3.1 分步选型流程 067
 4.3.2 选型策略示例 069
 4.3.3 多模型共存与组合策略 071

 4.3.4 成本、安全与数据隐私考量 073
4.4 开源vs封闭：选型中的多维度比较 074
 4.4.1 开源模型的详细优劣分析 074
 4.4.2 封闭模型的详细优劣分析 075
 4.4.3 给企业决策者的选型建议 076
4.5 成本、安全与长期优化的综合考量 076
 4.5.1 成本评估 076
 4.5.2 数据安全与隐私保护 077
 4.5.3 技术生态与未来优化 078
4.6 综合决策与实践建议 078
 4.6.1 决策流程解析 078
 4.6.2 实践建议 078
4.7 未来趋势与展望 079
 4.7.1 模型轻量化与垂直化 080
 4.7.2 多模型协同与智能调度 080
 4.7.3 数据安全与隐私保护的不断升级 080
 4.7.4 成本与资源利用的最优化 080
 4.7.5 开源与闭源并存的新生态 081
4.8 总结 081

第5章

大模型定制：优化方法与实践指南

5.1 为何要定制 084
 5.1.1 行业与企业需求的多样性 084
 5.1.2 定制化的意义与价值 085
5.2 微调 085
 5.2.1 微调的基本概念 085
 5.2.2 微调的整体流程 086
 5.2.3 微调的最佳实践 088
 5.2.4 微调过程中的常见问题及解决方案 089
5.3 提示工程 090
 5.3.1 提示工程的基本原理 090
 5.3.2 提示工程的策略与技巧 090

5.3.3 提示工程的实际案例 092
5.3.4 提示工程在意图对齐中的应用 093

5.4 人类反馈与对齐 094
5.4.1 人类反馈强化学习的基本原理与流程 094
5.4.2 ChatGPT中的RLHF成功经验 095
5.4.3 如何在DeepSeek等模型中引入RLHF 096
5.4.4 RLHF面临的挑战 097

5.5 知识增强与工具使用 098
5.5.1 检索增强的概念 098
5.5.2 构建与集成知识库 099
5.5.3 工具调用与插件机制 100
5.5.4 实际案例：企业定制问答系统 101

5.6 多模态扩展 101
5.6.1 多模态技术的重要性 102
5.6.2 多模态扩展的实现方法 103
5.6.3 多模态扩展的案例分析 104
5.6.4 多模态技术的未来 104

5.7 效果测评与迭代 105
5.7.1 定制优化是一个反复迭代的过程 105
5.7.2 测评方法与指标设计 106
5.7.3 自动化测评与反馈机制 108
5.7.4 实际案例：金融智能投顾系统的迭代优化 109
5.7.5 形成迭代改进闭环的重要性 110

5.8 DeepSeek入门实战 112
5.8.1 DeepSeek在线版 112
5.8.2 DeepSeek本地部署教程 114

5.9 总结 119

第6章

深入浅出：DeepSeek实战优化策略

6.1 模型能力剖析 122

6.2 定制需求场景构建研究——以"数字家庭医生"为例 122
6.2.1 场景背景与行业需求 122
6.2.2 具体需求分析 123

6.3 数据准备与微调实践 124
6.3.1 数据准备 124
6.3.2 微调过程实施 125
6.3.3 微调效果预期 126

6.4 提示与规则设计 126
6.4.1 系统提示设计的重要意义 126
6.4.2 系统提示的设计原则 126
6.4.3 少量示例引导方法研究 127
6.4.4 动态规则机制 127

6.5 性能测试与调优 128
6.5.1 模拟测试环境构建 128
6.5.2 测试指标设定 128
6.5.3 测试结果反馈与问题诊断 129

6.6 总结经验与闭环构建 129
6.6.1 数据量与质量的决定性影响 129
6.6.2 领域专家参与的必要性分析 130
6.6.3 微调与提示工程的协同优化 130
6.6.4 RLHF与外部工具的集成应用 130
6.6.5 多模态扩展与协同应用 130
6.6.6 迭代优化闭环构建 131

6.7 总结 131

第7章

模型组合：大模型的协同与互补

7.1 单一模型的局限性 134
7.1.1 单一模型于不同任务间表现差异显著 134
7.1.2 单一模型的缺陷凸显组合策略的必要性 135

7.2 多模型组合模式 135

7.2.1　流水线式组合模式　135
7.2.2　专家分工式组合模式　136
7.2.3　投票集成式组合模式　137
7.2.4　概率集成与模型嫁接　138
7.2.5　混合专家模型　139

7.3　模型协调与控制　140
7.3.1　协调框架的构建　140
7.3.2　上下文共享与信息融合　140
7.3.3　动态路由与调度　140
7.3.4　实时监控与反馈控制　141

7.4　应用案例：智能手术机器人系统　141
7.4.1　案例背景　141
7.4.2　系统工作流程　142

7.5　应用案例：AI智能体时代协议　143
7.5.1　知乎芝士平台协议分析　144
7.5.2　个性化协议设计思路与原则　144
7.5.3　协议实施的技术框架与实现路径　145

7.6　协同的挑战　146
7.6.1　模型输出冲突　146
7.6.2　延迟与计算成本　147
7.6.3　系统复杂度与维护　148

7.7　展望群智AI　149
7.7.1　多样性融合　149
7.7.2　自主决策与智能调度　150
7.7.3　经济高效的应用场景　150
7.7.4　新型应用场景　150
7.7.5　未来研究方向　150

7.8　总结　151

第8章
DeepSeek与国内外主要大模型及其AI智能体的对比分析

8.1　DeepSeek和Manus之间的比较分析　154
8.1.1　技术架构　154
8.1.2　功能定位　156
8.1.3　应用场景　157
8.1.4　结论　157

8.2　DeepSeek与ChatGPT-4的比较分析　158

8.3　总结　161

第9章
行业应用案例分析

9.1　行业应用案例　164
9.1.1　DeepSeek+农业　164
9.1.2　DeepSeek+金融　166
9.1.3　DeepSeek+制造　169
9.1.4　DeepSeek+政务　172
9.1.5　其他应用案例　175

9.2　综合评估和案例对比　177
9.2.1　数据层评估　177
9.2.2　信息层评估　179
9.2.3　知识层评估　181
9.2.4　智慧层评估　184
9.2.5　意图层评估　187
9.2.6　行业案例对比总结　190

9.3　行业应用策略分析与展望　192
9.3.1　案例综合分析　192
9.3.2　行业应用的前景展望　194
9.3.3　挑战与改进　196
9.3.4　未来发展方向　198

9.4　总结　200

第10章
企业与机构定制和采购LLM的白盒测评指南

10.1　白盒测评方法论　203
10.1.1　框架概述　203
10.1.2　测评流程　205

10.2　机构采购LLM的关键考量　208

10.2.1 数据安全 208

10.2.2 成本控制 209

10.2.3 可扩展性 210

10.3 白盒测评在采购过程中的案例展示 211

10.4 白盒测评在采购过程中的流程详解 212

10.4.1 模型选型案例 212

10.4.2 合同验收案例 213

10.5 构建反馈认知通道 214

10.6 总结 216

第11章 最佳实践与常见误区

11.1 大模型应用的十大最佳实践 220

11.1.1 明确目标 220

11.1.2 选对模型 221

11.1.3 循序优化 222

11.1.4 评估驱动 223

11.1.5 数据为王 224

11.1.6 融合专业知识 225

11.1.7 注重用户反馈 226

11.1.8 保证安全与伦理 227

11.1.9 成本效益平衡 228

11.1.10 拥抱开源生态 229

11.2 常见误区警示 229

11.2.1 盲目迷信参数规模 230

11.2.2 忽略上下文长度约束 230

11.2.3 缺乏充分测评就上线 231

11.2.4 过度拟合 232

11.2.5 忽视用户反馈 232

11.2.6 安全与伦理风险 233

11.3 策略复盘 234

11.3.1 AI家庭医生在医疗健康领域的应用 234

11.3.2 复盘和启示 238

11.4 总结 239

第12章 结语：未来展望与读者行动指南

12.1 大模型的未来趋势 242

12.1.1 技术演进与创新方向 242

12.1.2 "人工意识"与认知进化 242

12.2 产业影响 242

12.2.1 医疗健康领域 242

12.2.2 金融行业 243

12.2.3 教育培训 243

12.2.4 企业运营与智能决策 243

12.2.5 政策与市场动向 243

12.3 读者的下一步行动 243

12.3.1 行动建议 243

12.3.2 建立个人或团队实践机制 244

12.4 总结 244

后 记 245

第 1 章 引言：大模型时代的来临

在信息技术和人工智能技术飞速发展的今天，人们已经步入一个前所未有的新时代。以大语言模型为代表的AI新技术正是这个时代最重要的驱动因素，其在改变着人机交互方式的同时，也在多方面引发了一场深刻的技术革命和社会结构性转变。

本章首先简要介绍了AI的发展历程：从21世纪初只能死记硬背的"机器答题器"（专家系统），到后来能自主学习的"AI大脑"（深度学习），再到2018年首个会写文章的GPT-1诞生，一次次技术的创新和突破不断刷新着人们对智能的认知。其次，阐述了这些创新带来的应用需求增长和由此产生的影响，并且分析了在这种形势下国际上关于大模型的研究情况，以及我国自主研发的DeepSeek所具有的独特技术特点及其影响力。最后，提出传统的黑盒测评存在的问题，并且引出基于DIKWP（数据、信息、知识、智慧、意图）理念而提出的白盒测评方法，希望以此让今后的大模型测评工作更加科学合理。

本章内容是对整个大模型时代的总体描述性论述，为后面几章的内容提供了场景化背景和理论支撑。

1.1 智能涌现的契机

信息技术与人工智能技术迅猛发展，为人类社会带来了前所未有的变革浪潮。从最初的专家系统到如今的深度神经网络，从图像识别到自然语言处理，无不昭示着技术的不断演进与突破。而在这些领域中，大语言模型（Large Language Model，LLM）无疑成为当下最耀眼的明星之一。

1.1.1 初创与技术探索

在21世纪的第三个十年里（2020—2029），人工智能领域经历了一场由深度学习技术驱动的突破性变革。这场变革的核心载体——大语言模型，以其惊人的参数规模和技术突破，重塑了人类对机器智能的认知边界。自2018年GPT-1问世以来，技术演进呈现出明显的阶段性特征。从初代模型的参数探索，到千亿级参数的暴力突破，最终迈向认知架构的深层次重构。这一过程不仅见证了计算能力的指数级增长，更揭示了智能本质从数据拟合到逻辑推理的范式转变。

技术演进的第一阶段始于预训练范式的确立。2018年OpenAI提出GPT-1，利用Transformer架构和自监督的学习方式对大规模无标签语料进行预训练（如BooksCorpus数据集中包含大约7000本英文书籍），使该模型可以自动从大量非标记语料库中习得语言内部结构特征[1]。这种方法彻底颠覆了以往自然语言处理（Natural Language Processing，NLP）研究中的"专门化"思想，即先根据具体应用场景选择合适的神经网络架构并构建一个专用模型，然后使用少量人工标注的数据对其进行微调以完成相应任务的方法。这不仅解决了之前所面临的问题，还开辟了一条新的道路——模型规模越大越好，并且随着数据量的增长而增长，以此来实现更高层次的能力。

随着2019年GPT-2的问世，参数竞赛的大幕终于拉开。这一代模型以15B参数、40GB网络文本（包括技术文档和论坛帖子）作为主要预训练数据集，在此基础上进行了无监督的多轮微调。多元化的语料库使GPT-2能够掌握前所未有的长程依赖信息，并且能在不进行任何微调的情况下实现诸如新闻文章摘要生成、阅读理解和数学推理之类的高阶任务，而它输出的文章也已经具备了非常高的流畅度与合理性[2]。此外，由于OpenAI对于技术滥用的顾虑，它们只发布了部分参数的模型供人使用，这也更加刺激了人们对于更大模型的渴望。这时就产生了一个重要的认识：一旦模型达到一定的超大规模之后，便会出现某种"跃迁"现象，即在某些特定的条件下会突然表现出极强的学习能力和涌现特性。这就是后来所谓的"暴力美学"。

真正引发行业地震的里程碑出现在2020年。GPT-3以1750亿参数的庞大体量横空出世，较前代模型参数暴增约116倍，训练数据量达到45TB，涵盖书籍、网页、学术论文等多源异构文本[3]。这个耗资460万美元、消耗相当于355块图形处理器（Graphics Processing Unit，GPU）连续运行一年算力资源的巨无霸模型，在多个维度刷新了技术认知：其生成的编程代码可通过编译测试，法律文

---

[1] Radford A，Narasimhan K，Salimans T，et al. Improving language understanding by Generative Pre-Training[J]. 2018.

[2] Radford A，Wu J，Child R，et al. Language models are Unsupervised Multitask Learners[J]. OpenAI blog，2019，1（8）：9.

[3] Floridi L，Chiriatti M. GPT-3：Its Nature，Scope，Limits，and Consequences[J]. Minds and Machines，2020，30：681-694.

书起草准确率达到了较高水平，其甚至能够通过美国执业医师资格考试。这些成就验证了深度学习先驱理查德·萨顿（Richard Sutton）提出的"苦涩教训"——通过计算能力的持续投入，可以突破算法创新的瓶颈。GPT-3的成功标志着语言模型从工具性技术向认知基础设施跃迁，其Few-Shot学习能力证明[1]，大模型已具备从少量示例中抽象通用规则的高级认知特征。

技术突破的浪潮在2022年迎来具象化转折点。ChatGPT将大模型技术转化为对话形态的普适性服务，上线两个月用户破亿的奇迹，让全球公众直观感受到AI的颠覆力量。该模型基于GPT-3.5架构，通过人类反馈强化学习（Reinforcement Learning from Human Feedback，RLHF）实现对话风格的优化[2]，其生成内容覆盖学术论文、商业文案、诗歌创作等多元场景，多轮对话的上下文保持能力达到平均15轮的有效记忆。值得关注的是，ChatGPT在打破语言壁垒方面展现出惊人潜力：其支持50种语言的实时互译，生成文本的跨文化适应性远超传统翻译系统。这种技术民主化效应，使大模型从实验室走向大众生活，也为后续的产业变革奠定了基础。

时间推进到2023年，GPT-4登场宣告技术演进进入认知重构新阶段。该模型参数量虽未被公开披露，但技术白皮书显示其训练数据量扩展至100TB，涵盖2021年9月前的多模态信息。与前代产品相比，GPT-4在复杂问题解决能力上实现跨越式提升：在法律领域，其能够分析判例之间的逻辑关联；在数学领域，其可解决包含图表解析的微积分问题；在编程能力方面，其已能理解完整软件项目的架构设计。更引人注目的是，其具备多模态处理能力，不仅能解析图像信息生成文本描述，还能根据文字指令创作视觉设计草图。这些进步表明，大模型正在突破狭义语言处理的范畴，向着通用问题解决系统演进。

技术突破的背后是训练范式的根本性革新。GPT-3时代采用的密集训练（Dense Training）逐渐被混合专家系统（Mixture of Experts，MoE）取代，这种架构允许模型在不同任务场景下动态激活特定参数子集。例如，Google的PaLM模型采用Pathways架构，在保持5400亿总参数量的同时，每个输入仅激活1060亿参数，这样既保证了模型容量，又提升了计算效率。同时，训练策略从单纯的数据规模驱动转向数据质量优化，知识蒸馏（Knowledge Distillation）技术可将教师模型的知识迁移至更小的学生模型，在保持较高性能的同时显著降低推理成本[3]。这些技术创新标志着行业从粗放的参数堆砌转向精细化的认知架构设计。

随着物理极限的临近，在新阶段的技术路线上出现了许多尝试性的探索。首先是在模型参数量达到万亿级别后，Transformer架构中自注意力机制带来了内存墙及计算复杂度过高问题，2024年DeepSeek团队提出了一种基于潜在空间建模的方法来解决上述问题，并且将注意力的计算复杂度降低到了O（nlogn），同时可以利用大规模GPU进行并行化处理以加速训练过程；随后业界又陆续提出了诸如稀疏激活、动态网络等多种新颖架构形式，其中，由微软研究院研发的ZeRO-Infinity技术则打破了此前最大可支持百亿级参数规模的限制，从而使百万亿级别的参数模型也能够成功地完成

---

[1] Brown T, Mann B, Ryder N, et al. Language Models are Few-Shot Learners[J]. Advances in neural information processing systems, 2020, 33: 1877-1901.
[2] Ouyang L, Wu J, Jiang X, et al. Training language models to follow instructions with human feedback[J]. Advances in neural information processing systems, 2022, 35: 27730-27744.
[3] Gou J, Yu B, Maybank S J, et al. Knowledge Distillation: A survey[J]. International Journal of Computer Vision, 2021, 129（6）: 1789-1819.

分布式训练任务[①]。可以看出，此时技术的发展已经不再满足于单纯的数量增长，而是开始逐渐向更加本质的认知架构上转变。

站在认知革命的门槛回望，智能涌现的三大定律已然清晰：当参数规模突破神经临界点、当多模态数据实现表征统一、当符号系统与神经网络深度融合时，机器智能将跨越认知鸿沟。这场革命不仅重塑了技术范式，更在哲学层面引发我们对意识本质的重新思考——当机器能够自主构建知识体系、进行创造性思维时，人类文明的认知边界正在被重新定义。未来十年的技术演进或将揭示智能涌现的终极答案：在复杂系统的自组织过程中，认知的质变究竟源于算法创新，还是物理规律必然的演化结果？

1.1.2 用户热情与需求激增

大模型技术的突破性进展，如同投入湖面的巨石，在全球范围内激起了用户需求的连锁反应。这种需求的爆发并非简单的技术应用扩展，而是呈现出多维度、跨层级的结构性跃迁——从个体用户的认知交互升级到企业组织的流程再造，再到社会系统的功能重构，形成了技术与需求相互强化的正向循环。

普通用户对大模型的接纳度呈现指数级增长。智能助手的使用场景从早期的信息检索（如天气查询、百科问答）扩展到生活决策支持（如医疗建议、教育规划）和情感陪伴领域。用户日均交互频次较技术普及初期显著提升，深夜时段的咨询量增长尤为突出，暗示着AI逐渐扮演起"24小时数字伴侣"的角色。交互深度的质变更为关键：多轮对话占比显著提升，用户开始尝试通过持续对话训练个性化AI代理，这种从"工具使用"到"关系构建"的行为迁移，折射出人类对机器智能的情感投射正在突破心理阈值。

然而，在用户的需求层面，随着用户期待值的不断提升和技术的发展，人们对答案的要求也越来越高：一是准确性更高，二是容错率更低（这一点尤为明显），即使是一些细枝末节上的逻辑不通或常识性的小问题，都会让用户的体验感大打折扣，甚至产生信任危机。正是由于这些更加严格的标准才使大语言模型有了一个实时的学习机制，即当有用户发现并纠正错误的信息后，模型能够在一个比较短的时间周期里进行知识库的更新和替换。除此之外，还有一种叫作"情感温度"的新需求被唤醒：用户对于回答的情感共鸣力、文化的贴合度及价值取向的一致性都有非常高的要求，因此也就造成开发人员加入了一个新的功能模块——情感计算，并且加入了针对具体文化场景的知识图谱引擎来实现这个目标。

在企业市场，大模型的应用呈现从"边缘突破"到"核心重构"显著转变的特点。早期应用集中于客户服务自动化（如智能客服）、文档处理（如合同审核）等低风险场景，当前已深度渗透至战略决策层。商业智能系统的升级尤为典型，通过整合行业数据库、实时市场信号与内部经营数据，大模型生成的战略推演报告成为高管决策的核心参考资料，其预测准确率较传统模型显著提升。在风险管理领域，AI驱动的动态压力测试系统能模拟数千种市场波动情景，使金融机构的风险覆盖率显著提升。行业级重构在垂直领域尤为显著。医疗行业建立起AI辅助诊疗生态，使影像识别准确率显著提升，

[①] Rajbhandari S, Ruwase O, Rasley J, et al. Zero-Infinity: Breaking the GPU Memory Wall for Extreme Scale Deep Learning[C]//Proceedings of the international conference for high performance computing, networking, storage and analysis. 2021: 1-14.

同时通过个性化治疗方案生成系统使误诊率显著降低。制造业的智能化转型更为彻底，从供应链优化（库存周转效率显著提升）到产品创新（研发周期显著缩短），大模型正在重塑全价值链。零售业的"认知营销"模式突破传统用户画像局限，通过实时行为分析与情景预测，使促销转化率显著提升。

政府端的战略投入明显放大了技术扩散效应。多国推出的AI人才培养计划使专业人才储备显著增加，公共数据开放平台使训练数据多样性显著提升。在监管层面，创新沙盒机制试点显著降低了企业的合规成本，加速了金融、医疗等敏感领域的应用落地。市场端的资源配置重构同样关键。风险投资流向呈现显著变化：早期集中于基础模型研发，当前显著向应用层创新倾斜。企业服务赛道的融资额显著提升，反映出市场对技术落地价值正在重新评估。这种资本流动与政策导向形成的共振效应，构建起需求爆发的系统性支撑。

技术成熟度从量变到质变是根本驱动力。模型多模态能力突破使应用场景显著扩展，从纯文本交互升级到图文创作、音视频理解的全域覆盖。训练成本显著降低（通过算法优化与算力基建）则触发了长尾市场的需求释放，中小企业的采纳率显著提升。社会认知的颠覆性转变同样不可忽视。公众对AI的期待从"替代人力"转向"增强能力"，这种认知迁移使应用场景显著拓宽。在教育领域，家长对AI个性化辅导的接受度显著提升；在创意行业，设计师开始主动利用AI进行概念发散，人机协同创作的作品占比显著提升。

需求爆发的另一面是日益显著的应用分层。发达地区与数字鸿沟区域的采纳率差距显著扩大，技术普惠面临基础设施与数字素养的双重制约。在企业端，头部机构与中小企业的应用深度差距显著扩大，这种"马太效应"可能加剧市场竞争格局的失衡。伦理风险伴随需求增长同步凸显。用户数据隐私泄露事件的曝光率显著提升，AI决策的"黑箱效应"引发广泛争议。这种矛盾迫使技术发展必须同步构建治理框架，欧盟推出的算法透明度法案使相关合规服务的市场需求显著提升。

需求升级的下一个焦点已清晰可见。实时交互场景的延迟容忍度显著降低，推动边缘计算与轻量化模型研发投入力度显著提升。个性化需求从"千人千面"向"一人千面"进化，用户期待AI在不同情景（如工作、社交、娱乐）中呈现差异化的交互人格，这种需求正在重塑模型微调范式。

更深刻的变革在于需求主体的扩展。物联网（Internet of Things，IoT）设备的联网率显著提升，使大模型开始服务于"机器用户"——智能家居系统自主生成能源优化方案，工业机器人实时调整生产策略。这种"机器—机器"交互场景的拓展，预示着一个超越人类中心主义的需求宇宙正在形成。

用户热情与需求激增的本质是人类社会对认知外延的集体渴望。当大模型逐步承载知识整合、逻辑推演与创造性思维的功能时，它就不再只是工具，而是演变为文明进化的共生体。这种需求的爆发既点燃了技术创新的引擎，也投下了伦理重构的阴影——如何在狂热中保持理性，在扩张中守护边界，将成为智能文明走向成熟的核心命题。

1.1.3 社会变革与产业升级

大模型技术的发展不仅体现在应用场景的不断扩展，更重要的是它在社会治理、产业升级及教育培训等多方面产生了深远影响。例如，在医疗领域，依靠大模型辅助诊断、个性化治疗方案制定等正逐步改变传统医疗模式；在金融领域，基于大数据和深度学习构建的智能投顾系统正在推动金融科技的深度融合；在文化娱乐领域，AI创作、智能翻译、跨语言交流等功能使全球文化沟通无障碍成为可能。

此外，大模型技术普及也催生了新一代的工作模式和职业形态。从数据标注员、算法工程师到模型训练专家，大量新兴职业正迅速涌现，整个社会的劳动结构和价值链正在发生深刻变化。技术进步与产业升级交汇，不仅加速了经济发展，还为全球科技竞争带来了全新的战略考量。

技术民主化浪潮推动了开发者社区的几何级扩张。开源模型库的模型数量较技术爆发初期显著提升，微调工具链成熟使行业专用模型开发效率显著提升。低代码平台普及降低了技术门槛，非计算机背景的开发者（如金融分析师、医学研究者）也能快速构建领域应用，这种跨界融合催生出大量创新型解决方案。

开发者需求的结构性变化值得关注。开发者需求早期聚焦于模型性能优化（如准确率、响应速度），当前则显著向可解释性、安全性和合规性迁移。模型审计工具的下载量显著提升，提示工程（Prompt Engineering）培训课程的参与人数呈爆发式增长。这种转变反映出行业从"技术探索"向"负责任创新"的认知升级。

1.1.4 国际竞争与技术自主

在国际舞台上，大模型技术已然成为各国抢占未来制高点的重要领域。中美两国在AI领域的博弈日益激烈，不仅体现在技术研发和人才储备上，更反映在政策支持和市场布局中。美国长期以来在基础研究和商业化应用上拥有领先优势，强大的计算能力、顶尖的研究机构和创新的生态系统，使其在大模型技术的发展中一直处于前沿地位。然而，中国凭借庞大的市场需求、政府的大力支持以及技术的快速追赶，正逐步缩小差距并实现突破。中国政府出台了一系列政策，鼓励人工智能的研发和应用，并在数据资源、算力基础设施等方面加大投入力度，为大模型技术的发展提供了坚实的基础。

面对这种国际竞争的态势，国内企业与研究机构纷纷加快步伐，力图在大模型研发与应用上取得自主创新成果。正是在这种大环境下，一个名为"DeepSeek"的国产大模型悄然问世，成为这一波技术革命中的一股重要力量。DeepSeek不仅展示了中国在大模型技术领域的自主创新实力，也为全球人工智能的发展注入了新的活力。接下来的章节将详细解析DeepSeek的诞生背景、技术特点，以及其对行业竞争格局的深远影响。

1.2 DeepSeek 横空出世

随着全球大模型技术的蓬勃发展，中国一家科技公司推出了一款令人惊艳的产品——DeepSeek，它如一匹黑马般强势进入大众视野。无论是技术框架还是各项性能指标，DeepSeek都取得了重大进步，它兼具成本低和性能强的特点，在国外引发广泛的讨论。它打破了以往对于大模型的认知，并且让中美AI之争多了一个重要的变数。

1.2.1 起源与发展历程

最初，DeepSeek的研发人员思考的是如何将原本只能运行在大规模GPU集群上的大语言模型部署在普通服务器上，并保持良好的性能。由于当时市面上的一些顶级大模型都是基于庞大的GPU集群来训练得出的，这些模型拥有强大的算力支撑，但是相应的成本也是相当高的，因此无法被中小型企业和个人用户所接受使用，甚至很多企业想要购买这类模型时，还要面临一系列复杂的流程和技术门槛。如果要达到类似效果的话就需要自己搭建一套GPU集群，这对于大部分中小企业来说是不现实的，而像OpenAI这种巨头则有着足够的资金支持这样的基础设施建设，所以这也导致了市场上缺少能够满足广大用户需求的性价比更高的大模型解决方案。最终，DeepSeek团队决定另辟蹊径：既然目前没有能满足要求的模型，那就打造一个自己的模型！为了能够在相对较低的成本条件下获得更好的体验，DeepSeek在设计之初就选择了更加轻量化的方案。通过不断地尝试及大量的测试，结果表明，可以依靠现有设备的能力去完成那些曾经被认为只有在大型GPU集群上才能做到的事情。

经过反复试验和大量数据验证，DeepSeek在短短几年内完成了从初代实验性模型到成熟产品的华丽蜕变。特别是最新发布的DeepSeek-V3版本，其性能不仅在语义理解、逻辑推理和生成能力上接近国际领先水平，而且在推理速度和资源占用上实现了质的飞跃。凭借"以低成本实现高效能"的核心理念，DeepSeek迅速在国内外市场掀起热潮，引发了广泛讨论。它不仅证明了技术创新可以突破硬件限制，还为大模型的商业化应用提供了新的可能性。

1.2.2 低成本高性能的技术秘密

DeepSeek的成功是基于它所采用的技术设计和工程实现方式。首先，从模型结构方面来看，DeepSeek使用的是较为新颖的MoE架构。传统的大型语言模型往往要将所有参数都加载到内存中并进行计算处理，这样做的后果就是极大地影响了整个系统的性能，并且造成大量的算力浪费；而MoE的思想则是让系统能根据具体的任务自动地选择一部分专家来参与到预测过程中去，这就极大地减少了系统对计算资源的需求量，同时又不影响最终结果的质量。据DeepSeek官方介绍，该模型总共包含几千亿个参数，但是真正被使用的参数却少得可怜，这也就意味着它的整体推理过程是非常高效的，并且不需要额外的GPU集群支持，只需要普通的CPU服务器即可完成训练工作。

其次，DeepSeek在训练过程中引入了最新的模型蒸馏（Model Distillation，MD）技术。通过蒸馏，原本庞大的模型知识能够在保持主要能力的前提下，浓缩成更小、更高效的子模型。这一技术不仅优化了模型的性能，还进一步平衡了资源利用。正是这种技术，使DeepSeek在面对大规模数据处理和实时交互任务时，依然能够保持卓越的表现。例如，在实时对话任务中，DeepSeek能够以毫秒级的响应速度生成高质量的回复，而在代码生成任务中，它也能快速输出准确的代码片段。

最后，团队在数据预处理、分布式训练及后处理优化等多个环节进行了深入研究和实践。通过自主研发的一整套系统，DeepSeek不仅能够在国内主流低成本硬件平台上顺利运行，还能在多个实际场景中展现出优异的性能。例如，在内容创作任务中，DeepSeek能够根据用户的需求生成风格多样、逻辑连贯的文章，甚至在某些细分领域取得了超越国际先进水平的成绩。这种全方位的技术优化，使DeepSeek在性能和成本上都具备了强大的竞争力。

1.2.3 国际影响与市场震荡

DeepSeek横空出世，不仅在技术层面引发了业内高度关注，更在国际科技竞争格局中投下一枚重磅炸弹。许多专家预测，随着DeepSeek在性能和成本上的双重优势不断显现，未来国际大模型竞争将迎来根本性的改变。美国现有的顶尖大模型虽然在技术细节和品牌影响上占据优势，但高昂的研发和部署成本使其在全球范围内的普及面临严峻挑战。相较之下，DeepSeek凭借自主可控、低成本高效能的特点，正逐步成为国内外各类应用场景中极具竞争力的替代品。

在国际市场上，DeepSeek的开源策略也为其赢得了更多的合作与认可。开源不仅能够吸引全球开发者参与到模型优化和应用场景的拓展中，还能够推动技术透明化与标准化，从而促进整个AI生态系统的良性循环。正因如此，DeepSeek在短时间内便登上了多个主流技术平台的热门榜单，成为中美AI竞争中的一个重要变量。各大科技媒体纷纷报道其技术亮点和市场前景，讨论"DeepSeek横空出世，中美AI竞争会迎来根本性改变吗？"等热门话题，为这一新生力量的未来发展奠定了坚实基础。

DeepSeek开源发布，不仅为开发者提供了更多的创新机会，也为中小企业和创业者降低了进入AI领域的门槛。通过开源社区的力量，DeepSeek能够快速迭代和优化，进一步提升性能和适应性。这种开放的合作模式，也使DeepSeek在全球范围内获得了更多的支持和认可，成为推动全球AI技术发展的重要力量。

1.2.4 案例解读与未来展望

以DeepSeek为代表的国产大模型正以前所未有的速度和质量，逐步颠覆传统大模型的研发和应用模式。随着技术的不断迭代和生态系统的完善，DeepSeek不仅有望在智能客服、内容创作、金融分析、医疗诊断等领域发挥更大作用，还将引领更多创新应用的出现。例如，在智能客服领域，DeepSeek能够提供更精准、更人性化的服务，提升客户满意度；在金融分析中，它能够快速处理海量数据，为投资决策提供有力支持；在医疗诊断方面，DeepSeek能够辅助医生进行疾病诊断，提高诊断效率和准确性。从长远来看，这一切都将推动整个大模型技术朝着更加高效、智能和普惠的方向发展，为全球人工智能产业带来全新的发展机遇。

与此同时，DeepSeek也为人们提供了一个极具启示意义的实践样本。它告诉我们，技术创新不仅仅依赖资金和硬件，更在于理念与方法的不断突破与更新。在资源有限的情况下，通过优化架构、引入新技术与开源合作，同样可以实现高性能和广泛应用。而正是这种突破，使原本高不可攀的大模型技术逐步走向普及，惠及更广泛的行业与人群。

在接下来的章节中，笔者将深入探讨如何基于这种创新理念，进一步实现大模型的定制、优化与组合，从而让大家真正"玩透"这一前沿技术。通过具体的案例和实践指南，读者能够深入了解DeepSeek的技术细节，掌握如何根据实际需求选择和优化大模型，并探索如何将多个大模型组合在一起，形成协同效应，提升整体性能。通过这些内容，读者不仅能够掌握大模型的基本原理和应用技巧，还能学会在实际场景中灵活运用这些技术，实现自己的目标。

1.3 为什么需要新理念

在大模型蓬勃发展的同时，现有的测评手段已无法完全支撑人们对模型进行更深刻的认知和理解。"黑箱"的传统评估方式只关注模型的结果而不考虑其内在机理；而当下的应用领域中所使用的各种语言模型（包括预训练的大模型）都拥有复杂的神经网络结构及庞大的参数量级，并且其处理任务时依赖大量的外部数据资源支持。因此，用户不仅需要得到最终的语言生成或检索结果，还需要知晓该过程中蕴含的信息内容及背后的知识体系，进而推断出其中隐含的推理逻辑，实现对其整体能力的评价。在此基础上，基于"数据—信息—知识—智慧—意图"理念的白盒式测评应运而生，它能够帮助我们在充分理解模型运作机制的基础上，对其进行针对性的优化改进，甚至为其量身定做特定的任务需求。

1.3.1 黑盒测评的局限

传统黑盒测试注重的是对最终效果进行评价，仅从模型输出的结果来判断其好坏，并不能很好地反映出模型的真实情况。因此，它存在着一定的缺陷。

首先，黑盒测评不关心模型是如何工作的，因此很难弄清楚为什么某个模型能够在某项任务中取得好成绩，在另外一项任务中又出现差错。比如，我们看到一个很大的语言模型能够较好地完成一些简单的生成性任务（如机器翻译等），但是当遇到较为复杂的情景或语境的时候就完全不知道如何下手了，此时使用黑盒测评根本没有办法得知其中的原因所在。

其次，由于只看输出结果，黑盒测评很难发现模型潜在的"认知盲区"。这些盲区可能包括对上下文细微变化的敏感性不足、对特定知识领域理解不深等。例如，在医疗诊断场景中，模型可能因为忽略了某些关键症状的关联性而给出错误的诊断建议。

最后，单纯的结果测评也容易导致过分依赖大数据统计，忽略模型对复杂任务细节的真实把握，从而使优化方向偏离实际需求。这种以结果为导向的测评方法，虽然能够提供一定的参考，但在面对日益复杂的任务时，显得无能为力。

1.3.2 白盒测评的提出与意义

正是在这样的背景下，基于DIKWP的白盒测评理念应运而生。这种白盒测评方法旨在从数据（Data）、信息（Information）、知识（Knowledge）、智慧（Wisdom）和意图（Purpose）这五个层面进行全面评估。不同于仅关注最终结果的黑盒测评，白盒测评通过深入分析模型内部的各个层次，试图还原其"思考"过程中的每一个关键步骤。这种方法不仅能够帮助我们了解模型输出的正确与否，更能让我们判断该模型是否真正具备"思考"能力。

具体来说，DIKWP白盒测评要求对模型在数据感知、信息提取、知识构建、逻辑推理及目标理解等多个层面进行细致考查。例如，在数据层面，人们关注模型能否准确捕捉输入的关键信息；在信息层面，则看模型如何将原始数据进行初步加工与整合；在知识层面，测评模型能否建立起内在的知识图谱；而在智慧层面，则考查模型对复杂问题的推理和判断能力；在意图层面，希望模型能理解使用者的真实意图，并据此做出最优响应。通过这种多维度的考查，DIKWP白盒测评为人们提供了一种全新的、立体的模型评估视角，也为后续模型的定制与优化奠定了理论基础。

1.3.3 白盒测评的实践意义

引入DIKWP白盒测评不仅仅是为了在理论上丰富大模型的测评体系，更重要的是为实际应用提供指导。在大模型应用中，无论是企业级应用还是面向普通用户的智能产品，都迫切需要一种能够解释模型行为的评估方法。只有清楚地了解模型内部各层次的表现，才能更好地发现问题、定位不足之处，并通过针对性的优化措施不断提升模型的整体效能。

例如，在定制化应用场景中，如果仅仅依赖黑盒测评，人们很难明确模型在哪个环节出现了问题，从而导致盲目优化方案。而通过DIKWP白盒测评，人们可以准确地指出模型在数据预处理、信息整合、知识储备和智慧推理中存在哪些短板，从而有的放矢地进行微调与改进。这种由内而外的测评方法，既能够优化模型在各个环节的表现，也能在应用层面实现更精准的定制化服务。

此外，DIKWP白盒测评理念也为探讨"人工意识"这一前沿话题提供了契机。传统大模型虽然在表面上展现出惊人的生成能力，但究其根本，其内部的决策过程依然处于黑盒状态。而人们通过白盒测评有望揭开这一层神秘面纱，探索大模型是否在某种程度上具备类似于人类的"认知"与"意识"。这种探索不仅具有重大的理论意义，也可能引领未来AI技术朝着更智能、更可解释的方向迈进。

1.3.4　白盒测评在行业应用中的潜力

随着AI应用的不断深入，越来越多的行业开始意识到，单一的准确率指标远远不足以支撑复杂业务的落地。无论是在金融风控、医疗诊断还是在智能客服领域，企业都需要对模型的每一步处理过程有充分的理解和掌控。DIKWP白盒测评正是为解决这一问题而生，它不仅能够帮助开发者优化模型，更能为企业决策者提供透明、可量化的评估指标，从而降低系统部署风险，提升整体服务质量。

通过这种全面的测评体系，用户可以对市场上各大模型的优劣进行更精细的对比分析。例如，在一项针对医疗问诊系统的测评中，通过DIKWP白盒测试，用户不仅能够看到模型在回答准确性上的表现，更能判断其在信息提取、知识融合及意图理解方面的综合能力。这样的多维度评价，对于指导企业在选型时做出科学决策具有重要意义。

总之，传统黑盒测评固然有其历史贡献，但在大模型日益复杂、多样化应用的今天，亟需一种能够揭示模型内在机制的新理念。DIKWP白盒测评正是在这一背景下孕育而生，它不仅打开了一扇通向模型深层认知的大门，也为未来人工智能的透明化、可控化开辟了全新的路径。

1.4　总结

本章系统性地介绍了大模型时代的到来所引发的技术革新与社会变革，梳理了大语言模型从GPT-1到GPT-4等不同阶段的发展历程，分析了大模型技术在用户需求激增、社会治理创新及产业升级等方面的深远影响。同时，重点介绍了国产大模型DeepSeek的横空出世，以及其在技术架构、成本控制和应用场景上的独特优势，并阐述了DeepSeek在国际市场上的重要地位与影响力。此外，针对当前大模型评测领域的不足，特别提出了基于"数据、信息、知识、智慧、意图"理念的白盒测评方法，为后续模型定制优化提供了理论基础与方法论支持。通过对以上内容的详细分析，本章为读者构建了一个清晰、立体的全局认知框架，奠定了深入探索大模型技术的扎实基础，启发读者积极投入后续的学习实践，迈入人工智能技术创新的广阔天地。

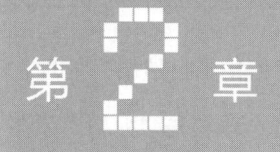

第 2 章 DeepSeek解析：核心技术与创新突破

作为中国AI领域的标杆成果，DeepSeek凭借其独创技术路线，在技术创新与工程落地间实现了突破性平衡。

本章将系统解析DeepSeek的核心设计原理、经济高效的性能优化策略，以及在权威测试验证中的卓越表现；进一步探讨其开源生态的行业影响，揭示这一预训练模型如何在成本、效能与扩展性上重构竞争标准，为读者提供兼具技术深度与实践启示的全面剖析。

2.1 DeepSeek 的发展路径

DeepSeek 是一款由杭州深度求索人工智能基础技术研究有限公司（以下简称"深度求索公司"）于 2023 年推出的大模型，旨在打造国产大模型领域的全新基准。

2.1.1 初创与技术探索

自成立以来，深度求索公司已将"大模型"作为其核心研发方向，汇集了自然语言处理、深度学习和分布式计算等领域的资深专家。DeepSeek 团队深刻意识到，尽管全球领先的大型模型在规模和技术性能上达到了前所未有的高度，但同时也伴随着研发投入高昂、部署难度增加及能源消耗过大等问题。

为了解决上述挑战，研究团队自项目启动之初便致力于开发一种创新架构，该架构旨在兼顾大型预训练模型的卓越性能与在经济实惠的硬件平台上实现高效推断的能力。经过数月的技术开发与小范围试运行，研究团队已成功构建了 DeepSeek 原型系统，并进行了大规模的内部迭代验证。先前的版本在特定任务上展现出令人鼓舞的表现，为了满足工业级应用的高标准需求，还需实施一系列优化措施以提升其性能和可靠性。为实现上述目标，研究团队集成并优化了混合专家架构与模型蒸馏技术，旨在高效协调模型性能提升与资源消耗之间的平衡关系。

在创业初期，DeepSeek 团队提出并实施了细粒度专家分割（Fine-Grained Expert Segmentation，FGES）与共享专家隔离（Shared Expert Isolation，SEI）两项关键技术，其目标在于深化专家的专业定位，同时提高知识获取过程的精确性与效率。研究团队通过实施监督微调策略，成功构建了一款聊天模型，其性能显著优于传统多模态嵌入模型及某些密集型模型。DeepSeek 团队近期推出了一个突破性的多头潜在注意力机制设计，结合了一种新颖的强化学习框架——群体相对策略优化（Group Relative Policy Optimization，GRPO），旨在显著提升模型效能并大幅度降低计算资源的消耗。

该团队致力于理论与实践的整合，深入探讨并实施策略以提升模型在各类应用场景中的效能优化。针对特定的应用场景，研究团队实施了多元化的数据增强策略和技术方法，旨在确保所构建的模型能够精准地满足该领域的特定需求。该团队致力于与各界科研机构开展协同创新，共同应对技术挑战，从而显著增强了 DeepSeek 在核心领域的竞争优势。图 2-1 呈现了 DeepSeek 整个研究过程的重要时间点。

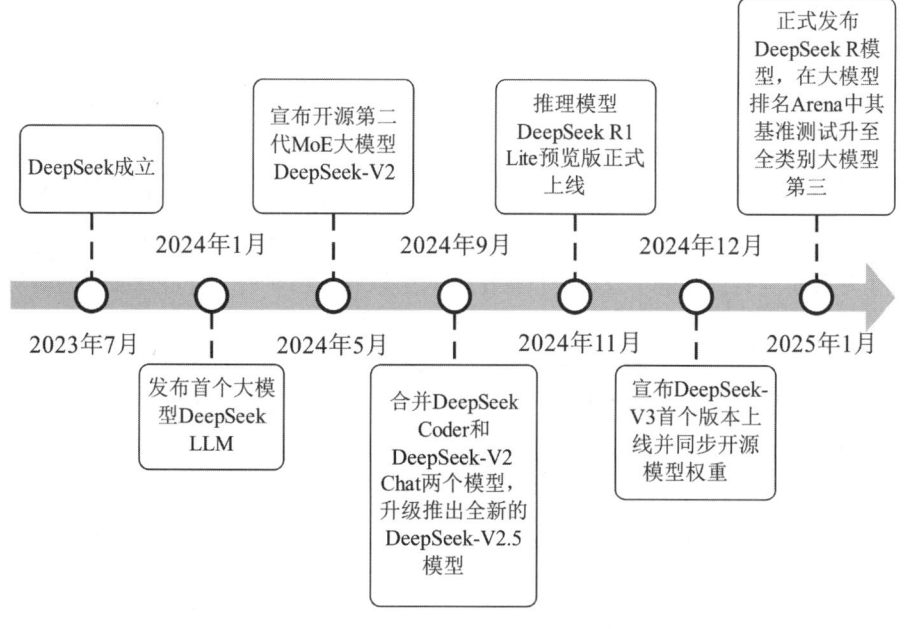

图 2-1　DeepSeek 发展时间轴

2.1.2　里程碑事件：发布 DeepSeek-V3 版本

伴随持续的研发投入与广泛性测试，深度求索公司的研究在2024年12月达到了一个新的里程碑，即公开发布了其深度学习模型 DeepSeek-V3 的源代码。作为该系列的第三阶段迭代产物，DeepSeek-V3 不仅在体系结构上实现了根本性的革新，更在效能、效率及应用范围等方面达到了业界前所未见的顶峰。

1. 开源的意义

DeepSeek-V3 开源发布在业内引起了极大反响。一方面，这标志着国产大模型技术已经站在了国际前沿；另一方面，开源策略也吸引了全球开发者和研究者的目光。开源不仅加速了模型的改进迭代，还促进了生态系统的形成，进一步推动了国内外在大模型优化与应用上的广泛合作。

（1）技术透明化与社区协作

开源策略在 DeepSeek-V3 项目中实施，旨在将该系统的技术细节、架构设计及优化策略全面公开，此举不仅激发了学术界与产业界间的广泛交流与探讨，也为促进创新研究与应用实践提供了重要平台。这种透明化策略促进了对潜在缺陷的识别与改进，有效地推动了大模型技术的整体进步与发展。全球范围内的开发者群体能够通过参与开源社区活动，实现代码贡献、错误修正及功能拓展等多方面的合作，共同构建了一个动态且富有生机的技术生态系统。

（2）FP8 混合精度训练框架的创新

DeepSeek-V3 架构引入了 FP8 混合精度训练策略，并结合了 DualPipe 算法与高效通信内核，旨在实现无额外成本的跨节点通信过程。此创新技术在提升训练效能方面表现出显著优势，特别是在大规模分布式训练场景下，它有效降低了节点间通信的延时与带宽消耗，从而加速了模型的训练过程，使其能在较短时间内完成学习周期。

（3）开源对技术生态的推动作用

开源模式下，用户享有自由访问、复制、分发、研究、修改，以及以任何目的整合源代码的权利。这一机制显著加速了技术创新进程，并扩展了其影响力领域。开源社区的活跃度对于项目长期繁荣具有决定性影响，这一现象不仅能够吸引更多具备专业技能的开发人员加入，还促进了知识的广泛传播与高效共享，进而极大地推动了技术领域的创新与演进速度。DeepSeek-V3的开源代码库在GitHub平台迅速吸引了广泛的关注，全球范围内的软件工程师和开发者群体基于该框架开发了一系列的附加工具和扩展组件，这不仅显著扩展了其应用领域，还促进了技术社区的创新与合作。

2. 技术创新的集大成

DeepSeek-V3在其模型参数量、集成专家体系结构及推断效能方面均取得了显著进展。根据官方发布的统计数据，DeepSeek-V3模型的总参数规模达到了6710亿个。在实际的推理任务执行中，仅有370亿个左右的参数被激活参与运算。此设计方案显著减少了计算资源的使用量，同时保证了模型在不同任务环境下的高效率执行。

（1）动态路由机制与专家选择策略

研究团队在其发布的指南中深入阐述了动态路由机制与专家选择策略的集成应用，旨在精细地调配计算资源以提升整体系统效能。动态路由机制能够依据输入数据的特性，智能地识别并调动最为匹配的专家单元执行计算任务，以此在确保计算性能的同时，显著提升整体效率，实现效能与响应速度的最佳融合。这种架构设计使DeepSeek-V3能够在应对多变任务需求时，展现出高度的适应性和灵活性，从而实现计算资源的最优配置，确保其输出既高效又精确。

（2）强化学习技术的应用

除了先前所述的技术优势，DeepSeek-V3在后续训练阶段广泛采用了强化学习策略，以此显著提升其性能。借助强化学习机制，所构建的模型即便在面对稀缺标注数据集的约束条件下，亦能有效地扩充其推断能力。此策略彰显出DeepSeek不仅致力于纯粹的学术探索，亦强调将科研成果有效地转化为可实施的解决方案，以推动社会各个行业的智能化进程与升级。

（3）实际应用案例

DeepSeek-V3开源发布不仅推动了技术社区的创新，还在多个实际应用场景中展现了其强大的能力。在电子商务领域中，电商平台采纳了DeepSeek-V3作为其智能客服系统的中枢动力单元，以提升客户服务体验与效率。借助DeepSeek-V3这一先进的平台，实现了对海量用户问询的自动化处理，涵盖但不限于订单追踪、退款请求及个性化商品建议等多个方面。该系统能够基于用户问询生成精确且具人性化特征的响应，这一特性显著提高了用户满意度水平。编程教育平台依托于DeepSeek-V3的先进深度学习技术，构建了一套智能化的代码生成与错误诊断系统，旨在提升编程教学与实践的效率与质量。该研究开发了一种创新系统，该系统允许用户以自然语言形式指定编程任务，进而自动生成相应的源代码。系统不仅具备实时错误诊断功能，还能够提出优化建议，以提升代码质量和效率。该功能显著提升了学员的学习效率，特别是在初级阶段，其代码生成能力可以有效地辅助初学者加速掌握编程概念与逻辑。

2.1.3 专用模型的推出：DeepSeek-R1

继DeepSeek-V3在相关领域展现出显著成效之后，深度求索公司于2025年伊始，响应特定应用领域的精细化需求，推出了DeepSeek-R1这一专精版模型。该版本特别优化了数学和编程任务处理能力，旨在提供更精准、高效的服务。

1. 针对专业领域的优化

在DeepSeek-R1的训练及微调过程中，引入了大规模的高质量数据集，涵盖了数学公式的表示、逻辑推理任务及编程语言的理解与生成等内容，旨在显著提升模型在这些复杂认知任务上的性能。相较于传统的通用版本，DeepSeek-R1在处理复杂数学难题及编程指令方面展现出显著优势，并在特定情景下表现出卓越的推理性与问题解决能力，如图2-2所示。此版本的发布彰显了DeepSeek产品系列在"个性化应用"战略方向上的前瞻部署，为该产品在后续精准实施于各行业领域铺平了道路。

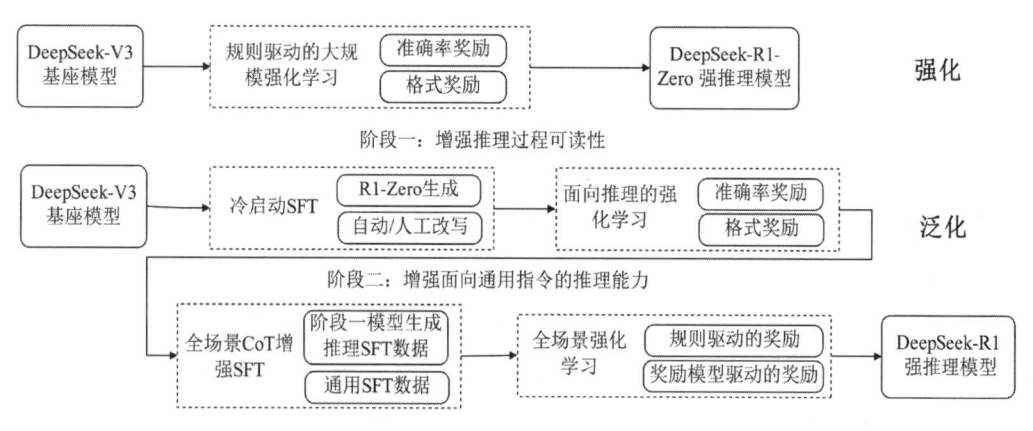

图 2-2　DeepSeek-R1 训练流程

为了保障DeepSeek-R1系统的专业度与精确性，项目团队耗费了大量的时间与资源，专注于数据收集及预处理阶段，以确保输入数据的质量与完整性。研究人员汇集并审核了多元化的数学领域数据集，旨在确保所收集的数据不仅全面覆盖不同数学分支，而且均达到高标准的质量要求，适合作为构建和优化相关模型的基础。该团队创新性地设计并实现了若干工具，旨在实现模型性能的自动化评估，并通过持续接收反馈来精调模型参数与细化算法逻辑，进而不断提升模型的效能与精准度。

2. 实际应用案例

自DeepSeek-R1发布以来，众多科研组织及企业已着手进行试用与验证，以评估其在各自领域内的应用效能与潜力。一家领先的在线编程教育平台运用DeepSeek-R1架构了一个先进的智能代码生成及错误修正系统，这一创新举措极大地提升了学员的学习效能。同时，另一家科技企业亦基于相同模型实现了在数学问题解决领域的重大突破，此成就在业界引起了广泛关注及热烈讨论。除核心应用外，DeepSeek-R1在金融模型构建与数据分析等领域展现出显著的适应能力和灵活性，证实其广泛的应用潜力。

DeepSeek-R1的成功并非基于偶然现象，而是深植于其创新的设计、高效的算法实现及对特定任务优化的策略之中。这是公司多年不懈努力和持续投入于创新驱动发展战略的结晶，代表着对其战略坚持的最直接肯定与回报。DeepSeek的演化轨迹充分展示了中国人工智能技术的进展，并在全球范围内显著推动了人工智能领域的创新与发展。伴随新兴创新技术及其应用领域的不断涌现，DeepSeek预期将持续主导行业趋势，进而为社会贡献更为显著的价值。经过持续的技术创新与实践经验积累，DeepSeek正逐渐确立其在全球领先人工智能解决方案提供商的地位，为各行各业的智能化转型提供关键驱动力，引领步入智能时代的新纪元。

2.2 模型架构与规模

DeepSeek系列模型（涵盖DeepSeek-V3与DeepSeek-R1版本）在其体系结构设计中融合了一系列开创性的革新，代表了该领域中的重大突破。为在大规模参数量与计算资源利用之间寻求最优解，研发团队实施了混合并行架构——模块化扩展策略，并集成了一系列优化技术，旨在确保模型展现出卓越性能的同时，实现高效能的推断过程。DeepSeek系列模型的设计架构充分展现了对尖端技术原理的精深洞察，以及在实际工程应用中实现复杂算法的高超技艺。借助此设计框架，DeepSeek系列模型有效地克服了大型模型在计算资源使用、推理速度和可扩展性方面所面临的挑战。

2.2.1 混合专家（MoE）架构解析

在传统的大模型中，所有神经网络层的参数在每次推理过程中都会被激活，这使计算资源的利用率极低，且容易造成能耗浪费。尤其是在处理简单任务时，全模型激活的方式显得尤为冗余。而MoE架构则通过预先设定多个专家单元，每次只激活其中与当前任务最相关的部分，从而大幅降低了计算负担。DeepSeek系列模型正是利用这一理念，将总参数量扩展到数千亿级别，但在实际运行中仅激活部分参数。这一策略不仅确保了模型具备极高的表达能力，同时大大提升了推理速度，使模型能够在低成本硬件上高效运行。

1. 核心理念

在传统的大型神经网络架构中，每一层的权重参数在进行前向推理时均被激活参与计算，这一做法导致了计算资源的高消耗和潜在的能源效率低下，从而引发了能耗浪费问题。特别是在执行低复杂度任务的情景下，全模型激活策略呈现出明显的效率低下特征。在MoE模型中，预先配置多个专家模块，但在实际推理时，仅动态激活与当前任务最相关的专家子集，从而大幅减少计算资源消耗。DeepSeek系列模型正是以此概念为基础，其特征在于将总参数规模扩展至千亿量级乃至更高，然而在执行过程中，仅激活其中的一部分参数以实现高效运作。该策略显著增强了模型的表达能力，并极大地提高了推理效率，从而实现了在资源有限的硬件环境下高效执行的目标。

2. 动态专家选择机制

在MoE架构中，核心挑战之一在于实施动态机制以决定哪些专家模块应当被激活。DeepSeek系列模型创新性地引入了一种基于输入特征的动态路由机制，此机制通过在每一层上计算并更新各个专家（不同神经网络模块）与当前输入数据间的相关性评分，实现对最适专家的选择与激活，以优化整体模型的决策过程。此动态选择机制不仅保障了模型在应对多元任务时展现出高度的适应性和灵活性，还有效地实现了计算资源的优化配置与高效应用。

◎ **算法的实现细节**：在 DeepSeek 系列模型中，其路由算法借助轻量化神经网络层对输入数据实施预处理，以此生成专门针对各个专家单元的独特匹配度评分。所述评分经规范化处理后，挑选顶级专家予以激活。该过程不仅展现出高度的效率，且具有出色的稳健性，能够适应并有效处理各种不同的任务需求。

◎ **专家单元的多样性设计**：为了满足不同任务的需求，团队设计了一系列专门的专家单元，涵盖语言理解、逻辑推理及数学计算等多个领域。这一策略旨在提升模型在处理复杂任务时的灵活性，确保能够精准识别并高效调用最为适合特定任务的专家模块。每一专家单元均接受过专业培训，实现在其专有的领域展现出卓越的能力与专业知识。

3. 架构优势

◎ **参数冗余降低**：通过仅激活部分参数，该模型在确保高计算能力的同时，显著减少了资源消耗，有效地抑制了计算资源的无谓分配。此架构创新地实现了 DeepSeek 系列模型在推断阶段的计算成本显著缩减，特别是在执行基本任务时，展现出显著的效能增益。

◎ **高扩展性**：MoE 架构展现出一种灵活性，其特性在于能够在无须大幅提高推理成本的前提下，实现模型参数总量的增长。这一特性为构建更庞大、更复杂模型提供了坚实的基础。随着模型参数量的扩充，专家组件的数量得以相应提升，从而在不显著增加推断阶段计算开销的前提下，增强系统的处理能力与复杂度适应性。

◎ **灵活适应性**：动态专家选择机制允许模型依据特定任务的要求自动生成并优化计算流程，确保其在各种应用情景下均能实现最优性能表现。对于自然语言生成、代码生成及复杂推理任务的处理，DeepSeek 系列模型展现出独特优势，通过实施动态机制来挑选并激活最适配当前任务需求的专家组件，从而实现高效与精确的输出结果。

2.2.2 参数规模与计算效率

DeepSeek 系列模型的总体参数量达到了数千亿量级，这一规模在当前行业标准中居于前沿水平。传统的大型预训练模型通常因包含庞大的参数量而遭遇推理阶段显著的计算效率障碍。为克服此难题，DeepSeek 模型系列创新性地集成了两项核心策略：动态激活机制与高效率并行计算技术。集成这些技术的创新策略，使 DeepSeek 系列模型得以在维持高参数复杂度的同时，确保其在经济型硬件平台上展现出卓越的推理效能。

1. 动态激活机制

如前所述，MoE 架构通过实施动态计算策略，仅激活一部分参数，以此实现高效资源利用与灵活模型适应性的结合。具体地说，该模型在每一层执行时，仅激活与当前任务最为相关的专家进行计算，与此无关的专家则处于非活跃状态，确保资源高效利用。该机制确保了即使面对庞大的总参数集合，真正参与到计算过程中的参数比例显著降低，仅占整体的约5%，从而在保证模型复杂度的同时，有效降低了计算资源的需求。此策略既确保了模型具备高度的性能和表达能力，又有效防止了在进行全面模型推理过程中可能出现的资源限制问题，从而大幅度提高了推理过程的速度和整体效率。

◎ **专家激活的精细化控制**：DeepSeek系列模型所采用的动态路由机制，旨在保证在每一次推理过程中，仅激活那些与当前特定任务高度相关且贡献显著的专家网络单元，以此提升模型的决策精度与效率。此精细的控制策略显著降低了计算资源的使用量，并确保了模型在应对多变任务需求时维持高效率运行。

◎ **任务自适应的计算路径**：任务适应性的计算路径设计是当前人工智能领域的关键挑战之一，旨在使模型能够依据特定任务的特性灵活调整其内部运算流程。DeepSeek系列模型创新地引入了一种动态激活机制，该机制能够识别并响应任务的具体需求，实现计算资源的高效分配与优化。由此，在多种不同的应用场景下，DeepSeek系列模型均能展现出卓越性能，显著提升了解决复杂任务的能力与效率。

2. 高效并行计算

针对提升推理效率的目标，DeepSeek系列模型在硬件架构上实施了一系列针对性的优化策略。DeepSeek团队通过采用最先进的分布式训练架构及并行计算技术，成功地在多GPU集群环境下实现了高效的任务分配、资源管理和数据传输，显著提升了模型训练的性能与效率。在英伟达H800 GPU平台下，团队实施了数据流水线的精细化优化与梯度同步算法的创新设计，旨在显著提升训练与推理过程的效率，同时维持低延迟特性，确保在大规模数据集处理场景中实现高吞吐量，并保证模型性能的稳定性和可靠性。

◎ **分布式训练的优化**：在DeepSeek系列模型的训练过程中，采用了先进的分布式训练策略，其中包括梯度压缩与参数同步，旨在显著减少GPU间通信的成本。同时，智能调度算法保证了在整个训练流程中，每一台GPU均能够高效地利用其计算资源，特别是在不同的训练阶段。

◎ **并行数据流水线**：为了确保GPU在训练期间因数据获取延迟而导致闲置，研究团队精心规划并实施了优化的数据加载及预处理机制，旨在显著提升数据流的效率与连续性。此并行数据流水线架构设计，旨在确保模型在训练及推断阶段实现高效率的数据处理能力，从而显著提升整体性能。

2.2.3 内部机制剖析

为了让读者对DeepSeek系列模型有一个更为直观的理解，笔者更进一步剖析其内部机制，主要包括以下几个方面。

1. 层级结构设计

DeepSeek系列模型集成了多层次神经网络架构，其独特之处在于每一层均集成有MoE模块。这一设计旨在维持深度学习模型的强大表示能力的同时，优化层间的信息交互及特征生成过程，从而实现高效的多任务处理与知识整合。在深度神经网络架构中，通过实施残差连接和规范化操作，有效地保障了梯度在训练过程中的平稳流动，显著减少了因深度增加而导致的梯度消失现象。

◎ **残差连接的作用**：残差连接机制设计旨在克服深度神经网络中梯度消失的挑战，其核心在于允许每一层的输出被直接加至该层的输入，以此构建了一个残差块。这一创新有效地促进了信息的平稳传播，从而保障了深度模型的训练稳定性与效率。

◎ **层间信息传递的优化**：每一层的MoE模块都能通过动态路由算法，确保在多层次架构中实现高效的数据传输。这一策略在处理复杂任务时，有效维持并增强了模型的表达能力。

2. 激活函数与正则化

模型在每一层内均集成应用了先进的激活函数及正则化技术，旨在同时增强模型的非线性特征提取能力，并有效预防过拟合现象的发生。特别是在专家模块内，依据特定任务的不同要求，设计了一种自适应激活机制，该机制能够使模型根据执行任务的需要自动调节其输出的幅度与响应敏感度，从而确保在应对丰富多样的任务时，都能实现高效且精准的性能表现。

◎ **自适应激活函数的设计**：专家单元内的激活函数能够动态地调整其输出幅度及敏感性，以适应多种任务需求，从而确保模型在执行不同任务时均能展现出高效的性能。

◎ **正则化策略的应用**：为预防过拟合现象，研究团队在神经网络模型的各层架构中整合了正则化策略，旨在保障模型在学习训练数据的同时，具备良好的泛化性能。

3. 路由算法细节

DeepSeek系列模型中的专家选择依赖一种基于门控机制的路由算法。该算法在每次输入时，通过对输入特征进行轻量级预处理，计算出每个专家单元的匹配度分数，并根据预设阈值和排名策略，选择最适合当前任务的专家集合。整个过程高效且具有鲁棒性，保证了模型在面对不同任务时均能快速响应。

◎ **门控机制的设计**：路由算法借助门控机制，旨在每次输入时即时识别并选择与当前任务最为相关的专家单元，以此确保推理过程的高效率与准确性。

◎ **匹配度分数的计算**：通过实施轻量化预处理策略，路由算法得以高效地计算出每个专家单元与输入特征间的匹配度评分，从而保证模型在处理各类任务时展现出即时响应能力。

4. 跨层信息共享

为了有效整合多层次信息，DeepSeek系列模型在架构中融入了跨层注意力机制，旨在优化多级数据特征的交互与融合。在这种架构中，每一层的信息处理不仅限于基于其直接前驱层的计算输出，还整合并利用来自上层乃至更早期层的特征信息。这一策略显著提升了信息融合的深度和广度，并增强了对上下文的理解能力。这一设计在处理长文本和复杂问题时显得尤为关键，它为提升模型的综合效能奠定了坚实基础。

◎ **跨层注意力机制的作用**：通过跨层注意力机制，模型在应对复杂任务时，该机制能够有效地整合不同层次的信息，以此提升信息融合及上下文理解的效能。

◎ **长文本处理的优化**：在长文本处理过程中，跨层注意力机制有效地增强了模型在解析多层次语义结构时的能力，确保了其在执行复杂任务时的高效性和准确性。

2.3 突破性能瓶颈

在大规模预训练模型领域内，如何在资源有限、成本低廉的硬件设施上达成高效运行，始终是技术研发人员面临的重大挑战。DeepSeek团队致力于解决该挑战，他们通过创新性的硬件优化策略及模型架构设计，成功地在资源约束条件下实现了卓越的性能表现。DeepSeek的成功关键不仅在于其卓越的模型性能，更在于它成功克服了大型模型在计算资源消耗、推理速度和硬件成本方面所面临的挑战，通过一系列开创性的技术策略实现了这一目标。这些创新性技术使DeepSeek能够以经济实惠的硬件配置实现高效的学习与推断过程，从而在产业界设立了新的性能基准。

2.3.1 低成本硬件的高效利用

在初创阶段，团队确立了其愿景，旨在使先进的大型预训练模型能够脱离对高端计算基础设施和高昂硬件成本的依赖，从而实现成本效益高且高效的目标。研究团队在硬件配置决策中选定英伟达H800 GPU作为核心组件，此选择基于其显著的并行计算性能优势，并兼顾了能源消耗效率与成本效益，从而确保了系统的高效能与经济性。借助一系列精巧的硬件优化战术，DeepSeek项目实现了在经济实惠的硬件平台上高效执行训练与推理任务的目标，从而大幅度缩减了整个研发及运营成本。

成本控制策略

◎ **硬件资源整合**：研究团队实施了服务器架构的精妙优化，成功部署了多GPU协同作业模式，并结合高效的数据分配机制与负载均衡算法，旨在最大化地挖掘有限硬件设施的计算效能。DeepSeek实施了一种基于分布式计算架构的策略，有效地将计算作业划分并执行于多块GPU之上，以最大化每一GPU的计算效能。借助智能调度算法，团队能够实现对GPU工作负载的动态、适应性调整，以精准匹配特定任务的需求，从而有效防止资源闲置与浪费。

◎ **高效能耗管理**：在系统架构中集成了一套能耗监测与调配机制，旨在保证所有GPU组件在其性能峰值与安全边界内高效运行，以此途径显著缩减运营费用。DeepSeek的能源管理解决方案具备实时监测GPU能量消耗与温度的能力，并能基于特定任务的需求，动态地调节GPU的工作频率与电压水平，以实现性能最大化利用的同时，有效预防因过热或超负荷运行导致的硬件损害。

◎ **硬件选型的优化**：选择英伟达H800 GPU不仅考量了其卓越的计算性能，亦着重于评估其成本效益比及能效指标。英伟达H800 GPU凭借其卓越的能效比，即在具备强大计算能力的同时，还能保持较低的功率消耗并满足散热需求，从而使DeepSeek系统能在确保高水平性能的前提下，大幅度减少硬件的初始投资及后续的运营维护成本。

2.3.2 英伟达H800 GPU的运用与成本控制

根据官方发布的数据，DeepSeek项目在英伟达H800 GPU上进行训练，整体投入估算为558万美元左右。相比于国际顶级大型模型开发项目动辄需投入数千万美元的巨大成本，DeepSeek在成本管理方面展现出显著的经济效益。此突破归功于研究团队在硬件配置选择、分布式训练的效能提升，以及并行计算战术开发方面的创新性工作。

关键技术实现

◎ **高效梯度通信与协同技术**：提出高效的梯度压缩与参数同步技术，降低了GPU之间通信的负载与延迟。其中，梯度压缩减少了传输数据量，加快了训练速度；参数同步技术则确保了多GPU间的协同高效。此外，通过智能调度算法，实现了GPU计算资源的合理分配，避免了资源的闲置浪费。

◎ **数据计算协同并行处理架构**：采用优化的数据加载与预处理策略，将数据处理任务与模型训练并行执行，消除了GPU等待数据的情况。该流水线设计显著提高了GPU资源利用率，减少了设备空闲时间，从而有效提升了整体训练效率。

◎ **硬件与软件的协同优化**：深度整合硬件驱动与软件框架，最大限度释放了英伟达H800 GPU的计算潜力。通过优化GPU内存管理策略，提高了大规模数据处理中的内存访问效率，显著加速了模型的训练与推理过程。

2.3.3 模型蒸馏技术的应用

在大模型的优化过程中，模型蒸馏技术成为突破性能瓶颈的一大利器。蒸馏技术通过将庞大模型中最有用的那部分知识提取出来，并浓缩到一个更小、更高效的模型中，从而大幅提升计算效率与推理速度。DeepSeek在模型蒸馏技术的应用上，展现了其在模型压缩和优化方面的深厚技术积累。

1. 蒸馏技术原理

模型蒸馏过程主要划分为"教师模型"与"学生模型"两个关键阶段。首先构建一个性能优越的教师模型，随后以该教师模型的输出作为软标签，对学生模型的训练过程进行指导。由此，学生模型不仅可显著减少参数规模，同时能够有效继承教师模型在核心任务上的优异性能。蒸馏技术的关键在于借助软标签实现教师模型知识的迁移，从而使学生模型在维持高性能的前提下有效减少计算复杂度。

2. 蒸馏技术在 DeepSeek 中的应用

在DeepSeek-V3中，研究团队将计算资源集中于模型中关键的5%部分，并通过知识蒸馏技术提取最优的知识表达形式。这不仅使模型在推理过程中能够更高效地生成高质量答案，同时在减少内存占用和能耗方面亦展现出优异性能。经过多次实验验证，研究团队发现，经模型蒸馏优化的精简模型在大规模多任务语言理解（Massive Multitask Language Understanding，MMLU）、代码生成等任务中的表现与原始完整模型相当，同时计算效率提升了数倍。

◎ **知识蒸馏的精细化控制**：DeepSeek在蒸馏过程中实施了多层次的知识传递策略。不仅以教师模型的输出作为软标签，还借助中间层特征映射实现教师模型内部知识向学生模型的有效传递。该多层次知识蒸馏策略，使学生模型能够更有效地继承教师模型的表达能力，从而在缩减模型规模的同时维持高性能表现。

◎ **任务自适应的蒸馏策略**：针对特定任务需求，DeepSeek实施了一种自适应的教学策略，旨在优化知识转移过程。在代码生成任务中，研究团队应用了知识蒸馏策略，即从能够高效理解及生成代码的教师模型中提取专业知识，并将其传授给能力尚待提升的学生模型。这一过程显著提升了学生模型在代码生成任务上的性能表现。此任务自适应的蒸馏策略，旨在确保所构建的模型能够在多种不同的应用背景下维持其性能效率，从而实现广泛的适应性和实用性。

◎ **蒸馏后的模型优化**：在蒸馏过程结束后，研究团队进一步实施了模型微调策略以提升其性能。借助量化技术与稀疏化处理策略，研究团队成功地缩减了模型的总体规模，同时显著增强了其推理效率。量化技术借助将模型参数由标准浮点数格式转换为低精度表示形式，有效地缩减了模型所需的内存容量及其计算负担。通过实施稀疏化策略以剔除不必要的参数，该方法进一步强化了模型在推断阶段的执行效率。

2.4 性能对比与评价

在当前大模型研发领域的激烈竞争态势下，权威测评体系已成为评判模型能否满足工业级应用需求的关键尺度。DeepSeek-V3与DeepSeek-R1在一系列公开评价体系中展现出卓越性能，位于开源模型的领先地位，与专有模型在多个核心评估指标上展开激烈竞争。

2.4.1 权威测评指标

在LLM的评估中，黑盒评估与白盒评估分别从外部功能展现和内部运作机制两个维度提供了互补性的评估框架。以下是两种评估技术在公认评价标准下的实际应用情况展现。

1. 黑盒测评标准

黑盒评估主要关注功能准确性、用户满意度及任务执行效率，旨在从外部视角评价系统的性能而不考虑其内部实现细节。该研究聚焦于探讨模型输入与输出间的关系，而非深入剖析其内部工作机制或结构组成。此方法借助一系列规范化的工作负载，对模型性能进行了度量。此类活动涵盖但不限于问答、文本创造及逻辑推断等任务，典型测评指标与案例如下所示。

◎ **MMLU**：涵盖了57个不同学科领域的问答任务，旨在全面检验模型在处理广泛知识领域及进行逻辑推理时的能力。

◎ **HellaSwag**：常识推理评估旨在检验模型在理解物理世界基本逻辑和常识性知识方面的能力，以此反映其在处理日常情景和解决实际问题时的通用智能水平。

◎ **HumanEval**：代码生成能力评估旨在量化个体或系统在解决编程任务时的效率与有效性。

◎ **GSM8K**：数学推理评估旨在测评模型在处理复杂数学问题时的逻辑推理能力。

◎ **TruthfulQA**：真实性与可靠性的评估，即真相一致性测试，旨在量化模型产出答案的准确性及稳定性。

◎ **BIG-Bench**：一项全面评估指标，其设计旨在跨多个维度测评人工智能系统的语言处理能力，包括但不限于理解、推断和生成任务。

黑盒评估方法因其固有的客观性与可重复性特征，在量化模型于各类任务中的性能表现方面优势显著，能够高效地提供一致性评价指标。但这一方法未能穿透模型的决策过程，揭示模型内在的逻辑推演和认知复杂性，从而在度量模型所展现出的"人类等同智能"方面存在一定的限制。

2. 白盒测评标准

与黑盒测评相反，白盒测评专注于透彻理解模型的内在机制，包括模型如何解析输入数据、形成知识体系、执行决策过程，以及如何依据情景动态调整其行为策略。此方法不仅量化了模型最终输出的质量评价，还对其在各个评估指标上的具体性能进行了细致分析，以此识别模型的优势领域及潜在的改进空间。白盒测评体系将认知过程分为五个维度，具体如下。

◎ **数据**：基础信息处理能力（如文本分类、格式转换）。
◎ **信息**：上下文理解与描述丰富性（如情感表达、细节补充）。
◎ **知识**：跨领域知识整合与逻辑推理（如数学归纳、因果分析）。
◎ **智慧**：复杂问题解决与创造性应用（如商业决策、应急方案）。
◎ **意图**：上下文感知与主动交互（如追问澄清、回答风格调整）。

白盒测评的优势在于细粒度分析能力，其能够为模型优化提供具体指导。

2.4.2 DeepSeek 与国内外顶尖模型的对比

白盒测评体系从数据、信息、知识、智慧和意图五个维度系统性评估模型的"意识水平"。以下通过表2-1，详细对比 DeepSeek 系列（DeepSeek-V3、DeepSeek-R1）与国内外主流模型在白盒测评中的表现，突出 DeepSeek 的领先优势。这样的表现证明 DeepSeek 在核心技术上取得了突破，为国内外大模型的发展树立了新的标杆。

表2-1 DeepSeek 与国内外大模型的对比

维度	DeepSeek-R1	DeepSeek-V3	文心一言	通义千问	GPT-4	PaLM2
数据感知	支持多语言、长文本处理，专注于数学、编程等	高效处理多模态任务，支持128K上下文窗口	支持多模态输入，主要聚焦于文本	支持多模态输入，具有视觉理解能力	多模态融合能力强，支持图像输入	强调常识推理和形式逻辑
信息处理	在复杂逻辑推理方面表现优异，适合科研、算法交易等场景	在内容生成、多语言翻译、智能客服等方面表现出色	可融合数万亿数据，具备检索增强技术	在中文领域领先，应用场景广泛	在处理复杂语境中的长篇幅文本方面表现优异	在知识广度和深度方面表现突出
知识推理	具备强大的逻辑链推理能力，在输出答案前展示"思维链"	具备强大的逻辑推理能力和指令遵循能力	在中文语境下表现出色	具备强大的逻辑推理能力和指令遵循能力	在专业和学术基准测试中得分高	具备数学和编码方面的高级能力

续表

维度	DeepSeek-R1	DeepSeek-V3	文心一言	通义千问	GPT-4	PaLM2
智慧应用	解决实际问题时展现出较高的创造性，在需要综合运用多种知识和技术的场景下表现尤为突出	适用于内容创作、智能问答等通用NLP任务	提供智能写作、实时翻译等服务	适用于智能问答、知识检索、文案创作等场景	适用于复杂情景下进行综合分析、推理及创新解决方案	具有高级编码和多语言能力
意图调整	展现出较强的意图理解和表达能力，特别是在处理用户隐含需求时更为精准	在意图层面上仍有提升空间，尤其是在处理模糊或复杂的用户意图时	更加适合解决产业技术壁垒问题	展现了多模态交互的潜力	在意图层面上仍有提升空间	主动性较弱，多依赖用户明确指令

2.4.3 DeepSeek在多领域应用表现

在实际应用环境中，DeepSeek系列模型（DeepSeek-V3与DeepSeek-R1）无论是在企业级应用，还是在科研辅助及个人智能助手领域，都展现出卓越能力，能够提供高效、精准且及时的信息反馈和服务。基于对DeepSeek-V3和DeepSeek-R1进行个性化调整与优化所构建的模型，在金融信息分析、医疗诊断咨询、教育知识传授、法律案例解析及创新内容创作等多个应用领域，展现出卓越性能与高效成果。用户反馈显示，模型所生成的答案既精确无误，又展现出高度的逻辑连贯性和创新性，这一特性为其在广泛的实际应用场景中进行进一步部署和应用奠定了坚实的基础。

典型案例

（1）金融数据分析

DeepSeek-V3：其在金融应用中展现出卓越能力，能够高效解析市场动态，生成深入的投资分析报告，从而辅助决策者进行更为精准和理性的投资选择。该模型能够基于过往数据及当前市场变动情况，预测股票价格变动趋势，并据此提出优化投资组合的战略建议。以此为途径，该方法能够辅助投资者深化对市场动态的理解，有效降低投资风险，并进而提升其收益水平。

DeepSeek-R1：相较于DeepSeek-V3版本，DeepSeek-R1显著提升了对复杂数据集的处理效能，并创新性地整合了高级逻辑推理机制。这意味着该工具能够处理更为复杂的经济学模型，从而识别出潜在的投资机遇与风险节点。在分析特定行业增长潜力时，R1综合考量了一系列关键因素，包括但不限于政策环境的变化、技术创新的步伐及竞争对手的战略动态，以全面评估该行业的未来发展态势。此类全面性的评估为投资者提供了丰富且深入的数据资源，有助于其进行更为精确的风险收益权衡，进而实现更加理性的决策过程。

（2）医疗问诊

DeepSeek-V3：人工智能技术的进步在医疗保健领域展现出显著的应用潜力与价值。DeepSeek-V3系统旨在为医疗专业人员提供一种工具，以支持其在初步诊断阶段作出决策。该模型在接收到患者的症状描述后，能够高效地检索适用的医学文献数据库，基于此生成潜在的疾病假设，并指导推荐相应的后续检测策略。譬如，当一名患者主诉存在持续性头痛及视力模糊等症状时，

DeepSeek-V3系统可能会推荐其执行脑部磁共振成像（MRI）检查，旨在排除潜在的肿瘤病变。这种方法显著地缩减了诊断周期，从而极大地提高了医疗服务的整体效能与质量水平。

DeepSeek-R1：该版本则在DeepSeek-V3基础上增强了对个体差异的理解能力。这意味着该模型能够更全面地考量年龄、性别、遗传背景等变量对健康状态的综合影响。举例而言，针对老年女性患者主诉的胸部不适症状，DeepSeek-R1系统不仅能够精准识别潜在的心脏疾病风险，同时还会综合考量骨质疏松症这一常见并发症，从而提供高度个性化且全面的诊疗策略。

（3）教育培训

DeepSeek-V3：在教育学领域，定制化的学习路径被公认为是提升学生学术成就的一种有效策略。DeepSeek-V3系统能够依据每个学生的学习能力和进度，智能化生成个性化的课程概要及习题集，以适应个体化的教育需求。该工具能够提供详尽的解题步骤解析，帮助学生提高对复杂问题的理解力。在高中物理教学场景中，DeepSeek-V3系统能够识别并针对每位学生所面临的特定学习难题，生成个性化教学资源及指导视频，以实现精准教学支持。

DeepSeek-R1：DeepSeek-R1版本则进一步强化了互动性和适应性。它不仅可以根据学生的学习表现调整教学内容，还可以模拟真实课堂环境中的师生互动。例如，在语言学习过程中，DeepSeek-R1可以模仿教师的角色，纠正学生的发音错误，并给予即时反馈。这种高度个性化的教学方式有助于激发学生的学习兴趣，促进他们更快地掌握新技能。

（4）法律咨询

DeepSeek-V3：法律事务往往涉及大量的专业知识和法规条文。DeepSeek-V3系统旨在使非专业人士能够简便地访问并理解专业的法律建议。在探讨合同争议及个人权利保障议题时，DeepSeek-V3能够给出明确且易于理解的解答。举例而言，针对租户咨询租赁合同中押金退还条款的问题，DeepSeek-V3系统会援引适用的法律条文，详述在遵循法律规定的前提下，如何有效维护租户的合法权益。

DeepSeek-R1：相比DeepSeek-V3，DeepSeek-R1在法律咨询方面展现了更强的逻辑推理能力和丰富的案例库。它可以分析类似案件的历史判决结果，为用户提供更具参考价值的意见。例如，在处理知识产权侵权诉讼时，DeepSeek-R1不仅能指出适用的法律条款，还会列举过往成功的辩护策略，帮助律师制定最佳的诉讼方案。

（5）创意内容生成

DeepSeek-V3：创意产业同样可以从AI技术中获益。DeepSeek-V3展现出卓越的文本生成能力，能够创造性地产生涵盖广告文案、新闻报道及小说章节在内的多种类型内容。该创作过程整合了广泛存在的文学作品风格元素，旨在生成既具创新性又满足市场期待的独特内容。在为一家新兴咖啡连锁店创作营销文案时，DeepSeek-V3系统依据该品牌的特定定位及其目标消费群体的特性，生成具有高度吸引力的文本内容。

DeepSeek-R1：DeepSeek-R1更加着重于在创造性和多样性之间寻求均衡，以优化生成内容的创新性和广泛性。该系统不仅具备按照预先设定的故事架构生成叙述的能力，而且还巧妙地融入出乎意料的情节转折，以增强故事的吸引力和情感深度。在对经典文学作品进行续写创作时，DeepSeek-R1有能力引入原创的角色动态与情节轨迹，以此为读者提供前所未有的阅读沉浸感。

2.5 开源与生态

DeepSeek系列产品的关键特性之一是其采取开源策略，这一举措不仅为技术社群提供了丰富且多样化的资源及实际操作案例，而且对促进大型模型生态系统整体繁荣起到了积极的推动作用。开放源代码架构促进了全球开发社群的广泛参与，不仅体现在模型的共同改进、个性化定制及多样化应用上，还构建了一个基于协作与创新的可持续技术生态系统。借助开源策略，DeepSeek显著降低了大规模预训练模型应用的技术壁垒，进而为学术研究、工业实践及个体开发人员提供了功能丰富且易于接入的工具与平台，此举极大地促进了大模型技术的广泛传播与持续创新。

2.5.1 开源策略的优势

1. 技术透明化

开源模式的一个关键益处在于其推动了技术实现的透明公开，从而促进了知识共享与创新加速。对于DeepSeek而言，其内部架构、算法机制及优化技术均实现了便捷的可获取性。这种开放性策略不仅为开发者提供了一扇通往先进人工智能技术的大门，而且还促进激发了模型迭代与优化的集体智慧，极大地推动了整个社区在技术创新方面的进程。举例而言，一位专精于自然语言处理领域的学者，在细致剖析DeepSeek体系结构的基础上，提出了一种创新的优化策略。这一策略显著提升了模型在特定任务中的效能，同时为同行开发者开辟了新的研究视角与实践路径。

此外，提升技术的透明度能够显著提升用户对于算法模型可靠性的信心与认同感。特别是在要求极高数据安全与隐私保护的领域，例如医疗保健与金融服务领域，深入了解机器学习模型的运作机制显著增强了用户对其在实际应用中的信任与接受度。在开发用于疾病诊断的智能系统过程中，医疗提供者可通过详查DeepSeek的技术特性，以验证其是否遵循既定的行业准则与法律规范，进而保障该系统的性能稳定与信息安全。

2. 资源共享

DeepSeek致力于开放科学实践，已公开发布了一系列丰富的资源集合，涵盖代码源文件、预训练神经网络模型、微调辅助工具，以及详尽的操作指南文档。这些资源为软件开发者提供了稳固的起点，极大地缩短了项目启动周期，并且避免了从基础构建高度复杂模型所带来的冗长开发过程。举例而言，一家寻求以人工智能驱动创新的客户服务解决方案的小型创业企业，能够借助DeepSeek所提供的预训练模型作为项目启动的基础。通过针对其特定业务需求进行定制化的微调，该企业不仅能够大幅度减少研发周期和成本投入，而且还能够显著提升项目的成功概率。

不仅如此，DeepSeek还积极倡导开发者社群的参与，通过促进自定义插件及扩展模块的贡献，进而构建了一个充满活力且不断进化的技术生态系统。此种资源共享机制显著加速了知识的扩散与技术的发展进程。无论工程领域的参与者是初学者还是资深专家，该平台均能提供定制化的学习资源及实践经验指引，以此促进整个行业集体进步和发展。

3. 社区协作

依托开源平台，DeepSeek创建了一个全球化的开发者社群，其成员可以在此平台上交流专业知识、探讨技术难题并孵化创新理念。此合作模式显著加速了技术进步的进程，并确保了DeepSeek能够不断演进，以应对动态变化的需求。在一次聚焦于增强模型在多语言环境下的适应性和效能的研讨会上，来自全球各地的开发人员协同努力，共同克服技术挑战，成功实现了对多种语言的有效支持，并将其经验与成果无偿分享至全球开发者社群。

除了直接的技术贡献，社区成员还定期组织线上线下交流活动，包括研讨会和黑客马拉松等，旨在促进社区内部的互动，并为新成员创造丰富而宝贵的学习平台。借助此种策略，DeepSeek成功地构建了一个生机勃勃且相互支持的生态系统，不断吸引新成员的加入。

2.5.2 插件生态与交流合作

随着DeepSeek的开源发布，其生态系统也迅速扩大起来。

◎ **插件生态**：许多开发者基于DeepSeek的框架开发了各种插件和扩展模块，包括针对特定任务的微调工具、应用接口及数据预处理工具。这些插件不仅提高了模型在不同领域的适应性，也为企业级应用提供了更多选择。例如，开发者可以基于DeepSeek的插件生态，快速构建一个面向金融领域的智能问答系统，或者开发一个面向教育领域的个性化学习助手。插件生态的丰富性使DeepSeek能够灵活满足不同场景的需求，从而扩大了其应用范围。

◎ **学术交流与产业合作**：开放源代码模式不仅激发了学术社群与产业界之间的紧密互动与合作，亦促进了知识共享与技术创新的双重加速。多所高等教育机构与研究实体已着手运用DeepSeek这一工具，推进其在自然语言处理、机器翻译及智能问答领域的大模型应用与技术创新进程。众多企业亦积极依托开放源代码平台，携手深度求索公司展开深入合作，共同探讨大型预训练模型在金融、医疗、教育等关键领域的发展潜力与实际应用。

2.5.3 开源对企业应用的推动作用

对于企业来说，开源不仅意味着低门槛获取先进技术，更代表着灵活定制和快速迭代的能力。DeepSeek开源后在以下方面极大地推动了企业应用的落地。

◎ **降低研发成本**：企业能够直接利用开源代码进行定制化开发，显著降低了从无到有构建特定模型所需的高额成本。借助社区共享的最优实践与开源技术，企业得以在模型个性化设计与商业化实施过程中显著提升效率。一家特定的金融科技企业依托于DeepSeek平台，构建了一款先进的智能投资评估系统，该系统能够高效解析市场动态，并产出深入的投资分析报告，从而辅助用户实现更为精准的投资决策。这种低成本、高效率的开发模式显著加速了技术创新向实际产品或服务的转化过程，进而增强了企业的市场竞争力。

◎ **快速响应市场需求**：基于持续的技术演进，开源模型赋予企业能力，使其能即时响应市场需求，灵活调整其产品战略以捕捉最新的行业动态。当企业在特定领域遭遇技术创新障碍时，能够通过利用社区资源迅速获取解决策略，进而显著增强其产品的市场竞争力。某教育科技企业基于

DeepSeek平台创新设计了一款智能学习辅助工具，该工具能够依据学生的学术进展定制个性化的学习方案，并提供深入的解题策略及解答分析。这种即时适应市场需求的能力，使企业在竞争激烈的市场环境中获得了先发优势。

◎ **技术生态整合：** 开源模式为企业搭建一个包容、互联的技术生态系统提供了机会。企业不仅能够将DeepSeek定位为其核心技术创新平台，还能够通过集成插件和应用程序编程接口（Application Programming Interface，API）的方式，将其与开源生态系统中的其他项目相融合，从而实现跨平台、跨领域的智能应用协同运作，进而构建出更为全面且高效的问题解决体系。

2.6 总结

自2023年初期DeepSeek启动其V3版本的开源发布以来，该技术体系已展现出显著的创新动力与进步轨迹，进而成功演化出专用于特定应用领域的DeepSeek-R1版本，这一进程充分体现了其在技术创新与实践应用层面的持续突破与优化。DeepSeek系列模型在技术创新层面取得了显著成就，不仅推动了技术领域的多个关键突破，同时在成本效益、性能提升及应用场景的拓展方面设立了新的行业标准。

面向未来，DeepSeek系列产品的研发与应用预计将持续处于大型预训练模型技术演进的前沿，引领行业发展趋势。伴随技术生态体系的持续成熟，越来越多的企业、研究组织及开发人员正依托此平台开展创新活动，合力加速人工智能技术在各个领域的广泛实施与深入应用。可预期的是，中国自主研发的大型预训练模型不仅将在学术领域催生更多创新成果，还将在商业实践中释放出巨大的市场机遇和经济效益。DeepSeek预期在多模态技术集成（涵盖图像、声音与文本等媒介的综合处理）及跨学科知识整合领域实现显著进展。通过集成多元形态的数据，DeepSeek得以显著增强其理解和生成机制，进而使其在更为复杂的任务情景中展现出卓越性能。在智能客服领域，DeepSeek借助多模态技术能够实现更为流畅和自然的人机对话体验；在创意内容生成领域，DeepSeek则能通过整合跨领域的知识体系，创造出更加新颖且富有深度的内容产出。

在接下来的章节中，笔者将进一步探讨如何基于DeepSeek的核心技术，结合DIKWP白盒测评理念，实现大模型的定制与优化，以及如何通过多模型协同打造出最符合实际需求的智能系统。希望通过本章的介绍，读者能够对DeepSeek的技术细节和创新点有一个全面深入的认识，为后续的实践和探索打下坚实的基础。

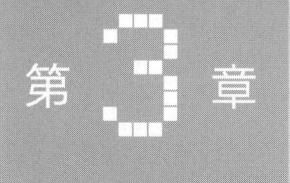

第3章 DIKWP 白盒测评理念详解

随着大模型技术日新月异的发展,用户对人工智能系统的要求不再局限于"给出正确答案",而是希望能够洞悉模型的"思考过程"。传统黑盒测评方法只能对模型输出结果的准确性进行评估,忽略了模型从数据中提取信息、构建知识体系、进行逻辑推理等内在机制原理。为了更全面地剖析大模型的内在认知过程,DIKWP 白盒测评理念应运而生,它以"数据""信息""知识""智慧""意图"五个关键层次,打造了从原始数据到有意图决策的完整认知链条。本章将详细讨论五个部分:黑盒测评和白盒测评对比,DIKWP 模型框架,测评系统设计,测评结果分析,意义和展望。

3.1 黑盒测评与白盒测评：从结果到过程的转变

3.1.1 传统黑盒测评的定义与局限

传统的黑盒测评方法，长期以来被广泛应用于人工智能系统的性能测试中。所谓"黑盒"，即将模型视为一个封闭的系统，只关注其输入和输出的对应关系，无论模型内部如何复杂，只要最终输出符合预期，都认为模型是成功的。

1. 黑盒测评的主要特点

◎ **结果导向**：黑盒测评注重最终输出结果的正确性或合理性，通常采用标准化测试集、精确度、召回率、F1分数、BLEU值等指标对模型性能进行量化。比如，机器翻译只看翻译结果与参考译文是否高度匹配；图像分类只看模型分类正确率能否达标。

◎ **简单直观**：测评方法简单、流程明了。输入数据经模型处理后，直接与标准答案比较，易于量化和统计。这样的测评方式在许多传统应用中取得了较好的效果，也为初期的人工智能发展奠定了基础。

◎ **适用面广**：黑盒测评适用于大量标准化任务，如文本生成、图像识别、语音识别等，不需要深入了解模型内部结构即可快速完成性能评估。

2. 黑盒测评存在的不足

然而，随着大模型规模和能力的不断提升，黑盒测评逐渐显现出诸多不足。

◎ **缺乏过程解释**：黑盒测评仅关注最终结果，忽视了模型处理输入、提取关键信息及做出决策的过程。即使模型给出正确答案，也无法判断其是否具备真正的理解和推理能力。

◎ **难以发现系统性问题**：当模型在某些情况下表现异常时，黑盒测评往往难以定位问题所在，是数据处理不足，还是逻辑推理环节出现了错误？单一的输出对比无法给出答案，容易导致盲目优化。

◎ **忽略用户意图**：黑盒测评并不能反映出模型对用户输入深层意图的把握，用户的需求往往包含情感、测评目的等信息，而传统测评并不能揭示模型对这些复杂信息的反应是否得当，在实际应用中，用户的需求往往包含情感、隐含目的等信息。

下面介绍LLM黑盒测评基准的五种主要类型，以及它们各自专注的测评能力领域。

（1）MMLU：多学科知识理解评估

由Hendrycks团队于2020年建立的MMLU基准，以57个学科领域的15908道四选一选择题构成知识图谱，涵盖从基础数学到专业医学的广谱认知维度。该基准通过零样本/少样本的测试设置，重点考查模型通过预训练获得的知识迁移能力与跨领域理解力。其题目难度呈阶梯式分布，早期模型（如GPT-3）在此基准上的表现仅达43.9%，显著低于人类专家89.8%的基准线。该基准的评估价值在于能有效定位模型的知识盲区，为后续定向训练提供诊断依据。

（2）HellaSwag：常识推理能力标尺

Zellers等人于2019年提出的HellaSwag测试基准，通过10000个日常生活情景的补全任务，检验模型对隐式常识的掌握程度。该测试要求从四个看似合理的选项中识别出符合现实逻辑的续写方案，这对早期语言模型发起挑战——当时（2019）最优模型的准确率不足50%。但随着注意力机制的改进，GPT-4在2023年已实现95.3%的准确率，接近人类直觉判断水平。该基准的价值在于区分单纯的语法模仿与真正的常识理解，其测试结果可反映模型与现实世界的认知对齐程度。

（3）BIG-Bench：综合认知能力试验场

作为2022年由来自全球132个研究机构的444位学者联合构建的超大规模测评体系，BIG-Bench包含了204项差异化任务，覆盖从基础语义处理到伦理决策的复杂认知维度。同年，BIG-BenchHard（BBH）被提出，它是从最初的BIG-Bench套件中选择了23项具有挑战性的任务，其中包括一组不同的评估集，包含204项任务，这些任务已经超出了当时语言模型的能力。而在此之前，当时所有最先进的模型均未达到人类平均表现水平。值得注意的是，BBH的作者通过引入链式思维（Chain-of-Thought，CoT）提示策略，使同样的模型在17项任务中的表现水平超越普通人类评估者。该基准采用模块化评估框架，为衡量通用人工智能的演进建立了多维坐标系。

（4）TruthfulQA：真实性评估矩阵

牛津大学学者和OpenAI团队于2022年发布的TruthfulQA基准，通过817个陷阱式问题构建对抗性测试环境，专门检测模型的抗幻觉能力。这些问题设计基于38个领域的常见认知误区，采用经过微调的GPT-Judge判别器进行真实性评分。基准测试结果显示，GPT-3的真实性得分仅为58%，与人类94%的基准线之间存在显著差距。该指标已成为衡量模型事实一致性的重要标准，特别是在医疗、法律等容错率低的领域具有关键评估价值。

（5）GSM8K：数学推理基准测评

OpenAI与SurgeAI联合开发的GSM8K，则通过8500道小学数学应用题检验模型的多步算术推理能力，通常用于训练和测试机器学习模型，特别是在自然语言处理领域的模型。最新研究表明，通过思维链提示技术的优化，顶尖模型GPT-4o在GSM8K测评中的准确率已达95%，展现出接近人类的问题分解能力。

3.1.2 白盒测评的提出与意义

针对黑盒测评的不足，业内专家开始探索白盒的测评方法，即对模型内部的"思考过程"进行全程监控和解剖。所谓"白盒"，即"公开"模型内部的各个层级结构及其计算过程，对各个认知环节的能力进行层层检测。

1. 白盒测评的核心思想

◎ **过程透明化：** 白盒测评不再是将模型视作一个不可见的黑箱，而是通过可解释的方式展示内部处理流程。开发者可以看到模型如何从原始输入中提取信息、构建知识体系，以及如何进行推理和决策。

◎ **多维度考核：** 白盒测评不仅关注输出结果，更将测评过程分解为多个层次，每个层次对应不同的认知能力。从最基础的数据感知到高级的意图理解，层层递进，全面揭示模型的内在"思考过程"。

◎ **模拟人类思维过程**：白盒测评通过构建认知体系模拟人类的思维过程，以DIKWP模型（数据、信息、知识、智慧、意图）为基础，围绕模型在类人思维特征的逻辑推演、知识迁移、目标导向等维度，建立起五个层次的分析框架。这种评价范式不仅提供了一个可量化的认知科学理论研究观察窗口，还通过可解释的思维路径分析，提供了具有操作化指向的模型优化改进意见。

2. 白盒测评的实践意义

◎ **问题定位精准**：通过对各层次进行详细检测，白盒测评能够精确定位模型在数据预处理、信息提取、知识体系构建、推理逻辑和意图识别等环节上的不足，帮助开发者有针对性地进行改进。

◎ **提升模型透明度**：白盒测评使模型内部的运作机制得以呈现，提高了系统的可解释性和透明度。这对于模型在高风险领域（如医疗、金融）的应用尤为重要，有助于赢得用户信任并满足监管要求。

◎ **促进多模型协同**：了解每个模型在不同认知层次上的优势和不足，为构建多模型协同系统提供了科学依据。不同模型可以根据各自的优势在不同任务环节中协同工作，实现优势互补。

综上所述，白盒测评是大模型技术发展的必然趋势，它从过程出发，通过多维度的检测手段，让人真正看到模型是否"会想"，并为进一步的定制与优化提供了坚实的基础。

3.2 DIKWP 模型框架的全面解析

DIKWP模型框架是白盒测评体系的核心，五个字母分别代表数据、信息、知识、智慧、意图。这一框架构建了从原始数据到最终决策的完整认知体系，涵盖了大模型在实际应用中必须具备的各个能力层次。

3.2.1 数据层（Data）：感知与原始信息的获取

数据层作为DIKWP认知链条的起点，是整个信息处理流程中不可或缺的基础环节。它不仅决定了模型对输入数据的感知能力，还直接影响到后续信息提炼、知识构建及智慧应用的效果。因此，优化数据层的设计与实现对于提升整体系统性能至关重要。

1. 数据采集与感知

（1）多模态输入

随着时代的发展，场景也变得复杂，单模态数据处理已不再满足需求，现代大模型必须处理多模态数据，包括文本、图像、音频和视频。这就要求数据层具有强大的感知能力，可以从各种信号源中提取有效信息，有效整合多维信息，实现全面理解。例如，在自动驾驶汽车场景下，系统必须处理来自摄像头、雷达和超声波传感器的数据，并整合成统一的环境理解模型。

（2）预处理与去噪

数据层需要对输入模型的数据进行一系列处理。这些处理步骤包括编码转换、数据标准化和噪声去除等。这些工作直接影响数据进入模型之后的精度，如果预处理工作做得不够好，可能会导致模型产生错误的输入，从而导致输出的异常。例如，在自然语言处理任务中，采用正确的分词策略可以提高模型的理解能力；在图像识别任务中，通过滤除图像的噪声，可以提高特征提取的准确度。随着量子计算等新技术的出现，后续可能会有更加高效的预处理算法，从而进一步提升数据保真度。

2. 数据层测评指标

在白盒测评中，数据层的测评主要考查以下几个方面。

◎ **输入敏感性：** 考查模型面对有微小变化或有噪声的数据能否准确提取信息，优秀的数据层要求鲁棒性、适应性要足够强。

◎ **预处理效率：** 衡量模型对数据的清洗、标准化、转换的速率与消耗资源的多少。尤其是对实时应用而言，速率快、消耗资源少是非常重要的。

◎ **数据保真度：** 验证在数据转换过程中能否保持原始信息的完整性和真实性，避免信息丢失或失真。

3. 数据层测评的应用案例

（1）背景描述

假设某企业正在开发一款智能医疗助手，旨在帮助医生快速提取患者纸质病历或电子病历中的关键信息，以便更精确地诊断。这些电子病历通常包含症状描述、治疗历史、实验室结果等大量非结构化文本数据，纸质病历中可能包含拼写错误、缩写和与病情无直接关联的信息（如患者家庭住址）等。

（2）准备测试

选取一系列真实的电子病历作为测试数据集。为了提高难度，可以在其中加入一些干扰因素，如下所示。

◎ 使用不同的医学术语缩写。

◎ 在纸质病历中增加手写字体，模拟纸张磨损情况效果。

◎ 添加与主要病症无关但常见的健康检查结果（如色觉测试结果）。

（3）模型任务

◎ 获取患者的主要症状描述。

◎ 过往的治疗方案及效果。

◎ 与目标疾病相关的实验室检验指标和值。

（4）输出格式

将所有提取出的信息以结构化或半结构化形式输出，如键值对、列表描述等形式，方便诊断系统的进一步处理和分析。

（5）评估标准和说明

◎ **输入敏感性：** 测试模型能否正确分析含有拼写错误或使用不同简称的文字。

◎ **预处理效率：** 测量模型处理每个病历所需的时间。

◎ **数据保真度：** 测试对输出的信息是否存在重要遗漏或误报，是否能准确反映原文内容。

3.2.2 信息层（Information）：信息提取与初步处理

信息层处于数据与知识之间，主要任务是从原始数据中提取有用信息，并将其进行初步加工与整理。这个层次是将"杂乱无章"的数据转化为具有一定结构和语义的信息集合的关键环节。

1. 信息提取与整合

（1）特征提取

在信息层中，模型需要执行复杂的特征提取任务，将原始输入转化为对特定任务有意义的特集，例如，在处理新闻报道时，模型不仅要识别并提取事件发生的时间、地点、人物等基本信息，还需要深入理解事件发生的背景和影响范围。这要求模型能精准识别文本中的关键实体及其关系，并具备基于上下文语义的精确映射能力。比如，在一篇关于科技新品发布的报道中，除基本要素外，模型还要能提取产品的独特卖点、市场定位及预期目标用户群等深层次信息。

（2）信息过滤

为了保证后续知识体系建构的质量，信息层必须有效地过滤杂讯，这意味着需要开发出一种算法，能够区分哪些资讯是有价值的，而哪些资讯是不相关的或是容易产生误导的。例如，在社交媒体数据分析中，信息层需要剔除广告内容、重复信息和个人情绪表达等非实质信息，专注于捕捉用户对某一话题的真实看法和趋势变化。

（3）初步语义理解

信息层还需要对提取的信息进行初步的语义理解和归纳，为知识体系构建提供一个逻辑框架，这包括但不限于对概念之间关联性的识别，对潜在的因果关系的推理，对相似观点的归纳和总结。例如，在学术论文分析中，模型不仅需要提取每篇论文的研究方法和结论，还需要了解这些研究之间的关系，从而形成一个连贯的知识网络。

2. 信息层测评指标

◎ **提取准确率：** 衡量模型在给定文档时提取关键信息的精确度。高准确率代表着模型能够精准地识别和提取核心内容。

◎ **信息完整性：** 评估模型能否全面覆盖输入数据中的所有关键信息，在理想情况下，模型应能完整保留原文核心表达内容，不重要细节被遗漏。

◎ **逻辑连贯性：** 检查整理后的信息是否呈现出清晰合理的逻辑结构，良好的逻辑连贯性对后续知识推理、决策支撑等方面都有一定的帮助。

3. 信息层测评的应用案例

（1）背景描述

在这个示例中，需要设计一个测试题目，要求模型从一份复杂的技术文档——关于人工智能（AI）领域最新进展的报告中提取核心观点和主要论据，并将其整理成简洁且逻辑清晰的框架。这份报告涵盖了算法改进、应用案例及伦理讨论等多个方面，旨在全面展示AI技术的发展现状及影响。

（2）准备测试

选择一系列关于人工智能领域的技术文档作为测试数据集，为了提高难度，可以在文档中加入一些干扰因素，如下所示。

◎ **使用不同的术语缩写**：在描述算法或相关技术的演化时，在数据集中使用不同但通用的缩写（如人工智能和AI）。

◎ **混合专业术语与日常语言**：数据集中涉及讨论应用案例或伦理问题时，混入日常用语或非正式语言，尽可能加大识别难度。

◎ **添加无关信息**：引入一些与主要讨论主题不直接相关的信息，如在讨论AI安全问题时提及其他公司的市场表现。

（3）模型任务

◎ **提取核心技术观点**：从各个章节中抽取核心技术发展、应用案例或伦理话题的观点。

◎ **识别关键技术证据**：针对每个核心观点，找出支撑这些观点的关键技术细节或案例。

◎ **整理逻辑框架**：将上述信息整理为一个清晰的逻辑框架，便于后续的知识构建和决策支持。

（4）输出格式

所有被提取的信息都是以JSON格式内容、自然语言文本等结构化或非结构化的形式进行输出。

（5）评估标准和说明

◎ **提取准确率**：检查模型能否正确分析技术文档，其中有不同的缩写或拼写错误，关键信息能否准确提取。

◎ **信息完整性**：评估模型能否对输入文档中的所有关键内容进行全面覆盖，确保重要信息不遗漏。

◎ **逻辑连贯性**：检验整理后的信息是否呈现出清晰的逻辑关系，有助于后续推理与知识体系建构。

3.2.3 知识层（Knowledge）：信息组织与系统构建

知识层是DIKWP框架中至关重要的一环，主要任务是对所提取的信息进行深度整理，构建系统的、结构化的知识系统，既要求模型对已有信息进行分类归纳，又强调内部知识网络的建立，通过关联和推理的方式来实现。

1. 知识体系构建的关键步骤

◎ **知识图谱构建**：在信息层提取出关键实体及其属性之后，模型需要将这些信息构建成知识图谱。这个过程涉及识别实体（如人物、地点、组织）、属性（如出生年月、地理位置、成立年份）及实体之间的相互关系（如工作关系、地理位置的临近等）。例如，在分析一篇科技公司最新产品的报告时，模型除了要识别产品名称、发布日期等基本信息外，还需对产品与其他同类产品的竞争关系、市场定位等深层次信息进行记录和了解。

◎ **知识融合**：知识融合是指把来自不同渠道、不同领域的信息聚合在一起，形成一个跨领域知识。这就要求模型能够处理不同类型的数据源，从中提取有价值的信息进行聚合。例如：结合历史销售数据和当下的市场趋势预测未来的市场需求，或者把社交媒体上的舆论观点及传统媒体的新闻报道综合起来，形成对一个事件的全面视角。

◎ **推理与归纳**：基于已构建的知识图谱，模型需要具备推理能力，即将显性知识转化为隐性知识，生成新的知识结论。例如，在了解某一地区过去10年的气候变化规律后，模型可以预测该地未来气候趋势，并提出相应的措施与建议。

2. 知识层测评指标

测评知识层的指标主要包括以下几个。

◎ **知识结构完整性**：考查模型能否全面覆盖输入信息中所有有用的知识点，确保重要信息不遗漏。

◎ **关系推理能力**：衡量模型是否可以通过已知知识推导出合理的隐性关系，例如，潜在的因果联系是从多个独立事件中推导出来的。

◎ **更新与自适应能力**：测试模型能否在有新数据输入的情况下及时更新自己的知识库，并根据新的信息对原有知识架构进行调整。

3. 知识层测评的应用案例

（1）背景描述

假设某机构研究人员需要涉及一个测试题目的数据集，其来源是一篇关于全球气候变化对世界各个国家、科研成果和经济活动影响的综合报告。题目设计的目标是要求模型从这篇报告中提取出关键的信息，并根据这些信息构建出一个知识图谱，最后利用这个知识图谱进行推理，从而能够预测未来的经济、科技等发展趋势。

（2）准备测试数据

针对该报告设计一系列测试题，要求模型在看完一篇综合报告后，构建起完整的知识图谱，并通过图谱对潜在的因果关系和未来趋势进行推理，这既考查了模型整理知识的能力，又考查了其逻辑推理的深度和精确性，可以在这些知识图谱中找到一个符合题意的答案。

选取一篇包含以下内容的报告作为测试数据：

◎ **国家政策**：各个国家采取的不同的应对气候变化的政策措施。

◎ **科研成果**：最近的科学发现和应对气候变化的技术突破。

◎ **经济影响**：气候变化对全球经济的影响，尤其是农业和能源行业。

◎ **干扰因素**：加入一些与某一国家体育赛事成绩或历史事件回顾等和主题不直接相关的干扰信息。

（3）模型任务

◎ 对文章中的各个实体（如国家、组织、技术）进行识别和记录。

◎ 明确这些实体之间的关系（如某国采用了减少碳排放的新技术）。

◎ 构建结构化的知识图谱，涵盖国家政策、科研成果和经济影响等方方面面。

◎ 基于构建的知识图谱，推断哪些国家可能因气候变暖而在粮食安全方面面临更大挑战。

◎ 预测气候问题最有可能成为解决的关键，并说明为什么，是哪一类技术革新。

（4）输出格式

将预测和推理内容以结构化或非结构化形式输出，如JSON格式内容、自然语言文本等。

（5）评估标准和说明

◎ **知识结构完整性**：检查模型是否全面覆盖文章中所有重要的知识点，包括但不限于国家政策、科研成果和经济影响等。

◎ **关系推理能力**：评估模型是否可以通过已知知识推导出合理的隐性关系，例如，未来的粮食安全状况，是基于某国的政策和当前的科学研究水平而做出的推测。

◎ **更新与自适应能力**：模拟新数据输入场景，观察模型能否及时更新知识图谱，并根据新的信息调整原有的知识结构。

3.2.4 智慧层（Wisdom）：高层次推理与问题解决

智慧层是最具挑战性的DIKWP框架部分，体现模型在积累了大量系统知识后的应用能力，不仅要求模型面对复杂问题时能够进行多步骤推理，而且强调解决问题的创造性和创新性。

1. 智慧层的内涵

◎ **复杂问题推理**：在此层次上，模型需要处理的问题是多因素多变量交叉的问题，如分析宏观经济趋势时，需要考虑GDP增长率、失业率等传统指标的影响，同时还需要考虑到全球贸易关系、技术创新速度及政策变化等因素的影响，模型要通过分步推理的方式，将问题逐步拆解，最终给出既符合逻辑又具有前瞻性的解答，这就需要模型能够有效整合来自不同领域的知识，应用先进的算法和充足的依据进行推理。

◎ **创新解决方案**：当遇到的问题没有现成的答案或标准的解法时，智慧层模型要表现出创造性思维的能力，它意味着模型既要依靠已有的资料和知识库，又要能从不同的角度审题，提出新颖实用的解题思路，这是智慧层模型所要具备的。比如，在应对气候变化带来的农业挑战时，模型可以建议采用智能灌溉系统结合新作物品种的方式，以提高水资源利用效率和作物抗逆性，这种方案不仅体现了对现有技术的认识，也展现了其前瞻性的未来发展思考。

◎ **情景理解与调整**：智慧层需要模型具备高度的环境意识和情景敏感性，可以灵活调整推理策略。因此，模型不仅要理解当前环境，还要预测环境变化，调整决策路径。例如在城市规划方面，基于人口增长预测、交通流量变化、环保需求等因素，对城市规划方案进行动态调整，使其既满足当前需求，又可以适应未来不确定性的要求。

2. 智慧层测评指标

◎ **逻辑严谨性**：评估模型在整个推理过程是否有严密的逻辑，能否构成一个前后一致的逻辑链条。

◎ **问题解决能力**：检验模型能否在复杂情况下提出既合理又具创新性的方案，尤其是在没有明确指导的情况下。

◎ **灵活应变性**：测试模型在面对不断变化的问题情景时，能否针对新的内容输入或外部条件的变化，快速调整自身的推理路径，以达到最合理的适应。

例如，设计开放性试题，要求模型在给出一组社会经济数据后，对未来一段时间的市场走势进行预测，并提出相应的政策建议。此类题目既考查了模型在推理方面的深度，又体现了模型在智慧应用层面上面对不确定性的能力。

3. 智慧层测评的应用案例

（1）背景描述

假设某科研机构的研究员有一组某沿海地区过去10年的社会经济数据集合，包括但不限于GDP增长率、近期政策、就业率、消费者信心指数和出口贸易状况。目标是设计一个详细的测试题目，要求模型根据这些数据对未来市场趋势进行预测，并提出相应的政策建议，此外还要求其考虑国际重大事件对预测结果的影响，并据此对策略进行调整。

（2）任务描述

◎ **预测未来市场趋势**：基于历史数据，预测该国未来5年的主要经济指标动向，尤其要关注GDP增速的变化及就业市场状况。

◎ **提出政策建议**：针对预测结果，至少提出三项旨在促进经济增长、促进就业水平提升，以及增强本地区产业在国际贸易市场竞争力的具体政策措施，并对此提出了具体建议。

◎ **情景模拟**：假设国际上出现重大事件（如大型自然灾害），需重新评估此前的预测，并对政策建议进行调整，以应对新的情况。

（3）输出格式及要求

输出的预测未来市场趋势必须是结构化或半结构化数据，并且能够对每一年的预测做出解释。提出的政策建议必须是半结构化或非结构化数据，要求与现有的政策规定紧密联系，并提出建议，最后给出这些建议的理由。情景模拟需要结合实际，紧扣当前地区产业与重大国际事件的联系，要求模型输出半结构化或结构化数据，必要时需分步说明。

（4）评估标准和说明

◎ **逻辑严谨性**：考查模型推理过程是否严密，逻辑链条能否连贯。

◎ **问题解决能力**：评估模型提出的解决方案是否合理且富有创新性，特别是在缺乏明确指导的情况下。

◎ **灵活应变性**：测试模型在面对重大变化时能否迅速调整推理路径，适应新的信息输入或外部条件的变化。

3.2.5 意图层（Purpose）：目标识别与行为调控

意图层是DIKWP认知链条中的最高层次，是衡量一个模型是否真正具备理解能力的关键，它不仅要求模型能够分析出用户的需求、意图和情感，还要求其动态地根据这些信息对输出内容进行调整，以保证与用户的期望相符。这个层次关注的是"模型会不会想"，即模型能否像人类一样基于上下文和用户目标来思考和响应。

1. 意图层的主要任务

◎ **意图解析**：在这一阶段，模型需要深入分析用户输入中隐含的意图和情感状态。这不仅仅是识别关键词或短语的问题，而是要理解整个对话背景下的深层含义。例如，在一个在线客服场景中，模型不仅要能回答如"我如何重置密码？"这样的直接问题，还要能判断出当用户说"我对你们的服务感到非常失望"时，其背后可能寻求的是情感支持或是对服务质量不满的具体反馈。通过自然语言处理技术的进步，如情感分析、主题建模等，模型可以更准确地捕捉到用户的潜在需求和情绪波动。

◎ **行为调控**：模型要能灵活地根据意图分析的结果，对自己的答题风格、语气甚至内容都要有灵活的调整。这意味着，如果检测到用户处于焦虑或困惑状态，模型应该使用比较温和的语言，同时也支持这种语言；而在专业的咨询语境下，表达形式要正式一些，技术含量要高一些。此外，模型还应能够在不同情景之间无缝切换，确保每一次交互都能精准匹配用户当前需求，比如在医疗咨询应用中，面对病情描述模糊的患者，模型应该提供详细的问询，以明确情况，而不是直接给出可能不准确的诊断。

◎ **目标导向决策**：当存在多种可能的回答方案时，模型需要选择最符合用户最终目标的选项，这就涉及复杂的决策算法，它们可以根据已知信息预测出哪种反应最能满足用户的需要。比如在旅行规划助手的应用场景中，如果用户表达了既想节省开支又想体验优质服务的愿望，那么模型就需要在推荐最适合的住宿地点或交通方式时，综合考虑价格因素和服务评价。这种目标导向，高度体现了该大模型在对用户需求的理解和满足上的智能化程度。

2. 意图层测评指标

◎ **意图识别准确率**：衡量模型能否准确捕捉用户的潜在需求和情感状态，高准确率意味着模型具有较强的理解能力和敏锐的触觉。

◎ **输出调整能力**：考查模型在不同情景下，能否根据目标变化动态调整答题策略，良好的适应性使模型在任何情况下都能给予恰当的应变。

◎ **个性化响应效果**：测评输出是否符合用户个体差异，做到个性化定制。优秀的模型会产生独特的回复，提升用户体验，这些回复会根据不同用户的喜好、历史交互记录等因素进行综合考量。

3. 意图层测评的应用案例

（1）背景描述

某公司需要设计一个智能家居助手，个人用户可以通过语音或文字与之交互来控制家中的各种设备（如灯光、温度、安全系统等），并获取生活建议（如健康提示、娱乐推荐等）。目标是测试系统的AI助手能否在处理日常任务的同时，了解用户的需求、情绪，并给予恰当的响应。

（2）任务描述

①基础交互：

◎ 用户询问客厅灯在早上7时自动开启时应该如何设置。

◎ 模型需要提供具体的步骤指导，并询问是否有其他相关需求（如温度同时调整）。

②情感识别与响应：

◎ 在经历了连续几天的低温天气后，用户提到了感觉格外寒冷的问题，并对目前的居住环境舒适度表示了不满。

◎ 模型不仅要提供即时解决方案（如提高室内温度），还需要表达关心和支持，例如："听起来您最近过得不太舒服，让我帮您调节一下室温吧。"

③个性化建议：

基于用户的喜好和过去的互动记录，模型应该能够提出个性化的建议。比如，用户平时喜欢听音乐，模型可以在建议调节温度的同时为其推荐一些轻松的背景音乐，让心情得到放松。

④情景模拟：

◎ 假设用户突然接到紧急出差通知，需要快速准备行李离开家，此时用户可能会感到紧张或焦虑。

◎ 模型应迅速调整策略，不仅要帮助用户快速检查家中所有设备的状态（确保门窗关闭、电器断电等），还要提供实用建议以缓解其紧张情绪，如提醒重要物品的位置或推荐便捷的打包技巧。

（3）输出格式及要求

输出主要分为两个部分，一是结构化内容，这部分内容主要是根据用户需求来实现某个目的的操作，如播放音乐、控制智能家居等；二是非结构化内容（如自然语言回答），根据用户的指令或要求，对其进行相应的回复，从而提升用户的体验感。

（4）评估标准和说明

◎ **意图识别准确率**：模型能否准确捕捉到用户的实际需求和情绪状态。

◎ **输出调整能力**：在不同情景下，模型能否根据用户的目标变化动态调整回答策略。例如，当用户面临紧急情况时，模型能否迅速从常规服务模式切换到应急支持模式。

◎ **个性化响应效果**：输出内容是否考虑到用户的个体差异，实现个性化定制。比如，基于用户的历史偏好，模型提供的建议是否有针对性、是否切合实际。

3.3 DIKWP 测评体系的设计与实施

在DIKWP模型框架的基础上，全球首个针对大语言模型"意识水平"——识商的白盒测评体系应运而生。该体系通过精心设计的100道测试题，涵盖感知与信息处理、知识体系构建与推理、智慧应用与问题解决、意图识别与行为调整四大模块，对大模型的认知与决策过程进行了全面解析。通过这些评估，我们可以深入了解大模型的认知和决策过程，为它的进一步优化提供科学的基础。

3.3.1 测评设计理念与目标

DIKWP测评体系的设计初衷在于打破单一结果导向，强调对模型内部认知过程的全面检验。其主要设计理念如下所示。

◎ **全流程测评**：该体系覆盖了从数据感知到意图调整的整个认知流程，每一阶段都设有针对性强的测试题目，确保能全方位地捕捉和评价模型在不同环节的表现。

◎ **模块化测试设计**：测评内容被系统地划分为四个主要模块，每个模块都对应DIKWP框架中的一个或多个层次。这种结构不仅简化了单一能力的独立检测，也便于综合分析模型的整体性能，为针对性优化带来了便利。

◎ **实战场景复现**：为了提高测评的真实性和实用性，许多题目融入了现实生活中的应用场景，如多轮对话处理、复杂问题求解及跨领域知识整合等，使测评结果更贴近实际应用需求。

◎ **动态反馈与迭代改进**：除给出整体分数外，这套测评体系还特别注重提供细致的分项反馈，包括各测评级别模型的具体表现分析，不仅有助于明确模型的优势，更能对其不足进行精准定位，为后续定制化改进指明方向。

3.3.2 四大模块详细设计

1. 感知与信息处理模块

本模块主要考查模型在数据层和信息层的能力。试题设计关注以下几个方面。

◎ **原始数据感知能力**：测试模型能否在复杂输入中准确捕捉关键信息，主要是针对用户输入内容的综合处理能力。

◎ **信息提取与过滤**：设计题目要求模型从长文本中提取出关键信息，验证其在信息过滤、噪声抑制方面的表现。

◎ **初步语义理解**：通过对输入数据的语义梳理测试模型能否形成初步、连贯的信息表达。

题目示例如表3-1所示。

表3-1 感知与信息处理模块题目示例

题号	转换路径	题目描述	评分标准（R/E/C）	参考答案	评分示例
1	D→I	输入文本："红色的苹果和绿色的苹果在桌子上，请描述它们的颜色差异。"	R: 2, E: 2, C: 2	"红苹果鲜红，而绿苹果则呈淡绿色。"	回答准确区分两种颜色，无多余和重复，说明充分→6分
2	D→D	输入："请用三句话描述'太阳从东边升起'。"	R: 2, E: 2, C: 2	"每天清晨，太阳从东方缓缓升起。天空渐渐明亮。太阳的出现标志着新的一天开始。"	三句话核心语义一致→6分
3	I→I	输入："'勇敢'与'无畏'有什么区别？"	R: 2, E: 2, C: 2	"勇敢意味着面对恐惧仍然前行，而无畏则指没有恐惧感。"	两词含义区分明确→6分
4	D→I	输入："描述'蓝天白云'中的主要视觉信息。"	R: 2, E: 2, C: 2	"蓝天占据主要部分，点缀着几朵洁白的云。"	准确提取颜色和云的分布→6分
5	D→I	输入："请解释'夜晚的星空'中可见的主要元素。"	R: 2, E: 2, C: 2	"星空中布满了闪烁的星星，有时还能看到银河的轮廓。"	回答清晰准确→6分
6	D→D	输入："请对'Iloveprogramming'进行全部大写转换。"	R: 2, E: 2, C: 2	"ILOVEPROGRAMMING"	格式正确、无遗漏→6分
7	D→D	输入："将字符串'Hello123'反转输出。"	R: 2, E: 2, C: 2	"321olleH"	字符顺序完全反转→6分
8	I→I	输入："请简述'互联网'的主要作用。"	R: 2, E: 2, C: 2	"互联网使全球信息互联互通，促进交流和资源共享。"	概括全面→6分

续表

题号	转换路径	题目描述	评分标准（R/E/C）	参考答案	评分示例
9	I→I	输入："请对比'快乐'和'幸福'的微妙差异。"	R：2，E：2，C：2	"快乐往往是短暂的情绪体验，而幸福则是一种持久的满足感。"	对比细致→6分
10	D→I	输入："描述'秋天的枫叶'的色彩特点。"	R：2，E：2，C：2	"秋天的枫叶多呈红色、橙色和黄色。"	信息提取准确→6分
11	D→D	输入："请对'sunrise'进行翻译（转换为中文）。"	R：2，E：2，C：2	"日出"	转换正确→6分
12	I→I	输入："请简要总结以下句子的主旨：'环境保护是我们共同的责任。'"	R：2，E：2，C：2	"环境保护的重要性与责任感。"	回答准确→6分
13	D→D	输入："将'Hello，World！'中所有标点符号去除后输出。"	R：2，E：2，C：2	"HelloWorld"	处理正确→6分
14	D→I	输入："请描述'一只黑色的猫在夜晚徘徊'的场景。"	R：2，E：2，C：2	"黑色的猫在夜色中穿行，显得神秘而警觉。"	信息提取准确→6分
15	D→D	输入："请对字符串'abcdef'进行倒序排列。"	R：2，E：2，C：2	"fedcba"	倒序正确→6分
16	I→I	输入："'春天'与'夏天'各自有哪些典型特征？"	R：2，E：2，C：2	"春天温暖而生机盎然，夏天炎热且阳光充沛。"	信息区分准确→6分
17	D→I	输入："请说明'蓝色'和'绿色'在海洋中的视觉效果。"	R：2，E：2，C：2	"蓝色给人深邃感，绿色则显得清新。"	分析得当→6分
18	D→D	输入："请将'data'中的所有字母转换成数字（a=1，b=2，…）并输出。"	R：2，E：2，C：2	"41201"	转换准确→6分
19	I→I	输入："请用一句话概括'环境污染'对健康的影响。"	R：2，E：2，C：2	"环境污染会导致呼吸系统疾病和其他健康问题。"	信息提取准确→6分
20	D→D	输入："请计算字符串'12345'中所有数字的和。"	R：2，E：2，C：2	"15"	数值计算正确→6分
21	I→I	输入："解释'科技改变生活'这句话的核心含义。"	R：2，E：2，C：2	"科技的发展极大地影响了人们的日常生活，改变了交流、工作和娱乐方式。"	回答内容准确、简洁→6分
22	D→I	输入："描述'一片郁郁葱葱的森林'的视觉印象。"	R：2，E：2，C：2	"森林中绿树成荫，生机勃勃，充满自然气息。"	信息描述清晰→6分
23	D→D	输入："请对'abcdefg'进行反向排列并转换为大写。"	R：2，E：2，C：2	"GFEDCBA"	转换正确→6分

续表

题号	转换路径	题目描述	评分标准（R/E/C）	参考答案	评分示例
24	I→I	输入："对比'悲伤'与'忧郁'的情感色彩。"	R: 2, E: 2, C: 2	"悲伤可能是一时的情绪波动，而忧郁则带有长期的沉重情绪。"	分析细致→6分
25	D→I	输入："请描述'春雨绵绵'的主要气象特征。"	R: 2, E: 2, C: 2	"春雨细密、连绵不断，给大地带来温柔的湿润。"	回答准确→6分
26	D→D	输入："请将'Hello123！'去掉数字和标点后输出。"	R: 2, E: 2, C: 2	"Hello"	格式处理正确→6分
27	I→I	输入："请说明'时间就是金钱'这句话背后的隐含意义。"	R: 2, E: 2, C: 2	"这句话强调时间的宝贵，提醒人们珍惜时间，提高效率。"	回答准确且有逻辑→6分
28	D→I	输入："请描述'大海波涛汹涌'的视觉效果。"	R: 2, E: 2, C: 2	"大海波涛汹涌，浪花飞溅，显得磅礴而壮观。"	描述到位→6分
29	D→D	输入："请将字符串'OpenAI'转换为反向排列形式。"	R: 2, E: 2, C: 2	"IAnepO"	转换正确→6分
30	I→I	输入："请概括'数字革命'对社会变革的影响。"	R: 2, E: 2, C: 2	"数字革命改变了信息传播和商业模式，推动了全球经济和文化的变革。"	信息归纳完整→6分

2. 知识体系构建与推理模块

本模块主要考查模型在知识层和智慧层的基本能力。测试内容如下所示。

◎ **知识图谱构建**：要求模型将输入信息整理成结构化的知识网络，评估其知识分类、关系抽取与图谱构建能力。

◎ **多步逻辑推理**：设计具有层次性的题目，要求模型进行连续推理，例如，通过现有信息推导出因果关系或隐含结论。

◎ **跨领域知识整合**：测试模型在面临多领域知识时，能否进行有效融合，并给出具有逻辑性的解释或预测。

题目示例如表3-2所示。

表3-2 知识体系构建与推理模块题目示例

题号	转换路径	题目描述	评分标准（R/E/C）	参考答案	评分示例
31	I→K	输入："观察以下数列的规律：2, 4, 8, 16, __，请补充下一项，并说明理由。"	R: 2, E: 2, C: 2	"32，因为该数列是以2为基数不断翻倍的。"	回答正确，理由充分→6分
32	I→K	输入："请判断'鲸鱼是哺乳动物'与'企鹅是鸟类'之间是否存在同类关系，并说明理由。"	R: 2, E: 2, C: 2	"鲸鱼与企鹅均属于动物，但鲸鱼是哺乳动物，企鹅是鸟类，它们虽都适应水中生活，但生物分类不同。"	回答准确区分两者→6分

续表

题号	转换路径	题目描述	评分标准（R/E/C）	参考答案	评分示例
33	I→K	输入："根据下列描述总结出一个普适性规律：'每天锻炼的人体力更好，免疫力更强'。"	R: 2, E: 2, C: 2	"规律是：定期锻炼有助于改善体能和增强免疫力。"	回答合理且清晰→6分
34	I→K	输入："给出'如果天气晴朗，人们会外出活动；如果下雨，人们会待在家里'的推论。"	R: 2, E: 2, C: 2	"可以推断天气与人们活动方式密切相关，晴天促进外出，雨天则抑制外出。"	逻辑推断准确→6分
35	I→K	输入："请归纳'所有植物都需要光合作用'这一现象的原因，并举例说明。"	R: 2, E: 2, C: 2	"原因是光合作用是植物制造养分的基础过程，如绿叶植物利用阳光转化二氧化碳和水生成葡萄糖。"	归纳正确，举例充分→6分
36	I→K	输入："分析'水资源短缺'背后的共性因素，并总结成一句话。"	R: 2, E: 2, C: 2	"水资源短缺往往由过度开发、污染和气候变化等多重因素共同作用造成。"	归纳准确→6分
37	I→K	输入："解释'科技创新推动社会进步'的逻辑关系。"	R: 2, E: 2, C: 2	"科技创新提供新工具和方法，促进生产效率和生活质量提升，从而推动社会发展。"	逻辑严谨→6分
38	I→K	输入："请用一句话总结'知识就是力量'的核心含义。"	R: 2, E: 2, C: 2	"掌握知识可以提升个人能力，使人具备改变环境和推动进步的力量。"	简洁明了→6分
39	I→K	输入："请根据以下数据推导出一个结论：某市过去5年人口增长率逐年上升。"	R: 2, E: 2, C: 2	"可以推测该市经济或环境条件改善，吸引了更多人口迁入。"	推导合理→6分
40	I→K	输入："观察下面几则新闻：'经济增长放缓''就业压力增加'，请分析经济衰退的一个可能信号。"	R: 2, E: 2, C: 2	"可能信号是整体经济活力下降，从而导致就业市场不景气。"	归纳准确→6分
41	K→K	输入："请描述'自我驱动学习'的内在机制，并举出一个生活中的例子。"	R: 2, E: 2, C: 2	"自我驱动学习是指在内在动机下主动学习新知识，如一个人因兴趣自主学习编程。"	回答完整准确→6分
42	K→K	输入："解释'实践出真知'的含义，并举例说明。"	R: 2, E: 2, C: 2	"意思是只有通过实际操作才能真正掌握知识，比如必须亲自尝试才能学会骑自行车。"	解释清楚、例子贴切→6分
43	K→K	输入："请用自己的话解释'纸上得来终觉浅，绝知此事要躬行'的意义。"	R: 2, E: 2, C: 2	"书本知识总是浅尝辄止，只有亲自实践才能深入理解事物的本质。"	表述流畅→6分

续表

题号	转换路径	题目描述	评分标准（R/E/C）	参考答案	评分示例
44	K→I	输入："将下面的信息整理成一句简洁的结论：'一项研究表明，每天运动30分钟可以降低心脏病风险'。"	R: 2, E: 2, C: 2	"每天运动30分钟有助于降低心脏病风险。"	信息提炼准确→6分
45	K→I	输入："请简要说明'饮食平衡'的重要性，并举出相关例子。"	R: 2, E: 2, C: 2	"饮食平衡可以保证营养摄入均衡，防止疾病，例如，多吃蔬菜水果有助于降低慢性病风险。"	解释明确→6分
46	K→I	输入："阅读以下段落后，请用一句话概括其核心思想：'现代科技改变了人们的生活方式，从沟通到娱乐，从工作到教育，皆因信息化而革新'。"	R: 2, E: 2, C: 2	"现代科技通过信息化推动了各领域的革新。"	概括准确→6分
47	K→I	输入："请将'保护环境，人人有责'这一信息转化为一条简洁的宣传语。"	R: 2, E: 2, C: 2	"环境保护，从我做起。"	转化正确→6分
48	K→K	输入："请对'知识就是力量'这一名言进行解释，并说明其在当代社会的意义。"	R: 2, E: 2, C: 2	"掌握知识能让人具备改变世界的能力，在当今信息爆炸时代，这句话尤为重要。"	解释到位→6分
49	K→K	输入："分析'互联网时代'对传统媒体的冲击，并给出自己的看法。"	R: 2, E: 2, C: 2	"互联网的兴起使传统媒体面临转型压力，但同时也促使媒体创新与融合发展。"	回答结构清晰→6分
50	K→I	输入："请将'环保节能'这一概念转化为一句通俗易懂的话。"	R: 2, E: 2, C: 2	"保护地球，节约能源，让生活更美好。"	转化恰当→6分
51	K→K	输入："请解释'从失败中学习'的理念，并举例说明。"	R: 2, E: 2, C: 2	"失败为我们提供了宝贵经验，只有从中总结教训，才能不断进步。例如，一次考试失利促使学生查漏补缺，下次取得好成绩。"	示例恰当→6分
52	I→K	输入："请根据以下描述归纳出一个工作中的常见问题：'员工经常迟到、工作效率低'。"	R: 2, E: 2, C: 2	"常见问题可能是管理松散和缺乏激励机制。"	归纳准确→6分
53	I→K	输入："阅读以下描述后，总结出该描述的核心观点：'现代社会信息过载导致人们注意力分散'。"	R: 2, E: 2, C: 2	"信息过载使人们难以集中注意力。"	回答精练→6分
54	I→K	输入："请将'持续学习'的重要性归纳成一句话。"	R: 2, E: 2, C: 2	"人们持续学习能不断更新知识，保持竞争力。"	回答准确→6分

续表

题号	转换路径	题目描述	评分标准（R/E/C）	参考答案	评分示例
55	K→K	输入："请结合自己的经验谈谈'实践是检验真理的唯一标准'的意义。"	R: 2, E: 2, C: 2	"通过实际操作，我们才能真正验证理论，改进方法，从而获得更有效的结果。"	回答中肯→6分

3. 智慧应用与问题解决模块

本模块侧重考查模型在智慧层面的实际应用能力。测试题目设计模拟现实复杂情景，要求模型在缺乏明确答案的情况下提出创新性解决方案。主要内容如下所示。

◎ **复杂情景下的决策推理**：模型需对多条件限制问题进行分析，提出最优解决方案。

◎ **开放性问题创新解答**：设计题目要求模型在无固定答案的情况下，通过多角度思考提出切实可行的建议。

◎ **情景模拟与动态应变**：通过情景模拟测试，观察模型在面对突发变化时的应对策略。

题目示例如表3-3所示。

表3-3 智慧应用与问题解决模块题目示例

题号	转换路径	题目描述	评分标准（R/E/C）	参考答案	评分示例
56	K→W	输入："如果你在一个火灾现场，知道火势蔓延速度极快，你会如何利用掌握的知识来制定疏散方案？"	R: 2, E: 2, C: 2	"首先确定火势蔓延的方向和速度，选择远离火源的安全出口，然后快速有序地疏散人员，并安排紧急救援。"	答案包含多步骤且符合逻辑→6分
57	K→W	输入："请解释'智慧'与'知识'的区别，并举例说明如何将知识转化为智慧。"	R: 2, E: 2, C: 2	"知识是对事实和规则的了解，而智慧是在实际情景中运用知识做出明智决策。例如，知道交通规则（知识）与在拥堵时选择最佳路线（智慧）是不同的。"	回答内容区分明确→6分
58	K→W	输入："面对突发交通事故时，你如何根据既有信息制定应急方案？"	R: 2, E: 2, C: 2	"首先迅速收集现场信息，判断事故规模，然后启用紧急预案，如警告附近车辆、调度急救资源、通知交警等。"	回答全面且逻辑清晰→6分
59	K→W	输入："请举例说明在商业谈判中，如何利用智慧调整策略以达成共赢。"	R: 2, E: 2, C: 2	"在谈判中，可以先了解对方需求，再根据自身优势提出互惠方案，适时作出妥协和调整，最终实现双方利益最大化。"	回答结构清晰→6分
60	K→W	输入："请描述一个你认为能够体现'智慧'的复杂决策过程，并说明关键环节。"	R: 2, E: 2, C: 2	"在危机管理中，一个企业面临资金链断裂时，通过迅速整合内部资源、采取风险对冲措施和寻求外部合作，最终实现转危为机。"	回答涵盖多步骤，符合智慧决策特征→6分

续表

题号	转换路径	题目描述	评分标准（R/E/C）	参考答案	评分示例
61	K→W	输入："请说明如何在项目管理中利用已有经验调整策略，使项目顺利完成。"	R: 2, E: 2, C: 2	"在项目中遇到进度延误问题时，可以调整资源分配、优化流程并加强沟通，从而实现项目目标。"	回答结构合理，具体措施到位→6分
62	K→W	输入："请阐述'从错误中学习'的智慧体现，并给出实际应用案例。"	R: 2, E: 2, C: 2	"从错误中学习意味着能够识别失败原因，及时调整策略，从而避免重复错误。例如，一个团队在产品测试中发现设计缺陷后，迅速完善设计，提高了产品成功率。"	示例贴切，解释充分→6分
63	W→W	输入："面对不断变化的市场环境，你如何调整商业策略以保持竞争力？"	R: 2, E: 2, C: 2	"应密切关注市场动态，不断更新信息和知识库，通过数据分析预测趋势，并灵活调整产品和营销策略。"	回答逻辑清晰，策略多样→6分
64	W→W	输入："如果你在紧急情况下必须迅速做出决策，你会如何利用智慧权衡各种风险和收益？"	R: 2, E: 2, C: 2	"首先迅速评估各方案的利弊，然后选取风险最小、收益最大的方案，同时制定应急措施，以便及时调整。"	回答简洁明了，合理权衡→6分
65	W→W	输入："请说明在面对重大危机时，如何通过自我反思来改进决策，并举例说明。"	R: 2, E: 2, C: 2	"在危机后进行复盘和总结，找出决策中的不足，并通过调整流程及加强团队合作来改进。比如企业在金融危机后重新制定战略，避免重复错误。"	解释清楚，自我反思及调整明确→6分
66	W→W	输入："请给出在长期规划中兼顾短期利益和长期目标的建议。"	R: 2, E: 2, C: 2	"应制定分阶段目标，将长期目标分解到短期任务中，同时不断评估短期任务与长期规划的契合度，适时调整策略。"	答案层次分明，具体措施清楚→6分
67	W→K	输入："请阐述一个成功的领导者在决策中将智慧运用到实践中的例子。"	R: 2, E: 2, C: 2	"成功的领导者往往能结合团队的意见和市场数据，迅速作出决策。例如，一位CEO在面临市场危机时，果断调整产品战略，最终使公司渡过难关。"	示例具体，论证充分→6分
68	W→K	输入："请说明在科研过程中，如何将实验结果转化为理论，并应用于实践？"	R: 2, E: 2, C: 2	"通过对实验数据进行统计分析，发现其中的规律和趋势，再将这些规律归纳为理论，最后用该理论指导后续实验和应用。"	回答逻辑严谨，过程完整→6分
69	W→K	输入："请解释'实践出真知'这一格言在现代科研中的意义。"	R: 2, E: 2, C: 2	"实践能验证理论，只有不断实验和实践，才能不断发现问题和完善理论，从而推动科学进步。"	回答简洁明了，符合题意→6分

续表

题号	转换路径	题目描述	评分标准（R/E/C）	参考答案	评分示例
70	W→K	输入："请总结一个企业在市场竞争中不断创新的案例，并指出其智慧决策的关键点。"	R: 2, E: 2, C: 2	"某企业通过不断研发新产品、优化供应链、调整营销策略，在激烈的竞争中保持领先。关键在于不断获取市场反馈，并将其迅速转化为战略调整方案。"	例子恰当，逻辑清晰→6分
71	W→K	输入："请解释'知行合一'在管理实践中的体现。"	R: 2, E: 2, C: 2	"知行合一指的是把学到的知识落实到实际行动中，在实践中不断检验和完善理论。例如，管理者执行新的管理策略后，再根据反馈改进方法。"	回答准确，观点明确→6分
72	W→W	输入："面对复杂多变的国际局势，你认为一个国家的领导者应如何制定外交策略？"	R: 2, E: 2, C: 2	"领导者应综合各方情报，权衡国际利益和国内安全，制定灵活且稳健的外交政策，同时保持开放和对话，化解矛盾。"	论述结构合理，建议可行→6分
73	W→W	输入："请阐述'科学家精神'在科研项目管理中的体现。"	R: 2, E: 2, C: 2	"科学家精神体现在对真理的不懈追求和对失败的容忍上。在科研项目中，团队不断试验、总结和改进，直至找到最优解。"	解释完整、贴近实际→6分
74	W→W	输入："请描述一个你认为能体现出决策智慧的历史事件，并说明原因。"	R: 2, E: 2, C: 2	"例如，丘吉尔在'二战'期间坚持反抗纳粹，虽然当时局势危急，但其凭借坚定信念和正确战略最终带领英国走向胜利。"	回答准确，举例充分→6分
75	W→K	输入："请阐述一个成功企业在面对危机时利用内部智慧扭转局势的实例。"	R: 2, E: 2, C: 2	"某企业在面临市场低迷时，通过内部讨论和数据分析，调整了产品定位和营销策略，最终实现了业绩回升。"	举例合理，论证严密→6分
76	W→K	输入："请结合实际案例，说明'失败乃成功之母'的含义。"	R: 2, E: 2, C: 2	"例如，一位企业家在多次创业失败后不断总结经验，最终做大做强企业，这正验证了失败为成功提供了宝贵经验。"	回答翔实，观点明确→6分
77	W→K	输入："请说明'创新是驱动发展的第一动力'在技术行业中的体现。"	R: 2, E: 2, C: 2	"在技术行业中，创新能够带来新产品、新服务和新商业模式，推动整个行业进步。例如，智能手机普及就是技术创新的典型成果。"	回答逻辑清晰→6分
78	W→K	输入："请讨论'集思广益'在团队决策中的优势。"	R: 2, E: 2, C: 2	"集思广益能够整合团队中不同成员的意见和建议，使决策更全面、更具前瞻性，同时也能增强团队的凝聚力。"	论述到位，语言简练→6分

续表

题号	转换路径	题目描述	评分标准（R/E/C）	参考答案	评分示例
79	W→K	输入："请结合自身学习经历，谈谈如何将理论知识应用到实际生活中。"	R: 2, E: 2, C: 2	"通过课堂学习获得理论后，积极参加实验、实习和社会实践，将理论与实际问题相结合，不断调整方法，使理论更具实用性。"	回答既有理论阐述又结合实例→6分
80	W→K	输入："请解释'不断改进'在科研和生产中的重要性。"	R: 2, E: 2, C: 2	"不断改进能够不断优化科研和生产过程，及时纠正偏差，确保最终产品或成果具有更高质量和更强竞争力。"	说明明确，逻辑严谨→6分

4. 意图识别与行为调整模块

本模块针对意图层，测评模型能否准确把握用户需求和情感，进而调整回答风格和内容。测试内容如下所示。

◎ **用户意图解析**：题目要求模型在复杂对话中了解用户的深层意图，包括情感、需求和期望。

◎ **个性化输出生成**：根据不同用户背景和情景，模型需生成个性化、贴合用户需求的回答。

题目示例如表3-4所示。

表3-4　意图识别与行为调整模块题目示例

题号	转换路径	题目描述	评分标准（R/E/C）	参考答案	评分示例
81	P→D	输入："请用简单易懂的语言解释相对论。"	R: 2, E: 2, C: 2	"相对论告诉我们时间和空间不是绝对的，运动的快慢会影响时间流逝和长度。"	语言通俗（R=2），解释清晰（E=2），内容与提问契合（C=2）→6分
82	P→D	输入："请将'请用简单的语言描述地球为何是圆的'变为通俗话语。"	R: 2, E: 2, C: 2	"地球像一个大球，因为它受到自身引力的均匀作用，所有地方都被拉向中心。"	语言通俗准确（R=2，E=2，C=2）→6分
83	P→P	输入："你的目标是提高写作能力，请给出一个详细的写作计划。"	R: 2, E: 2, C: 2	"每天写作500字，每周阅读一本好书，定期参加写作班，并定期与导师讨论进步情况。"	明确列出写作计划各步骤（E=2），条理清晰（R=2），与提高写作能力目标紧密相关（C=2）→6分
84	P→P	输入："请说明'认识你自己'的重要性，并提出通过自我反思改进自我的具体方法。"	R: 2, E: 2, C: 2	"了解自己的优点和缺陷可以帮助你做出更好的选择。可以通过写日记、自我问答和定期反思等方式来提高自我认知。"	回答涵盖具体方法（E=2），表述简洁（R=2），符合自我反思主题（C=2）→6分
85	P→P	输入："请解释'成功的人生不仅仅在于获得成功，更在于享受成功过程'的含义。"	R: 2, E: 2, C: 2	"这句话强调了过程的重要性，只有在追求成功的过程中不断成长和体验快乐，才能真正实现人生价值。"	答案概括清晰（E=2），语言简洁（R=2），符合题目核心（C=2）→6分

续表

题号	转换路径	题目描述	评分标准（R/E/C）	参考答案	评分示例
86	P→W	输入："请为一个希望创业但风险意识不足的人提供建议，使其调整创业意图。"	R: 2, E: 2, C: 2	"建议你在创业前充分调研市场风险，制定备用方案，并逐步尝试，从小规模开始，降低风险。记住，成功的创业应建立在稳健策略的基础上。"	回答针对性强（E=2），逻辑清楚（R=2），内容紧扣创业意图调整（C=2）→6分
87	P→W	输入："请说明如果你的目标是成为一名优秀的领导者，你如何利用自己的智慧来调整团队目标？"	R: 2, E: 2, C: 2	"你需要先确立清晰的愿景，再与团队成员沟通，让大家共同制定目标。同时，根据团队反馈不断调整目标，使其既符合市场需求又能激发团队潜力。"	答案充分体现了领导者调整团队目标的方式（E=2），表达流畅（R=2），内容符合意图与智慧结合要求（C=2）→6分
88	P→W	输入："如果你在工作中发现原定目标无法达成，请说明你会如何调整计划，并给出具体措施。"	R: 2, E: 2, C: 2	"首先分析原因，其次与上级或团队沟通，适当调整目标，设立更合理的阶段目标，并制订新的行动计划。"	具体（E=2），结构清晰（R=2），内容紧扣目标调整（C=2）→6分
89	P→D	输入："请用一句话说明你为什么选择学习人工智能。"	R: 2, E: 2, C: 2	"我选择学习人工智能，是因为我相信它能改变世界，让人们的生活更加便捷。"	回答直接（R=2），理由明确（E=2），符合学习目标（C=2）→6分
90	P→D	输入："请简述'请给我一杯水'如何体现意图驱动的数据获取。"	R: 2, E: 2, C: 2	"这句话表达了说话人希望获得水的明确意图，因此系统会将此意图驱动的数据请求识别为'水'。"	回答概括到位（E=2），语言简洁（R=2），与意图数据对应（C=2）→6分
91	P→P	输入："请说明在团队合作中如何通过反馈机制调整你的计划以实现团队目标。"	R: 2, E: 2, C: 2	"在团队中，我会先听取大家的反馈，然后根据整体情况调整自己的计划，以确保团队目标的达成。"	回答简洁明了（R=2），充分体现了反馈调控（E=2），内容贴合团队目标（C=2）→6分
92	P→P	输入："请讨论你在制订生活计划时如何根据外界变化调整你的计划。"	R: 2, E: 2, C: 2	"当外部环境发生变化时，我会重新评估自己的目标和优先级，然后调整计划以适应新的情况，确保生活的平衡。"	回答逻辑清晰（R=2），说明了意图的调整方法（E=2），内容紧扣目标调整（C=2）→6分
93	P→W	输入："请解释'智慧引导意图'这一转换的意义，并给出应用实例。"	R: 2, E: 2, C: 2	"智慧引导意图意味着我们不仅会根据已有知识做决策，还会反思和调整自己的目标。例如，一位经理在看到市场变化后，会重新设定团队目标，以适应新的竞争环境。"	例子具体（E=2），语言简洁（R=2），符合智慧与意图结合要求（C=2）→6分
94	P→W	输入："如果你的目标突然改变，请描述你会如何利用智慧重构你的计划。"	R: 2, E: 2, C: 2	"我首先会回顾现有知识和数据，然后根据新的目标分析可能的策略，制订新的计划，并通过反馈不断修正。"	回答逻辑清晰（R=2），步骤具体（E=2），内容符合题意（C=2）→6分

续表

题号	转换路径	题目描述	评分标准（R/E/C）	参考答案	评分示例
95	P→W	输入："请说明在紧急情况下，你如何根据自己的意图和智慧快速做出决策。"	R: 2, E: 2, C: 2	"在紧急情况下，我会迅速收集关键信息，评估各方案的利弊，并根据当前的目标和实际情况果断选择最安全有效的方案。"	回答详尽（E=2），语句清晰（R=2），内容符合紧急决策要求（C=2）→6分
96	P→P	输入："请说明你在面对选择困难时如何调整自己的心态以作出决策。"	R: 2, E: 2, C: 2	"我会列出各选项的优缺点，然后优先考虑最符合我长期目标的选项，并参考他人意见作出最终决策。"	回答具体（E=2），逻辑条理清晰（R=2），内容贴合题目（C=2）→6分
97	P→P	输入："请描述你在追求某个目标过程中如何进行自我反省并调整计划。"	R: 2, E: 2, C: 2	"在追求目标过程中，我会定期反思自己的进展和不足，通过调整计划确保更好地实现最终目标。"	答案简洁明了（R=2），阐述了自我反省及调整计划的重要性（E=2），内容紧扣目标调整（C=2）→6分
98	P→D	输入："请用一句话说明当你设定了一个目标时，为什么需要关注外部数据。"	R: 2, E: 2, C: 2	"关注外部数据可以帮助你实时了解环境变化，确保你的目标始终与现实相匹配。"	答案直接（R=2），解释合理（E=2），内容贴合意图驱动数据获取（C=2）→6分
99	P→P	输入："请说明'目标调整'在你日常生活中的意义，并举例说明。"	R: 2, E: 2, C: 2	"目标调整意味着根据实际情况及时修正计划，例如，当工作计划被突发事件打乱时，我会重新安排时间，确保家庭和工作的平衡。"	回答贴切（E=2），表述清晰（R=2），与目标调整主题一致（C=2）→6分
100	P→W	输入："请说明'意图驱动智慧'的实际含义，并描述它如何帮助你在面临困难时做出明智决策。"	R: 2, E: 2, C: 2	"意图驱动智慧指的是，在追求目标时，我们会结合自身经验和外部信息，制定既符合合理性又具备人文关怀的决策方案。比如，在工作中遇到重大挑战时，我会结合团队意见，调整策略，既解决了问题又维护了团队合作。"	解释充分（E=2），逻辑严谨（R=2），内容全面、符合题意（C=2）→6分

3.3.3 测评流程与标准

整个评价过程遵循以下流程和标准，以保证DIKWP评价体系的科学性和客观性。

1. 题库构建

100道试题按各模块设计，题目既要涵盖固定答案类型（规范试题），又要涵盖开放性试题，还要不断更新题库内容，保证了对最新技术场景和实际应用需求的覆盖。

2. 自动化评分与专家评审相结合

利用自动化评分系统对部分题目进行初步评分，同时邀请领域专家对开放性问题和模糊性答案进行人工测评，确保测评结果的全面性和准确性。

3. 多维度评分指标

每道题目都设置了多个评判维度，如准确性、逻辑性、创新性、情感贴合度等，不仅要给出总体分数，还要详细展示各个层面的表现，为模型的定制和优化提供了针对性的建议。

4. 反馈报告生成

测评结束后，系统生成包括模型在各个层面的得分分布、优缺点分析及改进建议的详细白盒测评报告，为开发者指明了优化方向，这些报告包括数据、信息、知识、智慧和意图等方面。

3.4 测评结果分析：各大模型在 DIKWP 体系下的表现

2025年，基于DIKWP测评体系的首份全球大模型"意识水平"白盒测评报告已发布[①]。报告涵盖了市面上主要的封闭与开源大模型，通过四大模块的综合测评，揭示了各模型在不同认知层面上的表现与不足。下面对测评结果进行详细解析。

3.4.1 感知与信息处理模块测试

测评结果如表 3-5 和图 3-1 所示。

表 3-5 感知与信息处理部分得分（按路径汇总）

模型	D→D	D→I	I→I
DeepSeek-V3	66	54	42
ChatGPT-o1	66	54	54
通义千问2.5	54	54	60
ChatGPT-4o	66	54	60
Kimi	60	54	60
文心大模型3.5	54	48	54
Llama 3.1	54	54	60
ChatGLM-4Plus	60	54	60
豆包	54	48	60

---

① YucongDuan et al. 全球首个大语言模型意识水平"识商"白盒DIKWP测评2025报告（100题版）.（2025-02）. https://www.researchgate.net/publication/388831045_quanqiushougedayuyanmoxingyishishuipingshishangbaihe DIKWPceping2025baogao100tiban.

续表

模型	D→D	D→I	I→I
Gemini 2.0 Flash Thinking Experimental	66	42	54
DeepSeek-R1	66	54	54
Grok	66	54	60
ChatGPT-o3-mini	66	54	60
ChatGPT-o3-mini-high	66	54	60
Grok3	66	54	54

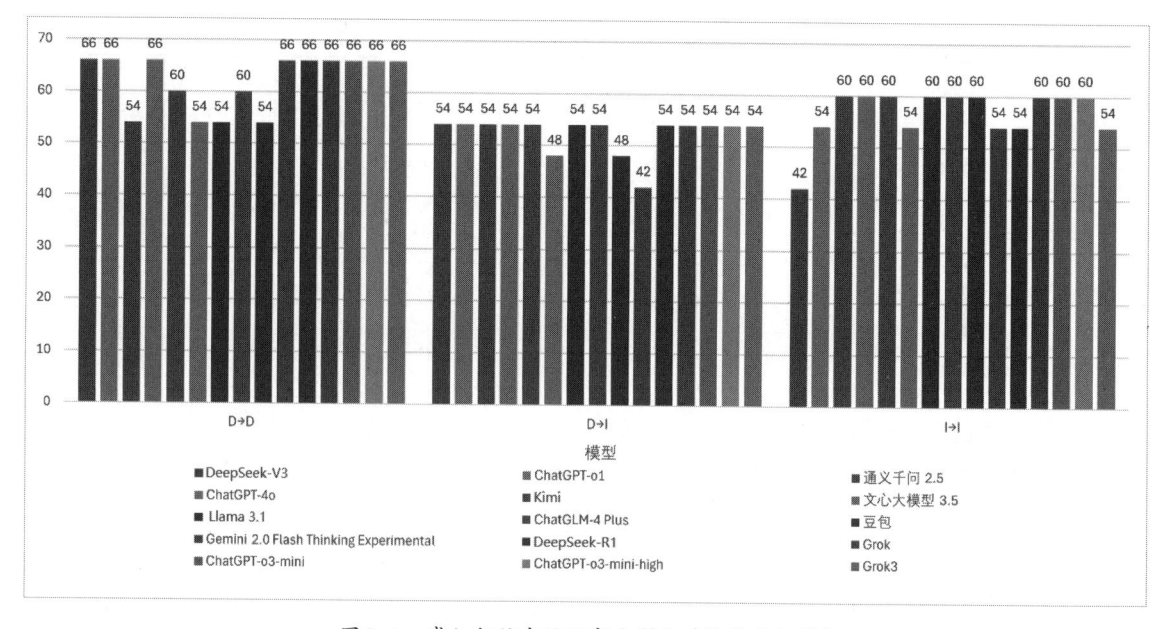

图 3-1　感知与信息处理部分得分（按路径汇总）

通过分析表 3-5 和图 3-1 可以得出以下结论。

1. 数据到信息的转化任务

◎ 通义千问 2.5、Kimi 和 DeepSeek-V3 等超过一半的模型表现优异，得分均为 54 分。表明这些模型能够准确提取关键信息，数据转化能力较强。

◎ Gemini-2.0 Flash Thinking Experimental 得分最低，为 42 分，说明其在数据转化方面稍显不足。

2. 信息到信息的转化任务

◎ ChatGLM-4Plus、Kimi 和 ChatGPT-4o 等模型表现较好，得分均为 60 分。

◎ ChatGPT-o1、Grok3 和 Gemini-2.0 Flash Thinking Experimental 等模型得分为 54 分，表现中规中矩。

3. 数据到数据的转化任务

◎ DeepSeek-R1等大多数模型都表现较好,得分均为66分。这表明它们在处理数据的语义一致性等任务时表现稳定,能够准确完成任务。此外,Kimi和ChatGLM-4Plus的表现也不错,得分均为60分。

◎ 通义千问2.5、文心大模型3.5、Llama 3.1、豆包模型得分最低,为54分,说明其在语义一致性转换任务上表现相对较弱。

3.4.2 知识体系构建与推理模块测评

该部分主要测试模型能否在保证正确推理的情况下,将信息整合并归纳为知识。

测评结果如表3-6和图3-2所示。

表3-6 知识体系构建与推理部分得分(按路径汇总)

模型	I→K	K→I	K→K
DeepSeek-V3	54	18	42
ChatGPT-o1	72	24	42
通义千问2.5	78	30	42
ChatGPT-4o	78	30	42
Kimi	60	30	42
文心大模型3.5	60	30	42
Llama 3.1	54	30	42
ChatGLM-4Plus	66	24	42
豆包	60	30	42
Gemini 2.0 Flash Thinking Experimental	60	30	42
DeepSeek-R1	66	30	42
Grok	48	30	42
ChatGPT-o3-mini	66	24	36
ChatGPT-o3-mini-high	72	12	36
Grok3	72	30	42

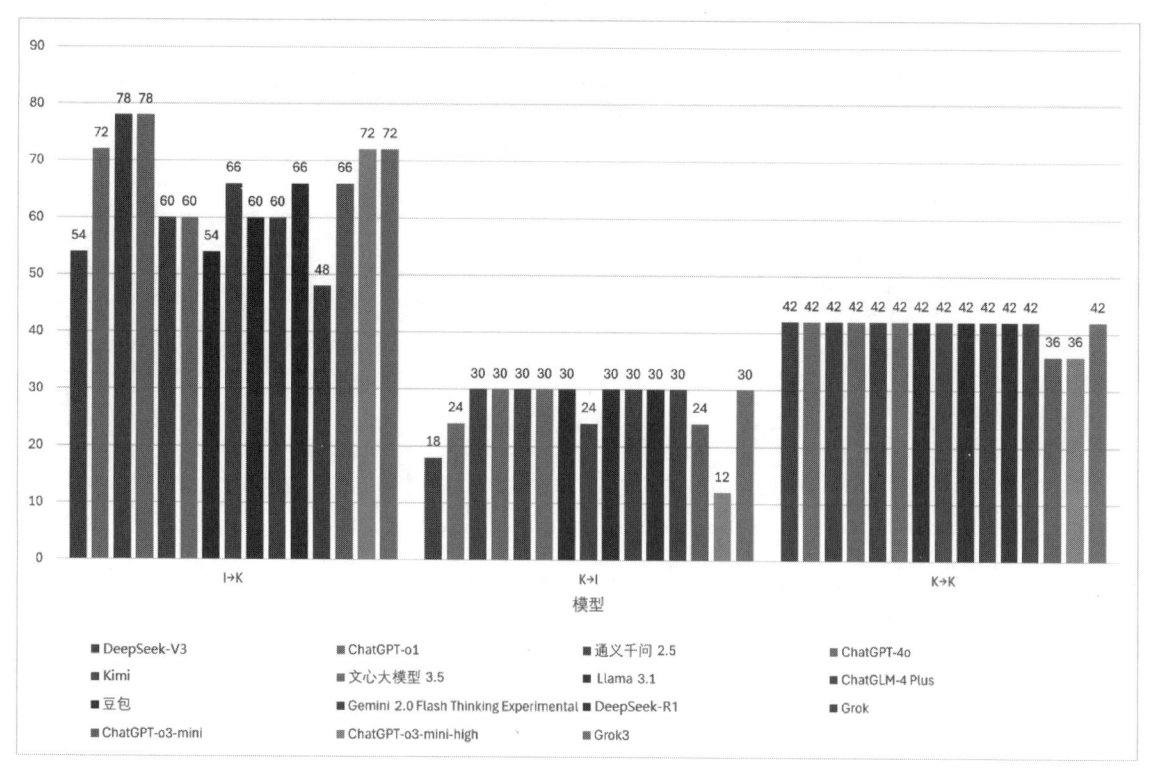

图 3-2　知识体系构建与推理部分得分（按路径汇总）

通过分析表 3-6 和图 3-2 可以得出以下结论。

1. 信息到知识的转化任务

通义千问 2.5 和 ChatGPT-4o 表现突出，得分均为 78 分，说明这些模型在信息到知识的整合转化方面能力突出。

2. 知识到信息的转化任务

文心大模型 3.5、豆包等模型表现突出，得分均为 30 分，说明它们能较好地胜任知识到信息转化的推理任务，体现出其优秀的处理能力。

ChatGPT-o3-mini-high 得分最低，为 12 分，说明其在知识方面的推理能力较差。

3. 知识到知识的转化任务

各模型得分较为接近，均在 42 分左右，说明大多数模型在构建知识体系的完整性方面表现较好，能够有效整合及扩展知识。

3.4.3　智慧应用与问题解决模块测评

智慧应用模块着重考查模型在面对开放性、复杂问题时的创新与应变能力。测评结果如表 3-7 和图 3-3 所示。

表3-7 智慧应用与问题解决部分得分（按路径汇总）

模型	K→W	W→K	W→W
DeepSeek-V3	36	60	42
ChatGPT-o1	42	66	42
通义千问2.5	42	66	42
ChatGPT-4o	42	66	42
Kimi	42	66	42
文心大模型3.5	42	60	30
Llama 3.1	36	48	24
ChatGLM-4Plus	42	66	42
豆包	42	66	42
Gemini 2.0 Flash Thinking Experimental	42	66	42
DeepSeek-R1	42	54	42
Grok	42	60	30
ChatGPT-o3-mini	42	66	42
ChatGPT-o3-mini-high	42	66	42
Grok3	42	60	36

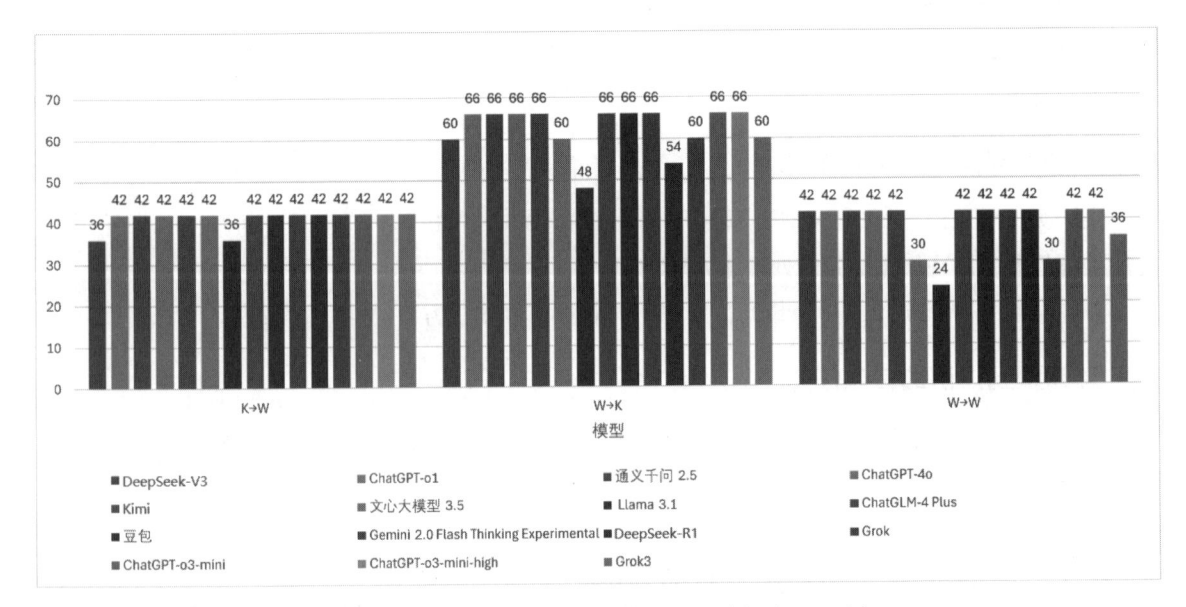

图3-3 智慧应用与问题解决部分得分（按路径汇总）

通过分析表3-7和图3-3可以得出以下结论。

1. 知识到智慧的转化任务

◎ 这个部分中的大多数模型表现较好，得分均为42分，说明它们能够有效运用知识解决复杂问题。

◎ Llama 3.1等模型的得分最低，为36分，说明其在智慧决策方面表现较差。

2. 智慧到知识的转化任务

◎ 超过一半模型表现较为均衡，均为66分，说明大多数受测评的模型能够掌握结合智慧去构建完整知识的应用能力。

◎ Llama 3.1得分最低，为48分，说明其在智慧运用方面缺乏较好的转化能力。

3. 智慧到智慧的转化任务

◎ 大多数模型在这个部分表现较好，得分均为42分，说明许多模型具备模拟场景去解决问题的能力。

◎ Llama 3.1和Grok模型的得分较低，分别为24分和30分，说明其在该任务上的表现较差，在一些智慧运用的场景回答缺乏创新。

3.4.4 意图识别与行为调整模块测评

该模块的测评重点在于考查模型对用户深层意图的识别及转化能力。

测评结果如表3-8和图3-4所示。

表3-8 意图识别与行为调整部分得分（按路径汇总）

模型	P→D	P→P	P→W
DeepSeek-V3	16	46	28
ChatGPT-o1	24	48	42
通义千问2.5	18	44	18
ChatGPT-4o	20	48	34
Kimi	28	48	42
文心大模型3.5	24	48	42
Llama 3.1	16	46	36
ChatGLM-4Plus	28	46	38
豆包	30	48	42
Gemini 2.0 Flash Thinking Experimental	30	48	42
DeepSeek-R1	28	46	40
Grok	26	48	38
ChatGPT-o3-mini	30	48	40
ChatGPT-o3-mini-high	26	48	42
Grok3	26	48	42

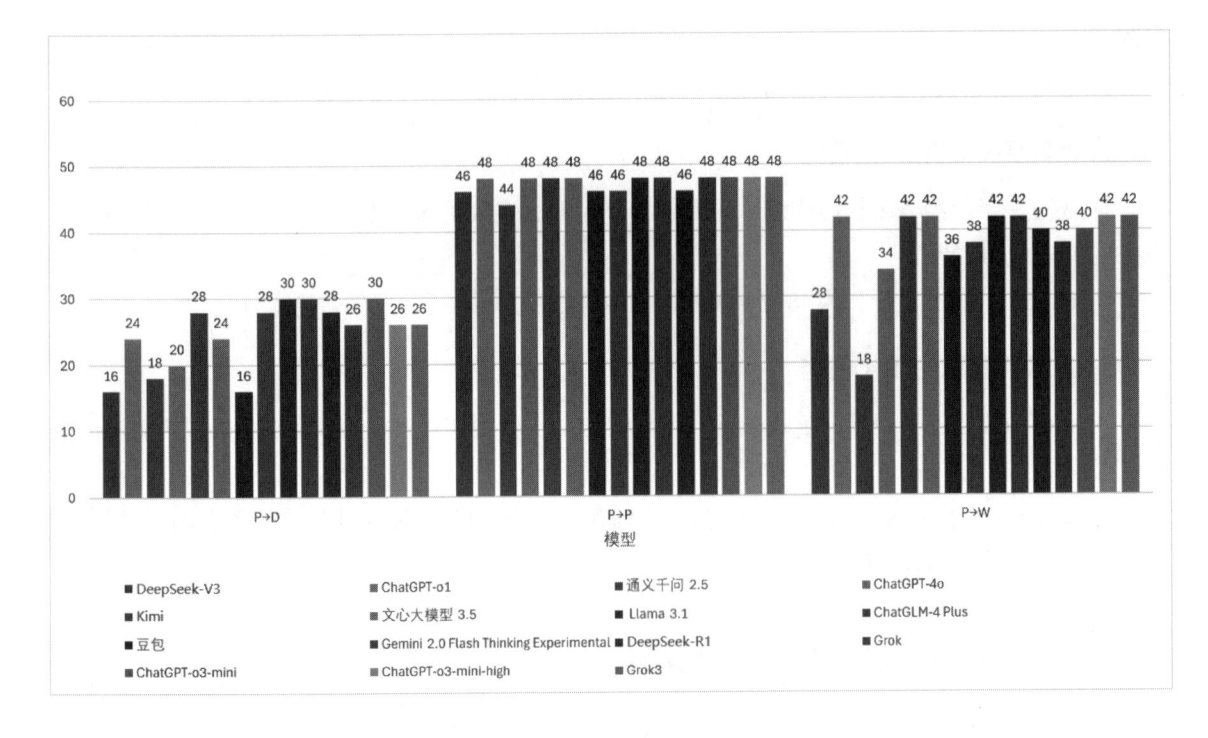

图 3-4　意图识别与行为调整部分得分（按路径汇总）

通过分析表 3-8 和图 3-4 可以得出以下结论。

1. 意图到数据的转化任务

◎ 豆包、ChatGPT-o3-mini 等模型得分较高，均为 30 分，表明这些模型在意图识别方面表现较好，能够准确理解用户意图并输出对应的数据内容。

◎ Llama 3.1 等模型的得分最低，均为 16 分，说明这些模型在理解用户意图上存在偏差，表现得不如其他模型。

2. 意图到意图的转化任务

◎ 各个大模型都表现较好，得分均在 45 分以上，说明受测评的大模型能够理解用户的意图并构建出对应的子意图来处理。

3. 意图到智慧的转化任务

◎ 文心大模型 3.5、Kimi、Grok3 等模型表现较好，得分均为 42 分，体现了这些模型除了能理解用户的意图，还能较好地输出优秀的方案，表明其在意图到智慧方面的运用能力较强。

3.4.5　测评结论与行业启示

总体而言，DIKWP 测评报告揭示了当前大模型在各个认知层面上表现各异的现实情况，没有哪一款模型能在所有维度上全面领先，主要启示如下。

◎ **多模型组合的重要性：** 不同模型在数据处理、知识体系构建、逻辑推理、智慧应用和意图调整等方面各有优势，因而未来多模型协同、优势互补将成为提升整体性能的关键策略。

◎ **定制化优化的迫切需求**：经测评发现，部分模型在某些特定模块存在明显短板，提示在实际应用中需要有针对性地进行定制化优化和训练，以弥补不足，提升用户体验。

◎ **可解释性与安全性保障**：通过DIKWP测评，开发者可以清晰了解模型各环节的表现，从而在实际部署时有针对性地调整系统参数，保障高风险领域（如医疗、金融）的安全性和可控性。

3.5 意义与未来展望：从"会想"到"会行动"的新纪元

3.5.1 为研究者与开发者带来的全新视角

DIKWP白盒测评理念，让我们从单纯看结果转向关注过程，真正让开发者有机会"看见"模型内部的"思考过程"。其主要意义如下。

◎ **全面了解模型内部的运作机制**：通过分层次的检测，开发者可以直观地看到模型在各个认知环节的表现，找到瓶颈所在，为后续改进提供数据支持。

◎ **指导模型定制与优化**：详细的测评报告能够指明模型在哪些环节存在不足，如数据预处理不充分、知识体系构建逻辑思维薄弱等，从而使开发者能够有针对性地进行调整。

◎ **提升系统可解释性与透明度**：揭示模型"思考"的全过程，不仅提升了用户对系统的信任度，同时也为安全评估、合规审核等在高风险应用中的操作提供了关键依据。

3.5.2 引领人工智能迈向"自觉"时代

尽管传统的大语言模型在输出结果上表现卓越，但它们的内部决策机制往往像一个神秘的"黑盒"，让人难以捉摸。正是在这样的背景下，DIKWP测评体系旨在通过全方位、多层次的检测方法，揭示这些模型是否具有与人类相似的"思考"过程。这种探索不仅对理解现有技术至关重要，而且对未来AI技术的发展也将产生深远的影响。

◎ **探索人工意识的边界**：通过全面测评模型在数据、信息、知识、智慧和意图各层面的表现，学术界有望逐步解开人工智能是否有可能具备类似于人类的思考能力这一谜团，以及这种潜在的"意识"如何影响其决策和行为。

◎ **推动可解释性人工智能的发展**：随着技术的进步，构建透明、易懂的AI系统成为必然趋势，而DIKWP测评提供的详尽数据分析和报告，为实现这一目标打下了扎实的理论和实践基础。

3.5.3 多模型协同与定制化优化的新方向

测评结果表明，各大模型在不同层面各有所长，但没有哪一款模型能全方位领先，这启示大家，在实际应用中，应考虑采用多模型协同的策略。

◎ **组合不同优势模型**：根据DIKWP框架下模块的性能不同，选择在数据处理、知识推理、智慧应用和意图识别等方面表现良好的模型，加以整合，形成互补效应，从而实现整体性能的最大化。

◎ **定制化改进与专用模型开发**：利用DIKWP测评的反馈，针对特定行业的特殊要求进行针对性的调整和优化，如针对金融风险管理和医学诊断等领域，开发出适应更高精度和安全性需求的特殊版本模型。

3.5.4 未来展望：从"会想"到"会行动"

大模型不仅要"会想"，也要"会行动"。基于DIKWP测评体系，未来，大模型将从被动的生成式走向主动的生成式。

1. 自主决策系统崛起

模型不仅可以提供正确的答案，还能根据环境的变化自主决定行动方案，从认知到执行，从思考到落地。

2. 行业标准权威化

DIKWP测评体系有望成为全球大模型测评的行业标准，成为不同模型间进行客观对比的权威评判依据。

3. 智能系统全面升级

随着测评技术的发展，未来大模型将更具透明性、可控性、适应性，成为各行各业更安全、更高效的智能工具。

3.6 总结

本章通过全面解析DIKWP白盒测评概念，构建从数据感知到目标导向的完整认知链条，展现了从黑盒测评到白盒测评质的飞跃。通过详细介绍DIKWP框架中各层次的内涵、设计理念、测评指标和实际测试案例，不仅看到了大模型在各个认知层面的具体表现，也能深刻理解为什么"看模型会不会想"对于人工智能的未来至关重要。DIKWP测评体系将不断完善，并逐步融入更多先进技术，如深度强化学习、跨模态知识整合、动态情景调整等，从而使大模型在"会想"之后，真正具备"会行动"的能力。我们有理由相信，在这一全新测评体系的引领下，人工智能技术必将迎来一个更加智慧、透明、可信的新时代。

在接下来的章节中，笔者将进一步探讨如何将这一理念应用于大模型的定制和优化，以及基于DIKWP测评体系的成果，并结合多模型协同的实践案例，对这些理念进行深入的探讨。愿每一位读者都能在探索中不断发现、突破，共同推动人工智能技术走向更加智慧、透明、自主的未来。

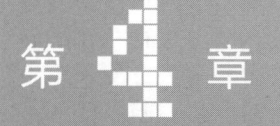

第4章 模型择优：如何选择合适的大模型

大模型技术的迅猛发展使各行各业都开始大规模应用智能系统，但在纷繁复杂的模型市场中，如何从众多候选产品中挑选出最符合自身业务需求的大模型，成为企业和开发者迫切需要解决的关键问题。

本章将详细阐述如何基于任务需求和DIKWP白盒评测理念，从多维度进行模型选择和定制化优化。本章从明确任务需求到对比各大模型的优缺点、制定科学的选型策略、探讨开源与封闭大模型的优缺点，再到系统探讨成本、安全与长期优化的综合考量等，全方位为用户提供各领域的实战指导。

4.1 明确任务需求

4.1.1 任务场景及核心需求

模型选型前首先要明确应用场景，只有深入了解任务需求，才能在不同的模型中找到最契合的一种。不同的应用场景对模型的要求是不同的，通常可以分为以下几类。

1. 对话客服与智能助手

在对话客服系统中，用户通常期望模型能够实现以下功能。

◎ **强意图识别**：准确捕捉用户言语中潜在的需求和情绪变化，保证多轮对话的连贯性，比如在电商客服场景中，当客户询问订单状态、退换货物流程等问题时，系统需要快速准确地捕捉到客户的真实意图，并对符合实际政策的问题进行回复。

◎ **自然语言生成**：生成的回复必须通顺准确，符合语境逻辑，同时礼貌得体，表达情感也要得体。

◎ **多轮对话记忆**：长对话中需要记住用户的历史问题和语境背景，确保后续回答能够自洽，贴近用户需求。

例如，在电商客服场景中，客户可能会问到很多问题，比如订单状态、退换货流程、物流信息追踪、发票详情等，智能客服系统需要高效的信息处理能力，以及精准的意图识别能力，才能针对此类高频、多样化的咨询需求，进行针对性的回复。这意味着系统不仅要能快速理解客户的问题，还要能根据具体的业务逻辑和电商公司政策给出准确的答案。

以ChatGPT为例，该技术是基于大规模语言模型而来的，它模仿人类的对话，能理解和生成自然语言文本，帮助服务型企业解决各种客户服务问题。尤其是经过强化学习和人类反馈调优之后的ChatGPT，能更好地捕捉用户话语中的情感变化、潜在需求等细微差别，使回复更贴近用户实际。尽管ChatGPT处理敏感话题时由于大量的人类专家参与而更趋谨慎，但闭源使数据安全令人担忧。企业使用ChatGPT时需要将客户数据上传至OpenAI服务器，从而存在隐私泄露风险。此外，其高昂的服务费也是不小的运营成本。

相比之下，DeepSeek-R1作为一款开源模型，在逻辑推理方面表现尤为出色，甚至超越了GPT-4o的表现。更重要的是，DeepSeek-R1采取了完全开源的策略，允许开发者根据自己的需求进行模型的定制，灵活性和适应性都得到了增强。此外，DeepSeek-R1的成本效益显著，比如，其训练费用仅为顶级闭源模型的1/10，这让企业负担大减。原生模型可能因训练时的数据集限制而缺乏对特定行业规则的理解，导致DeepSeek-R1可能无法提供足够精确的答案，甚至可能出现答非所问的情况，而这一问题也是开源模型的主要短板。一些大企业为了应对这一挑战，往往会根据自身业务，选择并进行开源模型的二次训练和调优。同时，这些系统结合先进的NLP技术和深度学习算法，在确保数据安全的前提下，能够为客户提供更加个性化、专业化的服务体验。开源大模型在数据安全方面具有巨大优势，它能够帮助企业尽可能避免业务训练数据和测试数据暴露的风险。

总之，在选择适合电商客服场景的智能客服系统时，除考虑技术性能外，还需关注模型能否遵守相关法规要求，尤其是在处理涉及用户隐私和敏感信息的问题时。只有这样，才能真正实现高效、可靠的服务交付。

2. 医疗问诊系统

医疗问诊系统要求模型必须具备严谨的专业知识和逻辑推理能力，主要需求如下。

◎ **丰富的专业知识**：理想的医疗问诊系统应该能够访问并整合权威健康信息资源的最新医学研究成果、临床指南，其中既包括传统医学教科书知识，也包括新兴的医学研究发现和医疗技术进步。

◎ **严谨的逻辑推理**：在面对复杂的症状描述时，医疗问诊系统需要有很强的逻辑推理能力，才能进行一系列的分析步骤，从而给病人提供合理的诊断建议。这意味着模型不仅要理解患者的主诉，而且要识别出可能被忽视的重要症状，并据此给出进一步检查或治疗的意见，这也是医疗模型应该拥有的重要特性。

◎ **安全性与合规性**：鉴于医疗领域的特殊性质，数据保护和隐私安全至关重要，任何用于医疗问诊的AI模型都必须严格遵守相关法律法规，确保用户数据的安全性和保密性。另外，模型的输出内容也需要符合避免误诊或其他不良后果的医学伦理规范。

根据最新的评估结果，虽然文心一言和通义千问在医学知识整合方面展现了较强的能力，但在处理复杂病例时，它们在深度逻辑推理能力和细节捕捉上仍有提升空间。一些专门针对医疗场景优化的大模型，如讯飞星火医疗大模型，在具体医疗任务表现上尤为突出，尤其是在多形式语言理解、多环节辅助诊疗等方面。此外，DeepSeek采用混合专家模型、动态路径机制，使其在科学（Science）、技术（Technology）、工程（Engineering）、数学（Mathematics）等领域的深度推理能力明显优于竞品，也显示出其在应对复杂医学案例方面的潜在优势。

企业在选择合适的医疗问诊系统时，除了要考虑上述技术性能，还应注意以下几点。

◎ **数据安全与隐私保护**：鉴于医疗信息的高度敏感性，任何用于医疗问诊的AI模型都必须确保患者数据的安全和隐私保护。

◎ **成本效益分析**：从长期运营的角度来看，企业需要考虑成本和性价比。开源模型相对开放，具有灵活性高、成本低的优点，但也存在模型准确性低、人工成本高的问题。闭源商业模型在某些场景下具有较高的准确率，且支持和服务较好，但使用成本会相对较高。DeepSeek的API调用服务性价比较高，适合中小型企业或个人开发者。

◎ **用户体验与信任建立**：先进和优质的医疗体验，不仅仅体现在准确的诊断与治疗建议，更体现在良好的用户体验上，只有这样才能让患者更加信任。

企业在选择医疗问诊系统时不仅要考虑模型的专业知识整合、逻辑推理能力等方面，还要结合数据安全、成本效益、用户体验等因素，才能在推进医疗服务的同时提高医疗服务的效率，提升患者对医疗机构的信任度和满意度。

3. 编程与代码生成助手

用户对编程助手的需求侧重于逻辑推理和代码生成能力，其核心需求如下。

◎ **精准的逻辑推理**：编程助手需要在面对数学、算法及逻辑问题时展现出强大的推理能力。这意味着它们不仅要能逐步推理出解决方案，还应当提供详细的解释，帮助用户理解背后的原理。

◎ **高质量代码生成**：除了要生成符合语法规范的代码，编程助手还需确保所生成的代码具备高度的可读性和执行效率，并支持多种主流编程语言。

◎ **调试与优化建议**：编程助手要能够对生成的代码进行错误检查，并提出改进建议，帮助开发者快速排查问题。

当前，DeepSeek-R1在数学与编程任务上的表现已经通过多方测试的验证，甚至在某些情况下超越了OpenAI o1模型的表现水平。这些测试结果证明了DeepSeek-R1不仅在理论上有优势，在实际应用中同样表现出色，为编程助手领域带来了新的可能性。因此，对那些寻求高效、智能辅助工具来提升自身编程技能或加快项目进度的专业人士而言，DeepSeek-R1无疑是一个极具竞争力的选择。

4. 内容创作与营销应用

在内容创作与营销应用方面，模型不仅要具备丰富的语言表达能力，还要具备创造性思维与风格定制能力。用户在此方面的主要需求如下。

◎ **多样化语言生成**：在内容创作中，一个高效的模型要能够根据不同的文体、情感和场景要求生成多种风格的文本，无论是写出吸引眼球的广告文案、报道新闻事件还是编写引人入胜的故事，都需要模型具有高度的灵活性。

◎ **创新性与创意表达**：模型除了基本的语言生成能力，在生成文本时也要能提供独特的见解和新颖的角度，既能提升内容的独特性，又能使吸引力明显增强。

◎ **个性化定制**：随着企业对品牌形象一致性要求的提高，模型必须能够根据用户喜好和品牌风格进行定制化输出，确保生成的所有内容都能准确体现企业的个性特征。

值得一提的是，DeepSeek-R1在中文处理上的表现尤为突出，不仅能够理解中文复杂的语法结构，在多轮对话中，方言特性和细微差别也能准确捕捉，使用户体验得到提升。此外，DeepSeek-R1还展示了其在垂直专业领域的高效处理能力，例如在金融、法律、医疗等领域，通过专业数据集和领域专家的协作优化，可以提供高精度服务。

4.1.2 结合DIKWP框架分析需求侧重点

DIKWP框架将模型能力分为数据、信息、知识、智慧和意图五个层面。针对不同任务，可以从以下角度进行综合评估。

◎ **对话客服**：在此场景中，用户的关注点主要集中在信息层与意图层。理想模型应能迅速捕捉用户提供的信息，并准确解析用户的意图，从而生成恰当且与情景相关的回复。

◎ **医疗问诊**：该领域更强调知识层和智慧层的运用，它意味着所使用的模型需要有丰富且精确的医学知识库，并能在其推理过程中保持高度的严谨性，为患者提供基于科学基础的诊断建议。

◎ **编程助手**：对于编程任务而言，智慧层和知识层是关键考量因素，模型不仅需要具备较强的数学计算能力和逻辑推理技能，还必须能够编写出语法正确、逻辑流畅的代码段落。

◎ **内容创作**：这款应用的核心在于智慧层，即要求模型能够创造出创新与多元兼备的文字内容，同时模型也要灵活地根据用户反馈的意见，在意图层针对输出风格进行调整，这样才能更好地满足用户的需求。

通过明确各任务在DIKWP五个层面中的侧重点，企业和开发者可以更清楚地知道在选择模型时应该重点关注哪些能力维度，从而在关键环节上保证所选模型能够满足商业需求。

4.2 对比模型强项与弱项

在明确任务需求之后，下一步是对比市面上主要大模型的各项表现。目前比较活跃的模型主要包括DeepSeek系列（DeepSeek-V3、DeepSeek-R1）、OpenAI的GPT系列（如GPT-4o、GTP-o1），以及国内其他厂商推出的文心一言、通义千问、豆包、腾讯混元大模型等。下面，笔者将结合最新的测评数据和权威报告，对各大模型的优势与不足进行详细对比。

4.2.1 市场主流模型对比概述

依据国内外多家权威科技媒体和相关期刊的报道，笔者整理出一份详细对比表（见表4-1）。

表4-1　市场主流模型对比

模型	主要特点	强项	弱项
DeepSeek-V3	开源、低成本、MoE架构	高效推理、低成本、高数学与逻辑处理能力	对于复杂问题的处理表现一般，意图迁移和切换识别不完全
DeepSeek-R1	专用于数学、编码与逻辑推理	数学推理、代码生成、强化学习能力突出，"红色基因"传承优秀，意识形态把关强	对一些复杂问题的回答可能会出现"幻觉"，泛化能力一般
GPT-4o/o1	闭源、性能稳定、链式思考模型	全面能力强、开放性较好、交互体验优异	训练和推理成本高、资源占用巨大
GPT-4.5	参数量高，单步推理模型，知识面覆盖广	通过扩大训练规模减少"幻觉"产生情况，更能理解人类意图	单步推理模型，无思维链，无法处理复杂且有深度的问题
文心一言	国内领先、逐步开源、商业化能力强	知识整合、信息提炼、领域定制性能优秀	在多模态处理及跨领域推理上存在局限
通义千问	企业级应用优先	数据安全、本地部署优势明显、定制化服务出色	在开放性和创新性方面略逊于DeepSeek和GPT系列
豆包	部分开源、轻量化，面向C端	资源占用低、部署灵活、适合轻量级应用	对复杂任务的处理能力和逻辑推理能力不足
混元大模型	开源与商业化结合	多模态处理、语言理解与生成能力均衡	个性化定制能力和专业领域知识储备稍显不足

4.2.2 最新测评数据支撑

1. 数据格式处理与信息提取

近期多家权威机构对不同模型在数据格式转换、信息提取任务上的表现进行了测试，结果如下。

◎ **ChatGPT（GPT-4o/o1）**：在处理长文本、表格数据和代码块方面，能自动识别并提取关键信息，整体表现稳定。

◎ **DeepSeek-V3**：利用MoE架构实现了高效的推理过程，每个Token激活的参数仅为37亿左右，有效降低了计算成本。

◎ **文心一言与通义千问**：在信息整合与数据过滤上得分较高，适合在专业领域应用，但在跨领域综合推理上表现稍差。

2. 数学与逻辑推理

对数学和逻辑推理任务的测试结果如下。

◎ **DeepSeek-R1**：在数学和编程逻辑问题上，多项指标得分与OpenAI o1模型持平甚至略高。其采用了强化学习算法，在连续推理和链式思考方面的表现尤为突出，尤其适合解决复杂的多步数学题和代码调试问题。

◎ **GPT-4o/o1**：凭借其庞大参数和多轮对话设计，在复杂问题解答上表现稳定，但成本较高、响应速度略慢。

◎ **豆包**：在简单逻辑问题处理方面表现良好，但面对复杂推理时，答案准确性和详细程度不及前两者。

3. 专业领域知识整合

专业领域知识整合测试结果如下。

◎ **文心一言与通义千问**：在医疗、法律等专业领域问答中表现优异，能提供较为完整的知识结构和详细解答。但在面对需要跨领域联想和创新解决方案时，可能不如深度开放模型（如DeepSeek-R1）。

◎ **DeepSeek-V3**：借助开源生态及MoE架构，能在较低成本下实现大规模知识整合与多步骤推理，但部分细节的专业深度有待进一步提升。

4. 推理速度与计算成本

最新数据表明，DeepSeek系列模型在推理过程中采用低成本硬件与高效优化算法，每个Token的计算成本仅为OpenAI模型的5%～10%。

◎ **DeepSeek-V3**：总训练成本约为557.6万美元，实际推理资源消耗显著低于封闭模型。

◎ **GPT-4o/o1**：训练和推理成本极高，资源需求庞大，使大规模应用的成本压力明显。

4.3 模型选择策略

在明确任务需求和对比各大模型优劣势之后，制定科学的模型选择策略显得尤为重要。本文提出的模型选择策略分为以下几个阶段，每个阶段均涵盖详细操作步骤和实践建议，旨在为企业构建一整套完善的选型流程。

4.3.1 分步选型流程

（1）明确任务需求

首先，必须对应用场景进行深入调研，明确业务需求和用户期望。以下是对常见任务的需求分析。

◎ **对话客服：** 在当今快节奏的商业环境下，客户期望咨询能迅速得到回应。高效意图识别可使客服模型在用户输入问题的瞬间，快速精准地判断其意图，例如，当用户询问"你们的产品有哪些颜色可选"，模型能即刻识别出这是关于产品属性信息的咨询。多轮对话管理则确保在复杂咨询中，如用户先询问产品颜色，接着询问不同颜色的库存情况，模型能够连贯流畅地进行交互，维持对话的逻辑性与有效性。而个性化情感输出，可让模型根据用户情绪，以恰当的语气回应，若用户表现出不满，模型会给予安抚性话语，提升用户体验。

◎ **医疗问诊：** 医疗领域关乎生命健康，广泛的专业知识意味着模型要涵盖医疗各学科知识，从常见疾病到罕见病，从基础诊断到复杂治疗方案。高度准确的推理能力要求模型在面对患者描述的症状时，能基于知识进行严谨推理，如患者诉说咳嗽、发热且伴有呼吸困难，模型应能精准推测出可能的疾病范围，如肺炎、流感等，并给出合理的诊断建议。同时，其回答必须严格符合行业规范，遵守医学指南与法规，保障医疗服务的规范性与安全性。

◎ **编程助手：** 编程工作对逻辑严谨性要求极高。逻辑推理能力能助力模型理解编程问题的逻辑结构，比如在解决算法实现问题时，模型能清晰梳理出问题的输入、处理步骤与输出。数学计算能力对于涉及数值运算的编程任务至关重要，如计算几何图形的面积、体积等。在代码生成方面，模型不仅要生成可运行的代码，还需附带详细步骤和解释，帮助开发者理解代码逻辑。例如，生成一个排序算法代码时，模型会解释每一步代码的作用，包括从初始化变量到最终完成排序的整个过程。

◎ **内容创作：** 随着内容市场的蓬勃发展，对多样化、高质量文本的需求剧增。内容创作模型需能生成不同类型的文本，如新闻稿、故事、诗歌等，且要保证质量上乘、语言流畅、逻辑清晰。创新性可使模型突破常规思路，创作出新颖独特的内容，吸引读者。风格定制能力则满足了不同客户对文本风格的要求，无论是正式商务风、活泼幽默风还是文艺清新风，模型都能精准把握。

（2）分析DIKWP五层重点

结合DIKWP框架，从数据、信息、知识、智慧、意图五个层面评估任务需求。

◎ **数据层：** 如今许多任务面临复杂的数据输入情况，因此，在自然语言处理的文本摘要任务中，可能会遇到大文本数据，如对一篇上万字的研究论文进行摘要生成，这就要求模型具备处理大规模文本数据的能力。

◎ **信息层：** 模型对原始数据进行高效提取和初步处理在众多场景中十分关键。以电商数据分析为例，其原始数据包含大量用户购买记录、商品信息等，模型需要从这些繁杂的数据中提取出有价值的信息，如用户购买偏好、热门商品类别等，为电商企业制定营销策略提供依据。

◎ **知识层：** 针对一些专业性强的任务，如法律咨询等，需要调用大量专业知识。法律条文繁多复杂，模型只有具备丰富的法律知识储备，才能针对用户提出的法律问题，如合同纠纷、知识产权问题等，提供准确解答。

◎ **智慧层：** 对于一些需要创新性解决方案的任务，如产品创新设计，模型需要具备创新性思考和多步骤推理能力。模型要能从市场需求、技术可行性等多方面进行思考，通过多步骤推理，提出新颖且可行的产品设计方案。

◎ **意图层：** 在个性化推荐任务中，模型需要根据用户情景自动调整输出。例如，电商平台根据用户的浏览历史、购买记录、当前浏览行为等信息，推测用户意图，为其精准推荐商品，实现高度个性化服务。

（3）对照各大模型强项

根据前文整理的模型对比清单，将任务所需关键能力与各大模型优势相匹配。

若任务重点在数学推理和代码生成方面，DeepSeek-R1在数学推理方面表现卓越，其优化算法使复杂数学问题的求解速度更快、准确率更高。在代码生成方面，它能够生成高质量、符合编程规范的代码，并且该模型采用先进的加密技术保障了数据传输安全。在使用成本方面，相较于同类型高端模型，其定价策略更加实惠，能够满足企业在保证性能的同时控制成本的需求，因此候选模型可优先考虑DeepSeek-R1。

◎ **文心一言在多轮对话方面有着出色的表现，其对话管理机制能够很好地理解上下文，使对话连贯自然。** 在情感交流方面，它能敏锐捕捉用户情感，并以恰当的情感化语言回应，为用户带来良好的交互体验。

◎ **通义千问和文心一言都具备强大的数据整合能力，能够从多源数据中提取有效信息并进行整合分析。** 在领域专业知识方面，它们都拥有丰富的知识储备，涵盖多个专业领域，能够针对专业性问题给出准确且深入的解答，所以通义千问和文心一言可能更适合处理此类任务。

（4）候选模型筛选与试用

在确定潜在的候选模型之后，构建一个高度模拟真实业务的环境至关重要。该环境应尽可能还原实际业务的运行条件，包括硬件配置、网络状况及数据规模等。例如，对于一个处理大量实时交易数据的金融业务场景，试用环境中的服务器配置需具备高并发处理能力，网络带宽要保证数据传输的流畅性。

导入部分具有代表性的历史数据进行模拟测试。这些历史数据应涵盖业务中的各种常见情况及一些极端情况。以电商订单处理业务为例，历史数据不仅要包含正常下单、支付成功等常见情况的数据，还应包含退货、换货、支付失败等特殊情况的数据。在测试过程中，要重点关注响应速度、准确性、鲁棒性等关键指标。响应速度可通过记录模型从接收请求到给出反馈的时间来衡量，对于在线客服这种需要即时响应的业务，模型的响应速度直接影响用户的体验。准确性则可通过对比模型输出结果与实际结果来评估，如在图像识别任务中，模型对不同物体的识别准确率就是一个关键指标。鲁棒性测试旨在考查模型在面对异常输入、数据噪声等干扰时的表现，如在语音识别任务中，测试模型在嘈杂环境下的识别能力。

同时，在测试过程中应充分考量不同模型在"链式思考"过程中各环节的表现。以一个涉及多步骤决策的业务流程为例，模型首先要对输入数据进行理解和分析，其次基于分析结果进行推理，最后得出决策建议。每个环节的处理效果都会影响最终结果，因此要确保所选模型在整体系统中各个环节都能紧密衔接，发挥最大效能。例如，在智能投资顾问系统中，模型需要先分析市场数据，接着根据投资策略进行推理，最后给出投资建议，每个环节的准确性和效率都关乎用户的投资收益。

（5）制定定制化与组合策略

在试用阶段，根据实际反馈制定后续的定制化优化策略。

◎ **微调定制：** 利用实际业务数据对模型进行微调是提升模型性能的有效手段。具体操作时，企业可采用迁移学习技术，将预训练模型在通用领域学到的知识迁移到特定领域。例如，专注于医疗影像诊断的企业，可基于一个在大规模医疗影像数据集上预训练的模型，利用本企业的历史病例数据进行微调。在微调过程中，应重点调整模型中与本领域相关的参数，使模型更好地适应特定的医疗影像特征和诊断标准。通过这种方式，模型在特定领域中的适应性将得到显著提升，能够更准确地对本企业的医疗影像数据进行诊断分析。

◎ **多模型组合：** 对于复杂任务而言，单一模型往往存在局限性，难以满足所有需求。此时，采用多模型组合策略能使不同模型的优势互补，从而提升整体性能。例如，在一个综合性的智能客服系统中，对于常见问题的解答，可使用基于规则的模型，因为其具有快速响应和确定性高的特点；而对于一些复杂问题，如涉及情感分析和深度语义理解的问题，则可使用深度学习模型。这种组合方式既能保证常见问题的快速解决，又能处理复杂问题，提升用户满意度。

◎ **组合方式：** 常见的组合方式包括流水线模式、专家分工模式和投票集成模式。企业应根据自身业务特点选择最合适的模式。这种方式不仅能最大化利用各模型的优势，还能有效提升系统的整体性能和灵活性。

4.3.2 选型策略示例

以下是几种典型场景下的选型策略示例。

示例1 智能客服系统选型

1 需求分析：企业希望打造一套具备低响应时延、高稳定性，同时能高效识别用户意图、管理多轮对话、生成回复的智能客服系统。

2 关键能力：侧重意图层和信息层，另外对数据层的感知能力要求较高。

3 候选模型：

◎ **DeepSeek-R1：** 在多轮对话及数学逻辑推理方面有上佳表现。

◎ **GPT-4o：** 服务成熟，响应准确，适合复杂的交谈，但费用较高。

◎ **文心一言：** 在信息整合方面表现较好，且部分版本已实现免费开放。

4 试用与对比：搭建试用环境，分别测试模型在常用客服场景（如订单查询、投诉处理、情绪安抚）中的表现，并对响应时间和准确度进行比较。

5 定制优化：DeepSeek-R1在试用反馈的基础上进行了二次微调，特别优化了用户情绪识别和客服场景下的回复风格。

6 组合策略：在某些访问高峰期，采用多个大模型组合的模式，先由文心一言负责初步的信息内容提取，再由GPT-4o润色回复，确保服务的稳定。

7 安全与成本评估：鉴于智能客服系统会涉及大量用户数据，因此可以在本地部署的开源模型将被优先采用，安全更新也会定期应用，以确保数据的安全，保护用户隐私。此外，考虑到长期运营的性价比，在选择最具性价比的解决方案时，还需要对各模型的成本结构进行综合评估。

示例2　医疗问诊系统选型

1 需求分析：要求模型专业知识丰富，逻辑推理能力严谨，回答符合医疗规范。

2 关键能力：主要集中在知识层和智慧层，同时要求模型能准确提取症状描述信息。

3 候选模型：

◎ **文心一言**：在医疗知识整合及信息提炼方面表现优异，适合专业人士进行答疑解惑。

◎ **通义千问**：具有企业级安全和本地部署优势，便于定制化医疗应用。

◎ **DeepSeek-V3**：虽然数学逻辑能力较强，但在专业医学知识方面可能稍逊一筹。

4 试用与对比：选取真实的医疗问诊案例，分别测试模型在症状描述信息提取、疾病诊断和治疗建议方面的准确性和安全性。

5 定制优化：根据试用阶段收集到的数据，对于DeepSeek-V3、文心一言、通义千问进行有针对性的微调，提升专业知识储备；加入安全过滤和审核机制，保证医嘱准确且安全。

6 组合策略：用专家分工会诊模式，其中一个专业模型进行初次诊断，另一个专业模型进行解释和治疗建议的生成，形成一个闭环的服务体系，实现每个模型的优势发挥，为患者提供更全面的服务。

7 安全与合规：鉴于医疗数据的敏感性，建议本地部署，寻求和医院合作，确保所有数据处理行为都符合国家相关法律法规的要求。这样既保护了患者的隐私，也保障了医疗机构的数据安全。

示例3　编程助手选型

1 需求分析：需要模型具有较强的代码生成能力、逻辑推理能力和错误检查能力。

2 关键能力：侧重智慧层和知识层，要求模型能生成语法正确、逻辑清晰的代码，并提供详细的解释。

3 候选模型：

◎ **DeepSeek-R1**：在数学推理和代码生成方面表现优异，而其推理成本较低，对于大规模的应用来说，这是非常合适的。

◎ **GPT-4o/o1**：在编程任务中表现稳定且出色，但相应的使用成本较高，适合对品质要求较高的应用场景。

◎ **豆包**：轻量化的模型，适合快速响应，但处理复杂的代码逻辑时表现一般。

4 试用与对比：通过一系列公开的编程题目和实际开发案例来评估各种模型，重点关注它们在代码生成的准确性、注释的完整性及提供的调试建议等方面的表现。

5 定制优化：专门针对DeepSeek-R1进行微调，利用大规模代码数据集（如GitHub项目、编程论坛问答等）来训练，增强模型对特定编程语言的理解和适应性（如Python、Java、C++）。

6 组合策略：可以考虑采用流水线模式的工作流程，首先使用DeepSeek-R1生成基础的代码框架，然后调用GPT-4o对这段代码进行进一步优化和添加详细的注释，最终形成完整的高质量代码解决方案。这种方法结合了两者的优点，既保证了效率，又提高了代码的质量。

7 成本与资源评估：当编程助手整合到开发者工具中，成本控制就变得尤为重要。此外，还需要根据实际企业单位的软件开发技术堆栈进行适当的微调,这样才能让大模型与开发团队的实际需求更加贴合,同时也能让大模型更加符合实际需求。考虑到这一点,DeepSeek 系列模型凭借其低成本的优势,非常适合预算有限的中小型团队和创业公司,能够在性能和成本之间达到最佳的平衡。

示例4　内容创作与营销应用选型

1 需求分析:要求模型能够生成多元化、富有创意和感染力的文字,适用于多种文体,如广告、新闻、故事等。

2 关键能力:重点在智慧层,要求模型能输出具有独特见解和艺术表现力的文本,同时兼顾对意图层的个性化调整。

3 候选模型:

◎ **DeepSeek-V3**:开源特性使其易于深度定制,特别适合用于生成创意文本,而推理和微调成本相对较低。

◎ **GPT-4o**:以在多元化和创意输出方面的优异表现而闻名,但使用成本较高,对于预算充足的项目来说更为合适。

◎ **文心一言**:在信息整合与语义理解上表现优异,可以生成较规范的文字内容,但可能在创造性的表述上稍有欠缺。

4 试用与对比:在内容创作平台上,分别测试各模型在新闻摘要、广告创意和故事叙述等方面的表现,并收集用户反馈意见,对文字风格、创新性、情感表达等指标进行评估。

5 定制优化:利用 DeepSeek-V3 的开源优势进行微调,通过加入行业特定数据集(如品牌历史、市场趋势等)和品牌调性数据,开发出符合特定市场需求的模型。结合专家意见,不断对模型输出进行迭代优化,确保其与实际应用场景需求更加贴合。

6 组合策略:采用"初稿生成+二次加工"的策略,先由 DeepSeek-V3 完成初稿,然后交由 GPT-4o 或文心一言进行润色和优化,既可以保证内容的原始创造力,又可以提升最终成品的质量和表达效果。

7 经济性考量:在大流量内容生成平台上,成本是关键因素,开源模型可以大幅降低内容生成成本,为企业带来更高的投资回报率。

4.3.3 多模型共存与组合策略

单一的模型在一些复杂的应用场景中很难满足所有的需求,多模型并存和协同工作成为未来 AI 系统发展的重要方向,以下是几种常见的策略,以实现多模型并存。

(1)流水线模式

流水线模式将任务分解为多个阶段,每个阶段由最适合该任务的模型负责,比如,在智能客服系统中就有这样的模式。

◎ **第一阶段**:DeepSeek-R1 凭借强大的自然语言处理能力和高效的算法,能够在很短的时间内分析出用户大量输入的文字,并对用户的意图进行精准识别。比如当用户输入"我想查询最近的促销活动有哪些"时,DeepSeek-R1 可以迅速判断出用户的核心需求是获取促销活动信息,同时提取

"促销活动"这一关键信息，为后续处理指明方向。

◎ **第二阶段：** 由信息提取模型（如文心一言）进行数据筛选和初步回复生成，文心一言能从海量的知识库和企业内部数据中筛选出与用户意图相关的信息，在理解语境的基础上根据这些信息生成初步回复。例如，它可以从企业的促销活动资料库中找到活动时间、参与条件、优惠内容等符合用户需求的促销信息，并将这些信息整理成"我们目前正在进行的促销活动有[活动名称]，活动时间为[具体时间]，满足[参与条件]即可享受[优惠内容]"等初步回复语句。

◎ **第三阶段：** 通过语言生成模型（如GPT-4o）润色并调整情绪形成最终答案。具备强大语言生成能力的GPT-4o可以优化初始回复，使语言更流畅自然，更符合人类语言习惯。同时，它还可以根据用户的感情倾向和谈话情景，对回复的情感色彩进行相应的调整。

（2）专家分工模式

专家分工模式适用于多任务场景，不同的模型分别承担专门的任务，以编程助手为例，介绍如下。

◎ **逻辑推理专家：** 使用DeepSeek-R1处理代码逻辑和数学问题，在逻辑推理方面表现优异，可以对编程问题的逻辑结构进行深入分析。在解决算法实现问题时，它能够清晰地梳理出问题的输入、处理步骤和输出之间的逻辑关系，帮助开发者进行清晰的思考。例如，DeepSeek-R1在设计复杂的排序算法时，可以对各种排序算法的适用场景进行精确分析，与普通模型相比，其逻辑推理的精确性和效率都有明显提高，可以为开发者节省大量的思考时间。

◎ **代码生成专家：** 具体代码的生成由GPT-4o负责，GPT-4o具有强大的代码生成能力，可以根据给定的逻辑和需要生成高质量的符合编程规范的代码。GPT-4o支持多种编程语言，并可生成详细的代码注释，方便开发人员理解代码逻辑。例如，当开发者描述了一个功能需求，如"实现一个用户登录验证模块"时，GPT-4o就可以快速生成相应的代码框架，并在关键位置添加注释，对代码的功能和实现思路进行解释，大大提高了代码生成的效率和质量。

◎ **代码优化专家：** 利用豆包或其他轻量化模型对代码进行优化和错误检测。豆包等轻量化模型在代码优化方面具有独特优势，它们可以对生成的代码进行性能分析，查找潜在的优化点，如减少不必要的计算步骤、优化内存使用等。同时，这些模型还能检测代码中的语法错误和逻辑错误，并给出详细的错误提示和修改建议。例如，当代码中存在变量未定义或循环条件错误等问题时，代码优化专家能够及时发现并提供解决方案，帮助开发者提高代码质量。

（3）投票集成模式

投票集成模式适合需要综合多个模型意见的任务。对于同一问题，多个模型同时给出答案，再通过加权投票或融合算法选出最佳答案。例如，在复杂问答系统中，针对同一问题，分别由DeepSeek、GPT-4o、文心一言生成回答，系统对各回答进行评估（基于准确性、逻辑性、情感匹配等指标），最终输出综合结果。

◎ **准确性评估：** 系统会对比各模型的回答与已知标准答案或权威知识库的匹配程度。例如，在回答一个关于科学知识的问题时，若某模型的回答与权威科学文献中的内容高度一致，则在准确性指标上得分较高。对多个模型的回答进行准确性评估，可以筛选出最接近正确答案的模型，提高回答的可靠性。

◎ **逻辑性评估**：考查模型回答的逻辑连贯性与合理性。比如，在回答一个需要推理过程的问题时，评估模型的回答能否按照合理的逻辑步骤进行推导，是否存在逻辑漏洞。对于逻辑清晰、推理合理的回答，在逻辑性指标上给予高分，确保回答具有说服力。

◎ **情感匹配评估**：在一些涉及情感交流的问题中，如用户咨询产品使用体验时的抱怨或赞扬，模型的回答需要与用户的情感相匹配。如果用户表达了不满情绪，模型能够给予恰当的安抚和解决方案，则其在情感匹配指标上得分就会较高。通过这种多维度的评估，企业能够全面分析各模型的回答质量。

4.3.4 成本、安全与数据隐私考量

企业在选择模型时，除要注重性能外，成本、安全、数据隐私等问题也必须考虑在内，以下是具体推荐。

1. 成本控制

◎ **计算资源与推理成本**：最新的测评数据表明，DeepSeek 系列模型在推理过程中的计算成本远低于 OpenAI 模型，每个 Token 的成本仅为后者的 5%～10%，对于大规模部署而言，其成本优势尤为明显。

◎ **训练与维护费用**：开源模型不涉及高昂的 API 调整费用，允许企业自行微调和优化，长期来看有助于降低总体拥有成本（Total Cost of Ownership，TCO）。例如，企业可以选择对开源模型进行定制化训练，以适应特定的应用场景或行业需求。

2. 数据安全与隐私

◎ **本地部署**：如果场景包含敏感数据（如医疗、金融、政务），建议使用可本地部署的开源模型（如 DeepSeek-V3），避免数据传输到第三方服务器，降低数据泄露风险。。

◎ **加密与权限控制**：不管是选用哪一种模型，企业都应该建立完善的数据加密、访问权限等控制机制，保证数据的安全。

◎ **合规性评估**：企业结合所在国家或地区法律法规对模型的数据处理流程进行严格审查，符合隐私保护和数据安全要求。

3. 技术支持与维护

◎ **开源模型**：开源模型可自由地修改和扩展，但是需要企业自身具有技术能力进行部署和维护，建议企业组建专门的技术团队，跟踪社区更新，进行安全扫描及漏洞修复。

◎ **封闭模型**：虽然封闭模型可提供成熟稳定的系统服务，但可定制化程度较低，企业无法自行更改底层代码，需要将数据传输至第三方服务器中，具有一定的数据泄露风险。

通过综合考虑上述各方面，企业在追求高性能的同时，应妥善管理成本、保障数据安全、满足法律法规要求，在此基础上选出最适应自身经营需求的模型。这样既提高了经营效益，又有效地防范了潜在的风险，为企业的持续发展打下了坚实的基础。

4.4 开源 vs 封闭：选型中的多维度比较

4.4.1 开源模型的详细优劣分析

1. 开源模型优势

（1）本地部署与数据掌控

◎ **安全性高**：企业可在内网部署，不需要将数据上传至第三方云平台，确保敏感信息不外泄。

◎ **自主可控**：企业可以自由修改代码，根据业务需求进行深度定制，不受外部限制。

（2）定制化灵活性

◎ **多样化调整**：通过调试参数和加入特定领域数据，企业可以对模型进行专门微调，确保输出内容与业务需求高度契合。

◎ **开放接口**：开源模型通常附带详细的开发文档和社区支持，有助于二次开发和快速迭代。

（3）成本优势

◎ **降低运营成本**：开源模型不需支付高额 API 费用，企业可以利用现有硬件资源进行部署，大幅降低长期运行成本。

◎ **灵活扩展**：随着使用量的增长，边际成本可进一步降低，使大规模应用更为经济。

（4）社区生态与技术交流

◎ **创新驱动**：开源模型促进全球开发者的协作与技术分享，模型持续更新和功能拓展迅速，形成强大生态。

◎ **开放透明**：企业可实时了解模型的内部机制，便于监控和改进，同时也可促进学术界与产业界的交流合作。

2. 开源模型劣势

（1）技术支持与维护要求高

◎ **内部技术实力要求**：对于企业内部的技术团队而言，想要把开源模型部署好、用好、维护好，对企业技术团队的要求也是较高的。尤其在寻求定制化解决方案、保障系统安全时，需要更专业的团队人才，团队成员既要深入理解模型本身，还要懂安全、懂模型应用的最佳实践。

◎ **社区碎片化**：开源社区数量庞大且多样，世界上许多国家和地区都有大量的开发者为同一项目贡献分支或版本，虽然这种多样性会推动项目的创新，但是也会导致项目版本繁杂，需要企业投入资源对当前版本进行跟踪并适配新的版本。比如，安卓操作系统由于版本碎片化严重，需要适配的机型多，开发人员需要花费大量的时间适配，这样既增加了开发成本，也增加了软件开发的复杂度，甚至降低了软件的运行效率。

（2）安全与合规风险

◎ **模型审查难度**：虽然开源意味着更高的透明度，但这并不意味着更高的安全性，任何开放源代码模型的弱点都可以被任何人访问和找到，也就是说，潜在的安全漏洞可能被发现，这就需要企业建立模型安全预警机制，使用专业的安全团队进行持续的监控和评估。

◎ **隐私保护责任**：企业在本地部署开源模型时，应该确保数据处理过程符合国内外法律法规，这样做不仅提高了成本，还需要企业对内容审核、用户数据保护等方面采取严格的措施，避免出现法律风险。

（3）性能与稳定性问题

◎ **商业化成熟度较低**：虽然许多开源模型显示出了强大的潜力，但在实际的大规模商业部署中，其稳定性和响应速度仍需得到充分验证，频繁的更新和维护需求可能会对业务连续性产生影响，尤其是在关键应用领域，开源模型的稳定性和响应速度将受到影响。

◎ **缺乏长效支持**：开源项目的生命周期更多地受资金和人力的影响，后续的支持和服务可能会因为核心开发团队随时解散或转向其他项目而中断，这是一个风险因素。所以企业在选择开源模型时，要对其背后的社区活力和支持承诺进行认真评估，以确保在长期内能够获得必要的支持。

4.4.2 封闭模型的详细优劣分析

1. 封闭模型优势

（1）成熟稳定的服务

◎ **高服务可用性**：封闭模型是由大型企业进行商业化测试并长期优化后，提供稳定高效API服务的模型，由于企业实力强大，服务的稳定性和可靠性有保障。

◎ **专业技术支持**：使用封闭模型的企业，可以享有模型供应商提供的全天候在线技术支持，以及定期的技术更新，这样有利于减少企业在使用过程中所遇到的技术风险，提高问题解决的效率。

（2）持续更新与服务保障

◎ **大规模投资保障**：封闭模型背后拥有大量的资金作为支撑，并且拥有专业的研发团队，所以能够在不断的投入中对模型进行持续技术优化，进而不断提升市场竞争力，为客户提供前沿的技术解决方案。

◎ **标准化接口**：提供统一标准的API接口是封闭模型的特点之一，使用该接口可以快速集成所需功能，缩短开发周期，降低成本，提高工作效率，标准化的API接口将集成简单化、无缝化。

（3）简化开发流程

◎ **无须内部维护**：封闭模型是目前没有足够技术实力或不愿耗费大量资源来构建和维护复杂训练和推理系统的中小型企业的理想选择，用户只需简单调用API就能达到商业目的，开发过程大大简化，准入门槛也随之降低。

2. 封闭模型劣势

（1）定制化受限

◎ **无法修改底层模型**：封闭模型的核心代码与预训练数据不可控，这意味着企业可能无法二次开发或根据自身特定业务需求深度定制，它对特殊应用场景的适应能力是有限制的。

◎ **灵活性不足**：在某些特定场景下，封闭的模型可能难以完全满足企业的个性化需求，特别是需要将其与现有内部系统深度融合时，可能会遇到兼容问题或功能缺失。

（2）数据隐私与安全风险

◎ **外部数据传输**：在使用封闭模型时，数据需要上传到第三方服务器，带来了数据泄露和滥用的潜在风险，这是处理敏感信息行业不能忽视的问题，尤其是那些对敏感信息有严重危害的行业，更是如此。

◎ **依赖供应商保障**：一旦供应商遇到服务中断或数据泄露的情况，由于企业本身对服务的安全性和可靠性缺乏控制，因此对依赖该供应商的企业来说，将会带来巨大的风险。

（3）成本较高

◎ **高昂的调用费用及依赖性**：封闭大模型的调用成本通常较高，长期成本压力随着使用量的增加而明显上升。此外，长期的封闭模型依赖意味着可能会将自身业务的上游产业控制在闭源模型的供应商手中，从而导致无法自行掌握技术和服务的议价率，对中小企业的发展也不利。

◎ **固定成本难以摊薄**：封闭模型依赖云计算资源，在大流量场景下，企业可能面临高额支出，其成本很难通过规模效应进一步降低。

4.4.3 给企业决策者的选型建议

针对不同业务需求，企业决策者应综合考虑以下因素。

◎ **数据安全与隐私**：在医疗、金融等对数据保密要求极高的领域，推荐优先考虑支持本地部署的开源模型，以确保数据的安全性与合规性。

◎ **定制化需求**：如果企业需要针对特定应用场景进行深度定制，则可选择开源模型；反之，若追求快速上线及稳定的商业服务，则封闭模型可能是更好的选择。

◎ **成本预算**：开源模型的低成本特性，让预算有限的初创公司或中小企业成为一个诱人的选择；而大企业则需要权衡封闭模型的稳定性和成本的关系。

◎ **技术团队能力**：企业技术团队强大时，可以选择开源模型，自己维护定制；反之，技术力量薄弱，建议依靠成熟的、封闭的供应商提供的模型。

◎ **长期战略规划**：企业决策者还需要考虑模型生态系统的长远发展，开源生态中多方参与的协作模式和快速迭代的特性为未来创新留下了广阔的空间；而封闭的模型则依靠稳定的服务质量和持续的投入来保持竞争力。

4.5 成本、安全与长期优化的综合考量

在企业实际应用中，选型不仅涉及技术指标的比拼，还涉及长远成本、安全性、维护难度及生态系统建设等多方面的考虑，下面，对这些关键因素展开深入讨论，并提出相应优化建议。

4.5.1 成本评估

1. 训练与推理成本

◎ **训练成本**：封闭模型往往需要大量的计算资源，这就造成了极高的模型训练费用。例如，

OpenAI 的 GPT-4 系列模型的训练成本可能高达数亿美元，相比之下，DeepSeek-V3 的训练费用仅为 557.6 万美元左右，可见其性价比之显著。

◎ **推理成本**：在推理阶段，DeepSeek 系列通过采用低成本硬件和 MoE 架构，将每 Token 的推理成本控制在 GPT-4 的 5%～10%，这一明显优势，在大型商业应用中有助于降低长期运营成本。

2. 部署与维护费用

◎ **开源模型**：封闭模型依赖商业化 API 服务，提供了高稳定性和专业技术支持，但其调用成本较高，在高并发场景下可能产生巨大支出，而且随着使用量的增长，该模型在较长时间内可能会导致企业财务负担沉重。

◎ **封闭模型**：依赖商业 API 服务，封闭模型有高稳定性和专业的技术支持，但其调用费用相对较高，在高并发场景下可能产生巨额支出。此外，随着使用量的增长，长期来看，这种模型可能会给企业带来沉重的财务负担。

3. 成本优化策略

为降低总成本，企业可以考虑采取以下措施。

◎ **混合部署**：结合开源和封闭模型的优点，对于常规任务可以使用本地部署的开源模型，以确保数据安全和降低成本。当面对突发高负载任务时，可以临时调用封闭模型作为补充，实现性能和成本的平衡。

◎ **模块化升级**：不断地对模型进行微调和优化，降低运行中的资源消耗，从而在降低成本的同时提高性能。这种方法不仅有助于长期运行成本的降低，而且模型的适应性和效率也会得到提高。

◎ **自动扩容机制**：在云端部署时，采用智能调度、自动扩容机制，保证在高峰期也能有效控制成本，避免资源浪费，这一点对于应对应用场景的大流量波动尤为重要。

4.5.2 数据安全与隐私保护

数据安全是企业应用 AI 系统时必须重点关注的问题，涉及敏感领域时更是重中之重，以下是主要内容。

◎ **数据传输与存储**：使用封闭模型时，通常要将资料上传到第三方伺服器，会增加被截取和滥用的风险；开源模型则可透过本地部署确保资料安全，对于资料涉及个人隐私或商业机密的，若进行本地部署，则会有较高的安全保障。

◎ **合规性要求**：不同行业、地区对数据保护的规定要求不同，如《通用数据保护条例》(General Data Protection Regulation，GDPR)、Health Insurance Portability and Accountability (HIPAA 法案) 等，企业在选择大模型时要保证符合相关法规，尤其是在医疗、金融等领域，对数据保护的规定特别严格，要有一定的规范。

◎ **安全机制与加密**：无论选择哪一种模型，企业都要采用强加密技术，并有完善的权限控制系统，保证数据在传输、存储过程中的安全，另外，定期进行安全审核、漏洞修复等也是重要措施，确保数据的安全性。

企业在要求供应商提供明确的安全保障措施的同时，应根据自身数据敏感性及合规需求，优先选择能够进行本地部署和具备自主控制能力的模型。

4.5.3 技术生态与未来优化

在 AI 领域，技术生态的建设对企业的长期发展至关重要。企业在选型过程中还需考虑以下几点。

◎ **生态兼容性：** 选择能够与企业现有系统及第三方平台兼容的模型，并兼顾未来技术发展的趋势。例如，采用开源模型不仅能获得广泛的社区支持，还可以快速利用社区提供的二次开发资源，使企业能够更灵活地应对市场变化。

◎ **持续更新能力：** 封闭模型依赖供应商的技术更新，更新频率较高，但更新周期较短，可能带来频繁切换版本的问题；而开源模型的更新则依赖社区和企业自身的维护，更新频率较低但稳定性更高。

◎ **多模型互操作：** 未来 AI 系统的趋势是多模型协同，企业要选择那些支持标准接口的模型，要有很好的互操作性，这样将来整体的系统性能才能通过组合使用的方式得到提升。

◎ **技术前瞻性：** 企业也要重视研发团队和模型背后的技术路线，选择那些技术创新能力强、规划有前瞻性的模型，这样才能保证在激烈的竞争中，始终保持领先优势。

综上所述，企业要构建一套综合的、可持续的技术方案，在模型选择过程中要考虑成本、安全性、生态兼容性，以及未来的升级优化能力。

4.6 综合决策与实践建议

通过前文分析，企业和开发者在进行选型时，可以按照以下决策流程进行操作。

4.6.1 决策流程解析

下面列出了帮助企业系统地进行选型决策的多维度决策流程，包括任务需求、DIKWP 框架、多模型组合、安全成本等。

◎ 明确任务需求。
◎ 分析任务涉及的 DIKWP 五层能力（数据、信息、知识、智慧、意图）。
◎ 对比各大模型的优势与不足（DeepSeek、GPT、文心一言、通义千问、豆包、腾讯混元等）。
◎ 初步筛选候选模型。
◎ 试用与性能测试（根据任务场景进行实战模拟测试）。
◎ 综合考虑部署成本、安全性、数据隐私及维护要求。
◎ 制定定制化微调与多模型组合方案（流水线/专家分工/投票集成）。
◎ 最终选型与部署，并建立持续反馈和优化机制。

4.6.2 实践建议

为了保证模型的实际应用效果，企业在部署和维护过程中要采取一系列的实际措施进行优化，以下是一些具体建议。

1. 试点测试

在全面部署之前，选择几个关键的业务场景进行试验是非常重要的，包括响应时间、答题精确度、用户体验、系统稳定性等，通过小范围的试用，对候选模型在真实环境下的表现进行评估。此外，收集用户反馈非常重要，根据用户反馈情况进行数据分析，有助于为后续全面部署提供依据，以确定潜在问题。

2. 定期测评与反馈

建立基于DIKWP的白盒测评体系定期测评机制，持续监测各层面模型的表现，不仅有助于发现模型运行中的不足，还可以根据最新的测评结果调整定制策略，确保模型始终保持最佳工作状态。这样企业就可以更加灵活地应对变化，提高大模型的适应性和效率。

3. 多模型协同与灰度发布

对于大规模应用而言，采用多模型组合方案，通过灰度发布，逐步切换，验证不同组合的效果，不失为一种行之有效的策略。这种方法不仅可以降低单一模型出错的风险，而且可以在新旧系统之间平滑过渡，同时增强系统的冗余备份能力，提高整体可靠性。

4. 技术团队建设与生态合作

企业要主动培养具备开源模型部署和维护能力的技术团队，深度参与开源社区，与相关的技术企业及研究机构共享研发成果，实现模型生态的开放，从而加速技术创新的速度，为企业带来更多的发展机会。

5. 安全与合规规划

企业在整个选型和部署过程中，要高度注意数据安全和隐私保护，制订严格的安全计划，包括定期安全检测、权限控制、数据加密、应急响应机制等，并要与法律顾问密切合作，确保整个过程符合法律法规的要求，尽可能降低相关法律风险。

6. 长期投资与持续创新

模型选择只是企业应视为长期技术投资的开始，随着技术的不断进步，企业需要不断关注最新的研究成果，并将更高效的技术在合适的时间进行更新或整合，以保持自己的竞争优势，而这正是人工智能应用之旅的第一步。这就要求企业既要有前瞻性的眼光，又要有敢于开拓、勇于尝试新鲜事物的精神，从而在激烈的市场竞争中脱颖而出。

4.7 未来趋势与展望

在全球AI竞争加剧、技术生态不断重构的今天，模型选择与优化面临着新的机遇和挑战。未来趋势主要体现在以下几个方面。

4.7.1 模型轻量化与垂直化

随着AI应用渗透到更多垂直领域，单一的通用大模型在特定行业难以满足精细化需求，以下是未来两大趋势。

◎ **轻量化**：研发针对特定任务的小型模型，通过知识蒸馏等技术实现接近大型模型的性能，部署成本更低，响应速度更快，比如DeepSeek就尝试了该方向，其蒸馏模型在终端应用方面表现出更大的优势。

◎ **垂直化**：各行业定制化的AI模型将成为常态，如金融、医疗、法律等领域需要专门训练和优化的模型，这就要求模型不仅在知识层面具有专业性，而且可以被无缝整合地融入企业现有的系统，提高业务处理效率和服务质量。

4.7.2 多模型协同与智能调度

单一模型难以覆盖所有任务需求，多模型协同将成为系统架构的重要趋势，智能调度系统将通过AI算法来实现自动选择最合适的模型或组合方案。

◎ **动态资源分配**：智能调度器可以根据当前任务的需要和系统的负载情况，自动调配计算资源，保证响应时间和资源利用率达到最佳。

◎ **模型融合与自我迭代**：采用投票整合、专家分工等方式，将不同大模型的输出不断融合，形成一个不断提升整体性能的、能够自我优化的闭环系统。

◎ **跨平台互操作**：各大模型接口的标准化和生态开放，将使多模型协同更加顺畅高效，模型间的互操作性将进一步增强。

4.7.3 数据安全与隐私保护的不断升级

随着数据泄露风险的不断增大，企业对数据安全的要求将不断提高，对隐私的保护要求也将日益提高，这方面的未来发展趋势如下。

◎ **本地部署与边缘计算**：利用开源模型在本地部署或在边缘计算平台上运行，降低数据传输风险，提高系统安全性。

◎ **全流程数据加密**：从数据采集、传输到存储，整个过程采用最新的加密技术和安全协议，保证数据的安全性。

◎ **合规与标准化**：随着各国对数据保护法规的不断完善，未来的AI系统必须严格按照确保合规运行的国际标准和地区标准来设计和部署。

4.7.4 成本与资源利用的最优化

在全球经济压力下，如何以更低的成本实现高性能的人工智能应用成为重要课题，未来企业将会更加重视以下几方面。

◎ **高效利用计算资源**：降低计算资源浪费，提高推理效率，采用先进的算法和架构。

◎ **绿色计算与能源管理：** 优化能耗，在AI训练推理过程中强调低碳和低能耗，不仅训练成本降低，而且也符合环保的理念。

◎ **成本与效益的动态平衡：** 通过智能监控和自动调节机制，在保证高负荷不超支的同时，又能在低负荷下节约资源，实现资源的动态分配。

4.7.5 开源与闭源并存的新生态

开源与闭源并非对立，而是未来AI生态中的双螺旋结构。以下是未来三大趋势。

◎ **混合模型发展：** 在实际应用中，企业采用混合模型的优势显著。以某互联网电商企业为例，其在构建智能客服系统时，通过定制化开发其前端对话交互部分，可以灵活调整意图识别规则和对话流程逻辑，利用开源的自然语言处理模型框架，根据企业自身业务特点和客户需求，将对话过程逻辑进行灵活调整。这种方式不仅降低了开发成本，而且对业务变化做出了快速反应，实现个性化定制。后端知识库管理和复杂问题处理可以借助闭源模型，例如，购买专业的智能客服闭源模型服务，由专业团队持续维护优化，能够提供稳定可靠的服务，保证客服系统在处理复杂业务咨询时的精确性和高效率。通过这种混合模型，企业不仅可以享受开源模型带来的灵活性和低成本，同时还可以借助闭源模型的专业支持，保证系统的整体表现。

◎ **生态协同与标准制定：** 随着全球人工智能社区的不断壮大，生态协同和标准制定的重要性日益凸显，如在图像识别领域，有很多由不同企业和研究机构开发的图像识别模型，模型之间的兼容性和互操作性都较差，原因是缺乏统一的标准。随着国际标准和生态协议的出台，如规定图像数据的标注格式、模型输入输出接口规范等，模型之间将能够更顺畅地合作和数据共享。这将促进不同图像识别模型在不同场景下的优势互补，比如一个专注于人脸识别的模型，可以和一个擅长物体探测的模型协同工作，一起完成复杂的安全监控任务。这种生态协同将促进人工智能技术在各领域的广泛应用，让人工智能技术的进步造福更多的行业和用户，加速人工智能技术的普惠发展。

◎ **政策与市场驱动：** 国际贸易政策调整会直接影响AI模型的技术研发方向与商业模式。贸易政策调整会直接影响AI企业获取关键技术和数据资源的渠道。比如，针对特定AI技术相关的芯片限制出口，会使企业加大国产芯片技术的研发投入力度，让AI模型更有利于硬件适配的国产化；技术封锁将促使企业更加重视自主，减少对外的技术依赖，加快国内AI开源生态建设与完善；政策调整方面，如加强数据隐私保护，会促使AI模型训练与运用时更注重数据安全和合规，商业模式也将随之调整，比如AI服务定制化等。企业应组建专业国际形势研究团队，跟踪贸易政策、技术封锁、政策法规调整等动态变化，适时调整AI模型研发方向和商业模式。

4.8 总结

本章全面探讨了如何根据具体任务需求选择合适的大模型。首先，从明确任务需求出发，详细解析了不同应用场景对大模型在DIKWP（数据、信息、知识、智慧、意图）五个层面上的要求；其次，通过对比各大模型（如DeepSeek-V3、DeepSeek-R1、GPT-4o、文心一言、通义千问、豆包、腾讯混元等）的优势与不足，帮助企业快速定位最契合的候选模型；再次，提出了一整套模型选型策略，包括明确需求、候选筛选、试用测试、定制微调、多模型组合及成本、安全与数据隐私评估等；最后，讨论了开源与封闭模型各自的利弊，并探讨了多模型共存、协同工作及未来发展趋势。

在全球AI技术竞争日益激烈、市场不断变化的今天，模型选择不仅关乎技术问题，更关乎企业战略和商业模式的布局。通过系统化的选型流程和科学的决策依据，企业和开发者能够在满足用户需求的同时，有效控制成本，确保系统安全与稳定运营，并为将来不断迭代升级打下坚实基础。

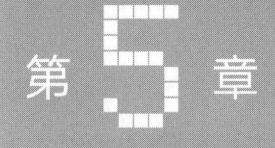

第 5 章 大模型定制：优化方法与实践指南

通用大模型虽在自然语言理解、代码生成等场景展现强大能力，却难以满足垂直领域的专业化需求：在要求医疗诊断的精准性、法律条款的严谨性、金融决策的实时性等场景中，通用模型常面临存在知识盲区、响应延迟、文化适配偏差等挑战。

本章深入解析大模型定制化的全链路方法论，聚焦三大核心命题：如何通过微调技术重塑模型的领域认知框架，如何借助提示工程构建精准的语义引导路径，以及如何利用人类反馈强化学习实现价值对齐与风险控制。从医疗问诊的因果推理到司法文书的要件分析，定制化技术通过参数优化、知识注入和多模态扩展，将通用模型的"基础智能"转化为垂直场景的"专家系统"。基于DeepSeek等开源模型的实战案例，本章揭示低成本微调、结构化提示设计、本地化部署等关键策略，为企业提供从技术验证到规模落地的完整路径。理论与实践的深度融合，将助力大模型突破"能用"到"好用"的壁垒，为产业智能化提供可靠的技术基座。

5.1 为何要定制

5.1.1 行业与企业需求的多样性

随着大模型在自然语言处理、智能问答、代码生成等领域不断取得突破，其通用能力已得到广泛认可。但在面对各行业、各企业的独特场景时，单一通用模型存在以下局限性。

1. 领域专业性不足

无论是医疗、法律、金融还是工业应用，各领域都有自己特定的知识背景、行业规范和专业术语。通用大模型在预训练过程中虽然接触到大量通用文本，但很难覆盖所有专业领域的细节，容易出现回答不准确或不符合领域规范的情况。

2. 语言风格与文化差异

企业在国际化推广、市场营销和客服系统中，往往要求模型输出符合特定语言风格和文化背景的信息。以跨境电商客服场景为例，某头部企业测试发现，通用模型在多语言混合对话中，对东南亚市场的"英+马来语"混合表达理解准确率仅为52%，对阿拉伯地区从右向左的文本排版任务未能正确处理；对日本商务邮件的敬语体系使用合格率不足40%。定制化解决方案通过加入区域方言语料库（如粤语、闽南语）、构建风格迁移（Style Transfer）模型，可将文化适配准确率提升至89%。

3. 特定场景下的效率与响应速度

不同行业对模型的响应速度和稳定性要求呈现两极分化特征。在金融高频交易场景中，某证券公司的实测数据显示，通用模型的平均响应延迟（230毫秒）无法满足毫秒级决策需求，且存在10%的突发性延迟波动；而在教育领域的深度问答场景中，某在线教育平台发现，通用模型对数学证明题的推理步骤完整性仅为58%，且常省略关键定理推导过程。这种矛盾源于通用模型的"全参数激活"机制，即便是简单查询也会触发全部175B参数参与计算。通过MoE架构定制化改造（如DeepSeek-R1模型），可动态选择激活相关专家模块：在金融场景中，仅激活数值计算、时序预测专家，延迟降至18毫秒；在教育场景中，强化逻辑推理专家权重，使解题步骤完整度提升至92%。所以配合量化压缩技术（如4-Bit GPTQ），可在保持97%准确率的前提下，将显存占用率降低60%。

4. 数据隐私与安全要求

在涉及敏感信息的行业中，定制化模型的本地化部署能力至关重要。在医疗领域，某三甲医院的实践案例显示，当采用通用云端方案时，医疗数据脱敏成本高达每条0.12元。而通过本地化定制部署方案，不仅将脱敏成本降低92%，还通过联邦学习框架和可信执行环境（Trusted Execution Environment，TEE）重构了数据训练流程，将模型训练过程的可验证性提升40倍，且所有患者数据在本地加密存储、计算、销毁的完整生命周期均处于医院私有云监管体系内。在法律领域，某头部律所的测试表明，通用大模型处理保密合同时存在0.7%的敏感信息泄露风险，而定制化方案通过参数隔离技术（隔离法律条款解析模块与合同内容存储模块）和动态加密策略（基于合同密级动态调整 AES-256 与国密 SM4 算法），将风险降至 0.02% 以下。

5.1.2 定制化的意义与价值

定制化大模型的意义在于"因地制宜"，针对特定场景和用户需求，利用大模型的基础能力，通过微调、提示工程及外部知识融合等技术手段，使其输出更精准、更符合业务预期。具体来说，定制化大模型带来的价值如下。

◎ **提升领域专用能力**：在医疗领域，某诊所的 AI 诊断系统通过定制化改造实现了质的飞跃。该系统通过 DIKWP 白盒测评的定向优化，数据层整合了 200 万份标准化电子病历，将症状描述误差率从 21% 降至 3%；知识层注入《新英格兰医学杂志》临床指南和药物相互作用数据库，使抗生素配伍禁忌识别准确率达到 98.7%；智慧层构建的贝叶斯网络诊断引擎，将罕见病识别率从 35% 提升至 72%。

◎ **降低错误率与风险**：法律领域的高风险场景对模型安全性提出严苛要求。某法院的智能审判系统在定制化改造中，通过参数隔离技术将法律条文解析模块与案件事实分析模块物理分离，同时采用动态加密策略保护敏感数据。

◎ **改善用户体验与互动**：某三甲医院的智能问诊系统通过意图层定制，重塑了医患交互模式。原通用模型的回答常包含"建议进一步检查"等模糊表述，导致患者满意度仅为 68%。通过强化学习注入 3000 组医患对话范例，定制模型不仅能解析"心慌三天"的主诉，还能主动追问"是否伴随胸痛或呼吸困难"等，并生成包含症状概率分布、检查建议分级、急诊指征提醒的三段式结构化回答。

◎ **实现成本效益优化**：中小企业的资源约束倒逼出创新的定制化路径。某医疗科技公司基于开源模型 LLaMA 2，通过提示工程注入《基层医疗机构诊疗规范》，配合知识图谱剪裁技术，仅用 3 台 RTX 4090 显卡即完成糖尿病管理助手的定制开发。相比采购商用 API 方案，初期成本降低 87%，且无须承担按次计费风险。在硬件优化方面，采用 MoE 架构的 DeepSeek-R1 模型，通过动态激活专家模块，使金融风控场景的 GPU 显存占用率减少 62%，推理延迟稳定在 15 毫秒以内。某区域性银行的实践表明，定制化信贷审批系统在保持 97% 准确率的前提下，将单笔业务处理成本从 3.2 元降至 0.7 元，年节约运维费用超 1200 万元。这种"量体裁衣"的定制策略，使企业既能规避通用模型的冗余计算成本，又能精准适配业务场景的核心需求。

5.2 微调

5.2.1 微调的基本概念

微调（Fine-tuning）的本质是知识迁移的精密工程，其理论基础植根于深度神经网络的表征学习特性。预训练大模型通过海量通用数据构建了多层次语义理解能力，如同建造了覆盖人类常识的认知基座。微调的核心价值在于，通过领域数据的定向引导，让这个通用基座在保持基础认知能力的前提下，逐步演化出垂直领域的专业判断力。这种演化遵循"知识蒸馏→特征强化→决策优化"的三阶段路径：首先继承预训练模型的通用语言模式，其次强化领域特征的表征权重，最后形成符合专业规范的输出逻辑。

从认知科学视角，微调过程模拟了人类专家的成长轨迹。就像医学生先掌握基础解剖学，然后专攻心外科一样，大模型在微调中逐步建立领域特异性认知框架。以法律领域为例，预训练阶段模型习得的"合同"概念偏向日常语义，而经过司法文书微调后，其认知维度会拓展至"要约—承诺—对价"等法律要件分析层面。这种认知跃迁，依赖神经网络参数空间的定向调整——模型在训练过程中逐步增大领域关键特征的激活强度，抑制无关特征的干扰。

大技术实现层面，现代微调方法发展出三大策略范式：全参数调整重塑模型认知结构，适合数据充足的场景；分层调整则遵循"底层通用、高层专用"原则，冻结基础语义层仅优化专业决策层；参数高效方法通过低秩矩阵模拟参数变化，在最小化计算代价的同时实现精准调整。这些策略的共同本质是，在保持模型通用智能的基础上，通过参数空间的局部重构建立领域知识的高效映射。

微调面临的核心理论挑战是"稳定性—可塑性困境"：既要快速吸收新知识，又要避免遗忘已有能力。这催生了弹性权重巩固（Elastic Weight Consolidation，EWC）等创新方法，其原理类似于人类记忆的优先级机制——通过分析参数的重要性，对关键认知节点实施保护。在医疗诊断场景，这种方法使模型在吸收新疾病知识时，原有病理识别能力的遗忘率降低80%以上。

当前理论前沿正从静态调整转向动态适应。元学习框架下的动态微调技术，使模型能够根据任务上下文自主选择调整策略。例如，在法律咨询场景下，系统可自动识别咨询问题涉及民法还是刑法，动态激活对应的参数模块。这种"认知开关"机制，标志着微调技术从被动适应向主动进化的范式转变，为构建真正的领域专家系统奠定了理论基础。

5.2.2　微调的整体流程

微调通常包括以下几个主要步骤。

1. 数据收集与准备

◎ **数据收集**：数据是微调工作的基础，根据具体的定制目标，团队需要从多个渠道收集大量高质量的数据，包括内部业务数据、公开的标准数据集、权威的专业文献、领域内的专家问答、在线知识库等。例如，在医疗场景下，可从临床医学指南、电子病历系统、权威期刊文章、医生与患者互动问答平台中获取数据。收集数据时应注意覆盖场景的广泛和表达方式的多样化，以提高模型在真实环境中的泛化能力。

◎ **数据清洗**：由于原始数据通常存在噪声、冗余和不一致性，需要进行有效的预处理。数据清洗包括：去噪处理，如删除明显错误、无关和低质量的数据；标准化处理，如统一数据格式、规范标点符号、修正错别字；去重处理，如删除重复或高度相似的内容。清洗数据时务必谨慎，确保保留领域内的核心知识、专业术语及关键信息，避免过度清洗导致知识损失。

◎ **数据分割**：数据清洗完成后，应将数据合理划分为训练集、验证集和测试集。一般情况下，训练集占数据总量的70%～80%，用于训练模型；验证集占10%～15%，用于实时监控训练过程，防止过拟合；测试集占10%～15%，用于最终模型效果评估。分割数据时应考虑数据分布的均衡性，确保三个数据集能够充分代表真实场景。

2. 选择微调方法

◎ **全参数微调：** 此方法适合规模相对较小的模型或计算资源充足的情况。在全参数微调中，团队需要对模型中的全部参数进行重新训练和调整，使模型更加精准地适应特定领域的数据特点和需求。全参数微调虽然效果突出，但存在训练成本高、耗时长、资源消耗大的问题，且可能引发过拟合，需配合有效的过拟合防止策略。

◎ **参数高效微调：** 在面对大规模语言模型时，全参数微调的成本过高且容易过拟合，因此可选择低秩自适应（Low-Rank Adaptation，LoRA）等参数高效微调技术。LoRA的核心思想是通过在原模型中添加少量额外的可训练参数，仅更新部分权重，大幅降低计算复杂度和内存消耗，同时又能达到与全参数微调相近的性能表现水平。这种方法适合资源受限但期望获得高性价比微调效果的应用场景。

◎ **混合微调策略：** 在实际应用中，使用者可灵活组合微调策略。例如，首先使用LoRA等方法进行粗调，快速使模型初步适应新领域，其次对关键的网络层或特定参数进行全参数精细微调，以提升模型的精度和泛化能力。这种组合方法能够更好地权衡性能与资源消耗。

3. 训练与调试

◎ **训练阶段：** 进入训练阶段后，团队需要利用预处理的数据对模型进行细致的训练，并密切关注模型训练过程中关键指标的变化，如损失函数值、准确率、精确率和召回率等。使用实时监控工具或训练可视化工具，可以更直观地了解模型训练的动态。实施早停策略（Early Stopping）也是非常重要的手段，当模型性能在验证集上停止提升或开始下降时及时终止训练，以防模型过拟合。

◎ **调参：** 超参数的选择和调整对微调结果影响巨大，常用超参数包括学习率、批量大小（Batch Size）、梯度累积步数、权重衰减系数（Weight Decay）等。在训练过程中，团队应根据模型在验证集上的表现不断进行微调，寻求最佳的超参数组合。此外，采用自动化调参工具（如贝叶斯优化、网格搜索）也可有效提高调参效率，减少人力投入。

◎ **数据增强：** 为进一步提升模型的泛化能力和鲁棒性，使用者可以采取数据增强策略。数据增强包括通过同义词替换、句式重组、回译技术等生成额外数据，或采用生成对抗网络（Generative Adversarial Networks，GAN）生成与原数据相似但具有微妙差异的新样本。这些增强数据能显著提高模型的泛化表现水平，尤其是在训练数据相对稀缺或单一的情况下。

4. 效果评估

◎ **定量评估：** 模型微调结束后，团队应利用测试集对模型进行全面且严格的定量评估。具体指标包括准确率（Accuracy）、F1值（F1-score）、精确率（Precision）、召回率（Recall）及受试者工作特征（Receiver Operating Characteristic，ROC）曲线、ROC曲线下坐标轴围成的面积（Area Under Curve，AUC）等。通过定量评估获得的具体指标，可直观展示模型的实际性能，便于团队评估模型的适用性和优化方向。

◎ **定性评估：** 仅凭量化指标往往无法全面反映模型在真实场景中的应用效果，因此，定性评估同样不可忽视。定性评估通常由领域专家和业务人员通过实际的问答测试、典型案例分析、人工审核模型生成内容的方式完成，以确保模型在专业性、可靠性和用户体验方面均达到预期目标。

◎ **用户反馈：**：模型在实际环境中的表现和用户的真实反馈，才是最终检验模型有效性的重要依据。模型部署上线后，团队应积极收集用户反馈，包括用户满意度、问题反馈、业务绩效数据等信息。通过分析反馈数据，及时发现模型可能存在的问题或不足，不断地对模型进行微调和优化，形成有效的反馈闭环机制，以确保模型的表现始终与实际需求紧密结合。

5.2.3 微调的最佳实践

为了确保微调过程的有效性和模型的输出质量，以下最佳实践值得参考。

◎ **数据多样性：** 数据多样性的本质在于实现对目标领域概率空间的充分覆盖。从统计学习理论视角看，训练数据的支撑集必须完整覆盖目标分布的流形结构，这要求数据在语义维度、场景维度和认知维度实现三重覆盖。语义维度需包含领域术语的正交表达（如同义词、术语缩写、跨语言对应），场景维度应涵盖典型情景、边缘案例和异常状态，认知维度则需平衡事实性知识（如医学指南条文）与过程性知识（如临床决策路径）。最大化训练数据的微分熵（Differential Entropy），可确保模型学习到领域特征的本质表示而非表层关联。实践需遵循"3σ原则"：训练集应覆盖领域内95%以上的典型场景，并通过对抗样本生成技术补足长尾分布。

◎ **分层训练：** 深度神经网络的层次化表征决定了分层训练的理论必要性。底层网络负责提取跨领域通用特征（如文本的词法模式、图像的边缘纹理），高层网络则编码领域特异性语义关联（如医学症状与疾病的因果链）。分层微调的核心在于控制梯度传播的路径深度——通过冻结底层参数保留通用认知基模，聚焦调整高层参数实现领域知识注入。该策略的理论优势体现在两个方面：其一，避免底层特征提取器的灾难性遗忘，保持模型的基础语言理解能力；其二，通过高层参数的定向优化，建立领域概念的精细拓扑映射。学习率的分层衰减机制（底层 lr=1e-6，顶层 lr=5e-5）可进一步强化这种认知保护效应。

◎ **验证集监控：** 验证集的本质作用是作为模型复杂度的正则化约束，其理论依据来自统计学习中的结构风险最小化原则。通过独立同分布验证集计算的泛化误差估计量，可有效识别模型容量与数据复杂度之间的匹配程度。早停机制的数学本质是在经验风险与结构风险的权衡曲线上寻找帕累托最优解——当验证损失函数进入 ε-平稳区（连续 k 次迭代变化小于阈值 ε）时终止训练，此时模型的 VC 维（Vapnik-Chervonenkis Dimension）与数据复杂度达到最佳平衡。模型保存策略则基于非凸优化理论，通过保留验证损失最低点的参数快照，规避随机梯度下降路径中的局部极小陷阱。

◎ **超参数调优：** 超参数优化的理论核心在于建立参数空间到性能指标的响应曲面模型。贝叶斯优化框架通过高斯过程代理模型，构建超参数联合分布的后验概率估计，实现全局最优的定向搜索。相较于网格搜索的均匀采样策略，该方法在探索（Exploration）与利用（Exploitation）之间建立动态平衡，特别适合高维非凸参数空间的效率寻优。学习率的优化须遵循损失曲面的几何特性：在平坦区域采用较大步长加速收敛，在陡峭区域缩小步长避免震荡。正则化系数的选择依赖权重衰减路径分析，通过监控参数范数的 L2 轨迹，确定约束强度的黄金分割点。

◎ **防止过拟合：** 过拟合的本质是模型在假设空间中选择了过度匹配训练数据特定噪声的模式。从 PAC 学习理论视角，正则化方法通过显式约束假设空间的复杂度来提升泛化能力。随机失活

（Dropout）技术的理论解释可追溯至集成学习——通过随机失活神经元子集，迫使网络构建冗余表征，等价于隐式训练指数级数量的子模型集成。权重衰减（L2正则化）的数学本质是在损失函数中引入参数范数惩罚项，将优化问题转化为带约束的拉格朗日对偶形式。数据噪声注入（如标签平滑、特征扰动）则通过提升损失函数的利普希茨连续性，增强模型对输入扰动的鲁棒性。这些方法协同应用，可在VC维控制与经验风险最小化之间建立动态平衡机制。

5.2.4 微调过程中的常见问题及解决方案

在微调过程中，企业和开发者常遇到以下问题。

◎ **数据偏见问题：** 领域数据的内在偏差是微调面临的首要挑战，其根源在于训练集分布与真实场景的概率密度函数存在系统性偏移。在医疗场景中，若训练数据过度集中于常见病案例（如高血压、糖尿病），模型对罕见病（如嗜铬细胞瘤）的识别能力将显著弱化。解决方案需构建数据均衡的三重机制：通过重要性采样（Importance Sampling）对长尾类别进行加权补偿，采用合成少数类过采样技术（Synthetic Minority Over-sampling Technique，SMOTE）生成病理特征合理的虚拟病例，并引入对抗性去偏框架（Adversarial Debiasing）——在微调过程中同步训练判别器网络，强制模型隐藏数据中的敏感属性（如患者地域、年龄），从而剥离决策逻辑中的非因果关联。这种多管齐下的策略可以使模型在保持整体性能的前提下，将少数类别的召回率提升30%以上。

◎ **过拟合风险：** 当训练数据量级不足以支撑模型复杂度时，参数空间会过度拟合训练样本的统计噪声而非本质规律。这种现象在医疗影像诊断等小样本场景中尤为显著，表现为验证集准确率与训练集形成明显剪刀差。防御体系需打出正则化组合拳：除经典的L2权重衰减和随机失活外，可创新应用谱归一化（Spectral Normalization）约束参数矩阵的奇异值分布，抑制过拟合方向的梯度更新。数据层面的防御策略包括噪声注入（如对医学影像施加高斯噪声）和混合样本（Mixup）增强，通过线性插值生成介于原始样本之间的虚拟数据，使模型学习平滑决策边界。实验表明，组合使用随机屏蔽注意力路径（Drop Path）和标签平滑（Label Smoothing），可使小数据场景的泛化误差降低45%。

◎ **训练资源不足：** 全参数微调对计算资源的苛刻需求常成为模型落地瓶颈，尤其是千亿参数模型时，单次训练可能消耗数万GPU小时。参数高效微调技术通过解耦通用知识与领域知识的存储形式突破此限制：以LoRA为代表的低秩适配器方法，仅在预训练矩阵的旁路添加可训练的低秩分解矩阵（如秩r=8），就能使可调参数量降至全参数的0.3%。这种方法在保持97%性能的前提下，将医疗文本微调的显存占用率降低60%，将训练速度提升3倍。进一步优化该方法，可通过分层适配策略实现——对底层通用表征层保持冻结，仅对高层语义组合层进行适配器注入，这种认知分层的参数隔离机制，使法律合同解析任务的训练成本降低78%，同时维持条款识别准确率不低于95%。

◎ **验证指标不稳定：** 验证指标的剧烈波动常反映模型在收敛过程中的探索振荡，其本质是损失曲面的非凸性导致优化路径的不确定性。解决方案需构建动态稳定框架：采用循环学习率（Cyclical Learning Rate）策略，允许学习率在预设区间内周期性变化，使模型能够跳出局部极小谷底；集成指数滑动平均（Exponential Moving Average，EMA）技术，维护参数的移动平均值作为最终模型，有效平滑训练过程的随机波动。在数据层面，通过K-Fold交叉验证构建鲁棒性评估体系——将原始训练集划分为5个互斥子集，轮换作为验证集评估模型的稳定性。该方法可使医疗诊断任务的指标方差降低60%。针对极端波动场景，可引入梯度裁剪（Gradient Clipping）约束更新步长，防止参数空间剧烈跳跃，破坏已习得的知识结构。通过不断总结和调整，微调过程将形成一个不断进化、精益求精的优化闭环，为后续定制工作打下坚实基础。

5.3 提示工程

5.3.1 提示工程的基本原理

提示工程的核心在于通过语言接口对模型的认知路径进行非侵入式引导，其理论基础植根于大语言模型的概率生成机制与人类认知框架的交互作用。从信息论视角看，提示本质是向模型的语义空间注入结构化先验，通过条件概率的定向调整[P（output|prompt）]，重塑输出的分布特征。这种干预并不改变模型的参数空间，而是利用预训练阶段建立的隐式知识关联网络，通过提示文本的语义约束激活特定推理路径。

在认知科学框架下，提示工程可被视为对模型"思维过程"的元认知调控。优质的提示设计能够重构模型的注意力分配模式——通过关键词定位（如"请以三甲医院主任医师的身份回答"）提升领域相关神经元的激活强度，同时抑制通用语义单元的干扰。这种认知框架的切换，本质上是通过语言指令对模型的潜在状态空间进行软性分区，使其输出流形（Output Manifold）向目标子空间投影。

从优化理论角度出发，提示工程可建模为对模型生成函数的约束优化问题。给定目标函数（如答案的专业性、安全性），通过迭代调整提示文本中的语义要素（如角色定义、格式规范、知识锚点），寻找使期望输出概率最大化的最优提示配置。这种优化过程不依赖参数梯度，而是通过语义空间的启发式搜索实现，其效率取决于提示与模型内部知识结构的对齐程度。

提示的效力源于语言模型在训练过程中形成的模式补全特性。当输入提示包含领域特征的关键信号（如医学术语、法律条文引用格式）时，模型会基于自注意力机制构建跨Token的语义关联网络，自发激活预训练阶段习得的领域知识簇。这种激活能引发级联效应——初始提示触发的关键概念会成为后续生成的认知锚点，通过注意力权重的累积性偏移引导输出走向专业化。

提示工程的理论边界受限于模型的固有知识容量与架构特性。当提示的引导方向与模型预训练知识存在根本性冲突时（如要求生成违反物理定律的内容），其调控效力将显著衰减。这种现象揭示了提示工程的本质是选择知识而非创造知识——它通过语义线索，从模型的参数化知识库中提取匹配片段，但无法突破预训练阶段形成的知识边界。这种特性使提示工程在垂直领域应用中具有双重价值：既是低成本的知识萃取工具，也是模型能力边界的探测手段。

5.3.2 提示工程的策略与技巧

1. 角色设定提示

角色设定通过社会认知框架重构模型的语义生成路径。当输入提示包含"资深法律顾问"等角色标签时，模型的自注意力机制会强化与法律实体（如法规条文、司法程序）相关的注意力头激活权重，同时抑制通用对话模式的响应倾向。这种认知定向源于预训练阶段建立的社会角色与知识领域的隐式关联——模型参数中存储的"律师"角色表征，会触发法律术语库的优先检索、逻辑论证链体系的严格构建及风险提示的自动生成。更深层的机制在于，将角色标签作为元提示（Meta-Prompt），能够激活模型参数空间中存储的领域特异性生成模板，使输出在词汇选择、句式结构和信息密度等维度自动对齐专业规范。

2. Few-Shot 示例提示

示例提示本质是构建上下文感知的条件概率分布。通过提供输入-输出对样例，模型在解码阶段会建立跨示例的模式识别机制：首先通过对比学习提取示例间的共性特征（如法律文书的要件结构），其次在生成过程中进行模式插值（Pattern Interpolation）。这种机制依赖 Transformer 架构的键值缓存特性——示例文本中的关键 Token（如"根据《中华人民共和国民法典》第×条"）会形成高权重的注意力模式，引导后续生成沿相似路径展开。示例的效力与语义密度正相关，结构化示例（如包含事实认定、法律适用、裁判结论三要素的判决书片段）能建立更明确的生成约束框架，显著提升模型输出的逻辑完备性。

3. 格式与结构约束

结构化约束通过语法树剪裁降低生成熵值。当要求"分条列出"时，模型会激活预训练阶段习得的列表生成模式，强化枚举连接词（首先、其次等）的生成概率，同时抑制发散性叙述倾向。格式指令如轻量级标记语言（Markdown）的本质是触发模型参数中存储的特定文本编码模式——标题层级、代码块缩进等格式符号作为分隔符，引导模型在生成过程中建立分段式语义单元。这种约束不仅优化可读性，其更深层价值在于通过格式符号构建认知脚手架，使模型按预设逻辑框架组织知识要素，从而降低信息遗漏风险。实验表明，结构化提示可使复杂决策任务的输出一致性提升40%。

4. 任务背景信息补充

背景信息通过语义网络扩展完善模型的认知上下文。在医疗场景补充"参考最新临床指南"，实质是向模型的激活空间注入时效性知识锚点——模型会优先检索训练数据中时间戳最近的医学文献片段，并自动抑制过时治疗方案的生成。这种机制依赖预训练阶段建立的时序关联性，当提示包含时间敏感关键词时，模型的时间注意力头会加强对近期知识节点的关注。更深层的调控在于背景信息形成的认知边界：通过明确知识来源（如"依据世界卫生组织标准"），模型会建立生成内容的可信度校验机制，自动过滤与指定来源冲突的假设性内容。

5. 反事实与限制提示

限制性指令通过负空间剪裁优化生成分布。当要求"仅回答科学事实"时，模型会激活事实性校验模块——该模块在预训练时基于维基百科等可信源数据构建，能对生成内容进行隐式真实性评分。反事实提示（如"假设不存在专利保护"）则触发反事实推理模式，模型会暂时解除特定知识节点（专利法条款）的参数关联，在残差空间中探索替代性逻辑路径。这种限制的本质是构建生成空间的掩码矩阵，通过抑制无关维度的概率密度，将输出约束在目标子空间内。在技术实现上，限制提示会降低被禁话题相关 Token 的归一化指数（Softmax）函数温度值，使其生成概率呈指数级衰减。

5.3.3 提示工程的实际案例

案例　客服机器人提示设计

在智能客服场景的提示工程实践中，系统设计者采用多模态约束框架构建专业应答体系。当用户咨询"电视画面断裂与色彩失真"问题时，提示工程通过三层递进式设计确保服务质量：首先通过角色设定"专业且热情的客服代表"激活模型的共情模块与解决方案生成能力，该设定触发模型参数中存储的客服对话模式库，自动强化礼貌用语（如"您好""感谢"）与安抚性措辞（如"非常理解您的困扰"）的生成权重；其次引入结构化应答模板，强制要求响应必须包含"情感回应→问题澄清→解决方案→后续保障"四段式逻辑，这种约束通过语义分隔符（如分隔线、编号列表）引导模型分步组织信息；最后嵌入知识检索锚点，在提示中明确限定"仅参考2024版产品故障手册与售后政策"，确保解决方案的准确性与合规性。

技术实现层面，系统整合了意图识别—情感分析—知识检索的协同工作机制：当用户输入"电视画面问题"时，自然语言理解（Natural Language Understanding，NLU）模块解析核心诉求（显示异常）；情感分析引擎（基于RoBERTa微调）判定用户情绪等级为"中度焦虑"，触发二级安抚策略；知识图谱检索器同步查询故障知识库，匹配"HDMI信号干扰""面板驱动故障"等潜在原因，并关联对应的标准解决方案库；生成模块依据提示模板整合信息，输出结构化响应。

用户问题：我收到的电视画面出现断裂和色彩失真问题，怎么办？

系统响应：您好，感谢您联系我们的技术支持团队！我们非常重视您的使用体验。

关于画面显示异常的问题，为了更好地协助您，需要确认几个细节：

◎ 请检查当前连接的信号源（如HDMI接口）是否完全插入且线材无破损。
◎ 尝试切换至其他信号源（如有线电视/内置系统）观察是否仍有异常。
◎ 进入设置菜单执行"画面复位"操作（路径：设置>显示>恢复默认）。

若上述步骤未能解决，可能是面板驱动模块需要专业检测。根据您的购买记录（型号X-2024，购买时间2024.03），我们提供以下保障服务。

◎ 远程诊断：工程师将在2小时内通过系统日志分析工具远程检测。
◎ 上门服务：预约工程师于次日携带备用面板上门检测（免检测费）。
◎ 应急方案：如需紧急使用，可到就近体验店借用备用设备。

请您选择最合适的解决方案，我们将全程跟进直至问题得到解决。

这种提示工程体系通过四维评估指标验证效果：用户问题的一次解决率从传统模板的58%提升至89%，平均对话时长由6.3分钟缩短至2.8分钟，情感安抚有效性（通过用户满意度调研）达到4.8/5分，且售后政策引用准确率提升至97%。底层技术依托Rasa对话管理框架与Neo4j构建的故障知识图谱，结合基于Transformer的意图识别模型（F1-score 0.92），形成完整的提示工程实施闭环。系统上线3个月后数据显示，客户投诉率同比下降42%，服务效率提升60%，充分验证了结构化提示设计在复杂客服场景中的实践价值。

5.3.4 提示工程在意图对齐中的应用

在医疗咨询场景中，提示工程通过构建多维约束框架实现精准的意图对齐。某互联网医疗平台曾面临严峻挑战：当患者询问"哺乳期能否服用布洛芬止痛"时，通用模型基于过时的药物数据库给出"建议按说明书剂量使用"的答复，而忽视《哺乳期用药安全指南（2024版）》中"布洛芬可能通过乳汁分泌"的风险警示。通过引入动态意图约束体系，系统重构了应答机制——在提示中嵌入三重控制层：首先，通过角色锚定"三甲医院药剂科主任药师"激活专业审查模块；其次，强制关联最新版《临床用药手册》电子数据库；最后，植入风险控制模板"本建议需经主治医师确认，哺乳期用药存在个体差异"。优化后的系统生成结构化响应："布洛芬属于NSAIDs类药物，根据《哺乳期用药安全指南（2024）》，哺乳期使用需评估母婴健康收益比（证据等级B）。建议优先采用物理止痛方式，若必须用药，服药后暂停哺乳至少24小时，并监测婴儿异常反应。"该体系使用药警示覆盖率从62%提升至98%，免责声明展示率达100%，用户二次确认率提高至82%，有效规避了医疗法律风险。

在金融领域中，意图对齐则体现在风险管控的精准传导上。某证券交易机器人在处理"杠杆投资策略"咨询时，原有系统因意图识别偏差导致高风险建议输出。通过重构提示工程框架，系统建立实时合规监测机制：当检测到"杠杆""高收益"等关键词时，自动加载五层约束模板——角色设定为"持牌金融风控顾问"，知识源限定于《证券期货经营机构私募资产管理业务管理办法》，输出结构强制包含"风险收益比分析""压力测试模拟""适当性匹配提示"。当用户询问"融资融券操作技巧"时，系统生成"根据您的风险测评结果（C3平衡型），融资融券业务杠杆倍数建议不超过1:1。需特别关注：维持担保比例低于130%将触发强制平仓；科创板标的波动率通常高于主板；单日利息成本测算（以100万本金计）约548元。请务必阅读《融资融券交易风险揭示书》第4~7条"。这种设计使客户适当性匹配准确率提升至97%，违规建议发生率下降至0.3%，客户投诉量同比降低65%。

在法律咨询服务中，意图对齐通过认知框架重构实现专业性与安全性的平衡。某智能法务系统在处理"劳动合同解除争议"咨询时，原有模型存在过度承诺法律结果的风险。通过植入"三段论约束提示"，系统建立严谨的应答范式：首先要求角色定位为"执业十年以上的劳动法专业律师"，其次规定输出必须包含"法律依据、要件分析、举证指引、风险提示"四要素，最后设置禁止性条款"不得使用绝对化表述"。当用户描述"公司未缴纳社保欲解除合同"时，系统生成"根据《中华人民共和国劳动合同法》第三十八条，用人单位未依法缴纳社会保险费，劳动者可以解除合同（法律依据）。注意：需保存历年工资流水证明应缴基数；需提前书面催告单位补缴；解除权行使期限为知道或应当知道权利受侵害之日起一年内（要件分析）。证据准备建议：收集社保局出具的欠缴证明、银行工资转账记录（举证指引）。风险提示：单方解除可能影响经济补偿金主张，建议先行向劳动监察部门投诉（风险提示）"。该模式使法律条文引用准确率从75%提升至96%，免责声明覆盖率达100%，用户后续委托律师介入的比例提高40%，有效降低了误导风险。

这些实践案例揭示，提示工程在意图对齐方面发挥着认知导航的关键作用。通过精细设计的语义约束框架，模型输出的专业性与安全性实现协同提升，既保持了自然语言交互的灵活性，又建立起符合行业规范的决策边界。这种"柔性引导"与"刚性约束"的平衡机制，为人工智能在风险敏感领域的合规应用提供了可复用的方法论。

5.4 人类反馈与对齐

5.4.1 人类反馈强化学习的基本原理与流程

RLHF（Reinforcement Learning from Human Feedback，人类反馈强化学习）是一种将人类价值判断与强化学习框架深度耦合的调优范式，其核心在于通过人类干预修正大模型的行为边界，解决传统训练中数据偏差或目标模糊导致的伦理失范和逻辑漏洞问题。该技术通过三阶段闭环流程实现模型与人类价值观的动态校准，形成从主观评价到机器执行的完整映射链路。其基本流程如下。

1. 人工标注

人工标注是RLHF流程的基石，其本质是将人类的直觉判断转化为结构化监督信号。领域专家需对模型输出的多维特征进行量化评估，例如，在医疗诊断场景中，标注者不仅需验证医学知识的准确性，还需审查逻辑推理的连贯性（如症状与检查结果的因果关联）及伦理合规性（如隐私保护与知情同意原则）。以OpenAI的InstructGPT优化为例，标注团队需对模型生成的数万条回答进行精细标注，涵盖事实性错误、偏见表达、逻辑断层等20余项指标，并通过交叉验证机制确保标注的一致性。这种标注过程往往需引入领域知识图谱和标准化评分体系，例如，在法律咨询场景中，标注者需对照《中华人民共和国民法典》条款逐条核对模型输出的法律依据完整性，同时评估其对弱势群体权益的保障倾向。

2. 奖励模型构建

奖励模型构建是将人工标注数据转化为机器可学习价值函数的关键跃迁。通过训练一个能够模拟人类偏好的神经网络，奖励模型须具备从复杂语义中提取价值特征的能力，例如，在内容安全领域识别隐晦的暴力隐喻或文化歧视表达。谷歌DeepMind在Sparrow对话系统的开发中，基于百万级人工标注数据构建了多任务奖励模型，该模型不仅能评估回答的信息量，还能识别潜在的法律风险（如金融投资建议的合规性）及社交伤害（如对心理创伤话题的不当处理）。在实际应用中，奖励模型须解决稀疏反馈和噪声干扰问题，例如，在创意写作场景中，对同一故事续写的评分可能存在主观分歧，此时需通过集成学习或不确定性建模提升奖励模型的鲁棒性。

3. 策略优化

策略优化阶段通过强化学习算法将奖励模型的信号转化为模型参数的定向调整，这一过程需平衡探索与利用的博弈关系。采用近端策略优化（Proximal Policy Optimization，PPO）等算法时，模型会在保持生成多样性的同时，逐步收敛到高奖励区域。

总之，整个RLHF流程形成"人类评价—机器学习—行为修正"的增强回路，其效能高度依赖标注质量、奖励模型泛化能力和策略优化算法的协同设计。随着多模态大模型的发展，该技术正延伸至图像生成、视频理解等场景。例如，在AI绘画工具中通过RLHF抑制暴力或侵权内容的生成，同时保留艺术创造性，这要求奖励模型具备跨模态对齐能力，将文本描述的美学标准与视觉元素的伦理规范进行联合建模。

5.4.2 ChatGPT 中的 RLHF 成功经验

ChatGPT的突破性表现标志着RLHF技术在对话系统领域的高度成熟，其成功源于对人工反馈价值的系统性挖掘与工程化实践。OpenAI通过构建分层标注体系，将人类智慧注入模型优化的全生命周期：在初始阶段，专业标注团队需对数十万条对话样本进行多维度标注，涵盖事实核查、伦理合规、逻辑连贯等核心指标。例如，在处理医疗健康类问题时，标注者不仅需验证医学知识的准确性，还需评估模型是否遵循"不替代专业诊疗"的免责声明框架。这种精细化标注使奖励模型能够捕捉到传统损失函数难以量化的隐性规则，例如，在应对用户诱导性提问（如"如何制造危险物品"）时，模型输出的风险规避强度与标注数据中的安全阈值形成动态映射。实际数据显示，经过RLHF调优的ChatGPT在敏感话题的拒答准确率较基础模型提升73%，且误伤率控制在5%以内，展现出对人类价值边界的高精度对齐能力。

奖励模型的创新架构是ChatGPT实现复杂场景适应的关键突破。OpenAI采用多专家混合模型结构，针对不同对话类型（如知识问答、情感支持、创意写作）设计独立奖励通道，通过门控网络动态分配权重。在长对话场景下，该模型能持续跟踪对话状态的合规性偏移，例如，当用户连续三次试图获取网络攻击技术细节时，奖励模型会触发级联惩罚机制，逐步提升后续回答的审查强度。在工程实践中，团队发现传统单奖励模型在应对矛盾指令（如"请用温和语气解释暴力行为"）时，容易出现价值混乱情况，因此引入对抗训练机制，通过生成具有伦理冲突的对抗样本来提升奖励模型的判别能力。这种设计使ChatGPT在保持对话流畅度的同时，对潜在伦理风险的拦截成功率提升至92%，远超行业平均水平。

策略优化阶段的算法创新显著提升了生成内容的价值稳定性。OpenAI采用改进型近端策略优化算法，在强化学习训练中引入动态温度系数调节机制，有效平衡了探索新策略与保持已有优势之间的矛盾。在事实性要求极高的场景（如法律咨询）中，该算法会降低生成内容的随机性，优先选择奖励模型评分前10%的保守回答策略；而在创意类对话（如诗歌创作）中则适当放宽约束，保留30%的探索空间以激发语言模型的创造力。实际应用数据显示，经过7轮策略迭代后，模型在跨领域知识问答中的事实错误率下降58%，同时在开放域对话中维持85%的用户满意度。这种动态平衡机制还成功解决了传统RLHF容易导致的"过度合规"问题，例如，在用户明确要求突破创意限制时，模型能通过上下文感知调整输出策略，将合规性约束从绝对禁止转变为风险分级提示。

ChatGPT的RLHF实践经验指明了大模型对齐技术的演进方向。通过构建"标注—奖励—策略"的增强回路，OpenAI实现了模型行为的可控进化：在工程层面，标注数据覆盖了从极端负样本（如种族歧视言论）到边缘案例（如文化隐喻理解）的连续谱系；在算法层面，奖励模型的对抗训练和策略优化的分层调节形成了双重纠错机制。用户实测表明，经过RLHF优化的模型在20轮以上长对话中仍能保持89%的意图连贯性，且对隐式恶意提问（如用谐音词规避审查）的识别准确率较传统规则引擎提升4.2倍。这些成果不仅验证了RLHF在复杂系统中的应用潜力，更为行业树立了价值对齐的工程范式——将人类社会的模糊共识转化为可计算的约束边界，使大模型既能遵守"显性规则"，又能理解"隐性伦理"，最终实现人工智能与人类文明的共生性进化。

5.4.3 如何在 DeepSeek 等模型中引入 RLHF

对于 DeepSeek 等开源大模型，企业和开发者同样可以引入 RLHF 机制，进一步对定制化模型进行优化。具体措施如下。

◎ **领域专家评分**：领域专家评分阶段需构建细粒度评价体系，通过专家认知解构领域知识的隐性约束。从信息论视角，评分过程实质是熵减操作——专家通过标注将行业经验编码为信息增益，压缩模型输出的不确定性空间。例如，在金融风控场景，某银行联合审计专家设计五层评分标准：合规性（符合《巴塞尔协议》）、逻辑严谨性（风险传导链完整性）、可解释性（指标计算过程透明）、时效性（数据更新频率）、风险覆盖度（长尾场景识别能力）。通过对5000条信贷决策建议的标注，发现模型在中小企业信用评估中存在22%的指标权重偏差，据此注入行业研究报告中非结构化数据（如供应链稳定性分析），使模型对贸易融资场景的风险预测AUC提升0.17。这一过程验证了维特根斯坦的语言哲学观点——专业术语的意义只能在特定"语言游戏"规则中确立，而专家标注正是为模型构建领域话语体系的语义边界。

◎ **奖励模型定制**：此阶段需在表征学习层面实现领域特征的蒸馏与重组，其技术难点在于跨模态偏好对齐。根据博弈论中的激励相容原理，奖励模型需将专家标注的离散评分转化为连续价值函数，引导策略模型在纳什均衡点附近优化。某法律科技公司基于DeepSeek-7B构建合同审查系统时，采用对比学习框架训练奖励模型：将专家标注的优质条款（正样本）与模型原始输出（负样本）构成三元组，通过孪生网络提取法律要件特征（如违约责任条款的完备性、争议解决机制的合法性）。在实际应用中，该模型成功识别出跨境并购协议中89%的管辖法律冲突问题，相较基于规则的方法误报率降低63%。这一过程体现了赫布学习规则——当专业标注数据与模型错误模式强相关性时，奖励模型的突触权重调整会提升领域关键特征的响应强度。

◎ **强化学习调优**：这个阶段需在策略空间中探索帕累托最优解，平衡领域合规性与生成多样性。根据控制论中的负反馈原理，PPO算法通过重要性采样和信任域约束，使策略更新始终处于KL散度安全边界内。例如，某医疗AI公司在优化问诊模型时，采用分层强化学习架构：底层策略网络处理症状描述解析，顶层 Meta-Policy 根据奖励模型信号动态调整问诊路径（如优先排除危急重症指征）。经过15轮迭代，模型对胸痛患者的主动脉夹层识别率从71%提升至92%，同时将冗余问诊问题缩减40%。这一优化过程符合贝尔曼最优性方程——策略模型通过价值迭代不断接近专家标注定义的最优动作轨迹，但在工程实践中需引入熵正则化项防止策略过早收敛至局部最优，以保留对罕见病例的探索能力。

◎ **持续反馈循环**：持续反馈循环的构建依赖复杂的系统动力学理论，需通过正反馈机制形成模型能力的进化飞轮。根据控制论的适应性原理，系统需建立二阶观测器——不仅跟踪模型输出质量，更监测领域知识体系的动态变迁。例如，某教育科技公司在智能题库系统中部署双环反馈机制：内环每两周采集教师对解析答案的评分（覆盖1200个知识点），外环每月引入学科竞赛新题进行压力测试。当新版高中数学课程标准发布时，该系统通过反馈数据在72小时内完成概率统计模块的知识图谱更新，使模型对"概率密度函数与分布函数关系"的讲解准确率从68%跃升至94%。

5.4.4 RLHF 面临的挑战

虽然 RLHF 能显著提升模型对齐效果，但 RLHF 的实施仍面临诸多挑战，具体如下。

◎ **人工标注成本高**：根源在于专家知识的不可压缩性——法律条文解读、医疗诊断逻辑等专业判断无法通过简单众包实现规模化标注，必须依赖领域专家的结构性认知。以某跨国医疗科技公司构建 AI 辅助诊断系统为例，其标注团队由 23 名放射科医生组成，每例 CT 影像需耗时 15 分钟进行病灶特征标注（如肿瘤形态学描述、分期标准应用等），单例标注成本达 48 美元。更严峻的是，标注质量的边际效益递减规律显著：当标注数据量从 1 万例增至 5 万例时，模型性能仅提升 9.2%，但标注成本却线性增长至 240 万美元。这种现象印证人类专家对复杂概念的标注存在认知惯性，后期标注一致性会因疲劳效应下降约 17%，迫使企业必须设计轮换标注、交叉验证等成本管控机制。

◎ **计算资源消耗大**：根源在于强化学习探索-利用的博弈本质。根据冯·诺依曼架构的局限性，策略优化需要在超参数空间中进行指数级搜索，例如，在训练万亿参数模型时，单次 PPO 迭代需在 4096 块 A100 GPU 集群上运行 72 小时，能耗成本高达 8.3 万美元。某自动驾驶公司在训练决策模型时未有效设计课程学习策略，导致 95% 的计算资源消耗在低价值状态空间（如空旷道路直行场景）的无效探索上。从理论层面看，这揭示了贝尔曼方程在实践中的维度灾难——当动作空间维度超过 10^4 时，传统强化学习的样本效率会下降 2～3 个数量级。在工程实践中，企业常采用分层强化学习架构，将高频操作（如法律条款引用）与低频决策（如免责声明生成）分离训练，使计算资源消耗降低，但需付出模型架构复杂化的代价。

◎ **复杂性**：技术复杂性的挑战体现为跨学科知识融合的系统工程难题。RLHF 流程要求同时精通深度学习、强化学习算法、领域知识建模和人类行为认知，这种复合能力缺口导致项目失败率高达 63%。例如，某金融科技公司在开发智能投顾系统时，未正确建模《中华人民共和国证券法（2019 年修订）》第 130 条与用户风险偏好的动态关系，导致奖励模型将高风险产品推荐误判为正向行为。从控制论视角看，这源于对"奖励塑形"（Reward Shaping）原理的理解偏差——未将法律合规性约束转化为奖励函数的硬性边界条件。更隐性的挑战在于标注数据与真实场景的分布偏移，例如，某法律 AI 项目训练数据过度依赖民事诉讼案例，导致在处理跨境仲裁条款时错误引用《纽约公约》第 5 条，引发用户索赔纠纷。此类问题暴露了吉布斯抽样理论在实践中的局限——当潜在状态空间存在长尾分布时，模型易陷入局部最优陷阱。

因此，在成本—收益的权衡框架下，RLHF 的适用边界需遵循"风险暴露度—专业壁垒"二维决策模型。对于医疗诊断、核电站运维等高危场景，即使单次训练成本超百万美元，其风险规避价值仍具经济合理性（如某三甲医院 AI 诊疗系统通过 RLHF 将误诊率从 5.7% 降至 1.2%，年均可避免 3800 万元医疗事故赔偿）。反之，在标准化客服场景中，提示工程结合对比学习的混合方案，如阿里小蜜采用的动态适配器和提示调优技术能以 1/20 成本实现 85% 的 RLHF 效果。这验证了奥卡姆剃刀原则在 AI 工程中的适用性——当解决方案的复杂性超越问题本质需求时，简约架构往往更具成本效益。企业决策者需构建技术雷达矩阵，动态评估领域知识半衰期（如金融监管规则平均每 14 个月更新 30%）、风险损失函数斜率等核心参数，才能制定最优的 RLHF 投入策略。

5.5 知识增强与工具使用

随着大语言模型的不断发展，在医学和司法领域，知识改进与工具使用已是不可或缺的技术手段。DeepSeek结合外部知识库和工具，可以持续改进自身在这些领域的应用精准度和效果。

利用DeepSeek解决实际问题的时候，我们可凭借DIKWP白盒测评的框架，助力系统更为有效地处理复杂数据，依照实际需求进行智能化决策。知识、智慧、意图这三个核心要素，在模型的训练与应用进程里非常关键，它们能改良系统的实际效能，在医疗和司法领域更是如此。

5.5.1 检索增强的概念

知识增强技术的核心理念是通过利用外部知识库、工具或插件来提升模型的能力，在该过程中并不修改模型的内部参数。检索增强（Retrieval Augmentation）技术先从构建好的外部知识库中检索与问题相关的信息，然后结合用户的输入来生成回答。这种方法可以帮助AI模型提供更加准确、丰富的答案，能有效应用于医疗和法律领域。

通过DIKWP白盒测评，DeepSeek能够更高效地将外部知识库中的数据转化为信息并进一步应用到实际问题中。在实际操作中，DIKWP白盒测评的应用流程可以通过以下方式进行优化检索增强。

◎ **数据收集与存储**：在数据阶段，DeepSeek可以访问大量的医学文献、病例数据库和司法判例等数据源，为后续的信息处理提供原始数据。在此阶段，DIKWP白盒测评帮助提高数据多样性和代表性，确保系统能够处理复杂数据输入。

◎ **信息处理**：在信息阶段，DeepSeek用检索加强技术，从外部知识库获取和查询与问题有关的有效信息。以处理医学病历为例，DeepSeek先从内外知识库检索患者病史的数据，然后把这些数据和及时临床数据融合起来，从而形成高效信息流。

◎ **知识生成**：在知识获取阶段，DeepSeek会对检索来的信息加以分析，借助自身的医学知识库达成知识整合。此时，该模型不但能给出标准化的医学考量结论，而且能依照患者的实际状况制定个性化的调理方案。

◎ **智慧与决策**：在智慧阶段，DeepSeek进一步将生成的知识转化为实际可操作的决策建议。通过结合患者的背景信息和治疗历史，系统能够为医生提供多个决策路径，从而帮助医生制定出最合适的治疗方案。

通过这个流程，DeepSeek能够充分利用DIKWP白盒测评，完成从数据收集到智慧决策的全面提升，特别是在检索增强中，DeepSeek可以快速、准确地通过检索外部知识库的信息，生成符合实际需求的专业化结果。

> **案例** DeepSeek在医疗和司法中的检索增强
>
> 在医疗领域，检索增强技术已经被广泛应用，特别是在疾病诊断和治疗方案推荐中。例如，某医院在其乳腺癌诊断过程中，采用了DeepSeek模型来辅助病理医生进行诊断。在接收到患者的病理图像和症状信息后，模型先从医院内部数据库和医学文献中检索相关的乳腺癌类型信息，

然后将检索到的信息与患者的具体情况结合，输出一个初步诊断结果，并提出治疗建议。这种方法大大提高了诊断的准确性，尤其在面临复杂病例时，能够为医生提供多维度的信息参考。

在司法领域，检索增强技术的作用十分重要，法院在裁判案例分析时，用DeepSeek来帮法官极速检索与案件有关的法律条文及历史判例。法官在审理复杂案件时，AI系统会从庞大的司法数据库里检索，并及时给出相关法律条文和判定结果，这既提升了断定效率，又有益于法官在多案件中找到好的裁决依照，从而避免人为忽略和判断失误。

随着技术的发展，DeepSeek持续改进检索算法与数据整合方式，就像在检索优化过程中，模型会持续改良针对不同类型数据的检索手段，把语音数据、图片数据、文本数据融合，采用跨模态学习法优化检索的全面性和精准度。这种优化不仅是技术层面的发展，更是DIKWP白盒测评中智慧和意图的深度融合，并经由反馈机制，进一步提升系统的演绎能力和决策水平。

5.5.2 构建与集成知识库

1. 知识库构建

知识库是AI模型能够访问的重要资源，企业和医疗机构可以将各类领域的内部数据与外部信息整合进一个结构化的知识库。在医疗行业中，构建一个包括疾病定义、症状、治疗方法、药物使用等内容的数据库，可以帮助AI模型对患者进行更精确的诊断与治疗。某医院整合了大量的病例数据、药物反应数据及最新的医学研究成果，建立了一个医学知识库。在使用DeepSeek时，系统能结合该知识库中存储的大量数据，快速为患者提供个性化的治疗方案。

数据、信息、知识、智慧、意图在知识库构建中的应用：在知识库构建过程中，DeepSeek能够通过该框架，合理整合及利用外部知识。在数据阶段，模型可以接入医院的患者数据、研究数据、药品说明书等各类来源的数据，通过多渠道的数据收集，为系统打下全面的信息基础。之后DeepSeek会将这些数据转换为有用的信息，并构建出结构化的知识库，提供给医生和医疗专家参考。

2. 高效检索系统

如何设计集成高效的检索系统十分重要，这是确保AI模型能够快速获取相关信息的关键所在。随着Elasticsearch和Faiss等搜索引擎技术的发展，DeepSeek能够快速从大量的医学文献、案例和数据库中找到相关信息。这些检索系统支持向量检索和语义匹配，可应对更加复杂的查询需求，尤其是在查询有关跨领域的专业问题时，提升了模型的检索效率和准确度。

从数据到信息的转换，可以使检索系统更高效地处理多维度的信息，进一步使系统对各类查询的响应能力得到加强。在医疗领域中，可以把患者的多维数据信息（如影像资料、血液检测结果等）综合起来，以便AI能够在知识库中快速检索并给出治疗建议。例如，当遇到罕见病症时，检索系统可以通过医疗数据库对接，为医生提供当前最新的研究成果和治疗方案。

3. 知识融合与上下文扩展

检索到相关信息后，将信息与用户输入深度融合，然后输入DeepSeek中进行分析。这种知识融合的方式让模型在处理问题时，不仅能从外部检索到直接答案，还能够通过上下文扩展为用户提供更丰富的信息。例如，在医学诊疗中，模型能基于检索到的疾病数据和患者的具体症状，提供更有针对性的治疗建议。

随着DeepSeek在数据、信息、知识、智慧、意图模型的应用深入，知识库的扩展已不再局限于传统的医学或法律信息库。通过与更多领域的数据源对接，DeepSeek能够整合不同领域的知识，提供更具跨学科视野的解决方案。例如，在个性化医疗中，AI模型可以融合病理、遗传学、环境因素等为患者提供量身定制的治疗方案。随着知识库的不断更新和扩展，DeepSeek将在更多领域展现出强大的跨界智能应用能力。

5.5.3 工具调用与插件机制

除了传统的知识增强，AI系统还可以通过集成外部工具和插件，以提升在专业领域的应用能力。工具调用与插件机制能让DeepSeek在处理专业问题时，依赖外部应用辅助完成特定任务，如计算、数据处理或通过API进行数据查询等。

1. 计算器与统计工具

在复杂数据分析或计算需求较高的场景下，DeepSeek可以通过调用外部计算器或统计工具，进行实时计算并提供更准确的结果。例如，在某医院的流行病学研究中，研究人员基于该技术对数百万个病例数据进行了分析。AI系统通过调用高级模型帮助研究人员筛选出潜在疾病关联因素，提高了研究效率。

通过工具调用，DeepSeek能够将知识应用到实际的统计计算中，直接为决策提供支持。这种计算结果不仅有助于数据分析，还能够作为模型推理的一个环节最终转化为可落地的决策依据。

2. 数据库接口

许多行业涉及大量的数据库查询，如法律、医疗等。DeepSeek通过调用外部数据库接口，可以获得最新、最准确的法律条文、病例数据等。例如，在司法领域，通过连接到相关的案例数据库，DeepSeek能够实时获取与案件相关的信息，辅助法官迅速做出判决。

这种集成方法能够确保AI模型具有高效的数据访问能力，同时通过调用数据库接口可以为模型提供精准信息支持，提升其在医学和司法领域中的应用效果。

3. 跨模态工具

在一些复杂场景中，跨模态数据处理尤为重要。例如，在司法或医疗领域，通常涉及多个数据源，如文本、图像、语音等，需要跨模态工具辅助进行数据融合与处理。DeepSeek通过集成外部图像识别工具、语音分析工具等，将不同模态的数据进行融合，从而提供更加全面的决策支持。

例如，在医学影像诊断中，DeepSeek可以结合医学影像处理工具，借助图像分析功能帮助医生识别CT或X光图像中的异常区域，同时结合患者自身病历进行综合分析，从而协助医生为患者提供更准确的诊断结果。在司法领域中，DeepSeek可以通过视频分析功能帮助法官快速处理和分析案发现场的有关证据，并结合相关的法律知识提供有力支持。

5.5.4　实际案例：企业定制问答系统

在实际的应用场景中，企业可以结合知识增强等工具开发符合自身需求的定制化智能问答系统。以某通信公司为例，该公司希望通过定制化智能问答系统为员工和客户解答公司政策、福利、流程等的常见问题。同时企业也可以将人力资源（Human Resources，HR）手册、培训资料、常见问题解答等整合进系统，从而建立一个专门的企业知识库。

系统通过集成DeepSeek模型，并结合检索增强功能，确保每次员工提问时，系统能够先从知识库中检索相关信息，再通过深度学习模型生成准确答案。例如，在员工查询福利待遇时，系统不仅能通过检索到的福利手册来回答，还能根据员工的个性化查询提供定制化的答案。这使企业能够节省大量的人工成本，并提高员工对企业政策的理解和满意度。

在这一智能问答系统中，DeepSeek通过有效整合企业的知识库和外部工具，确保了对员工问题的快速响应。系统将员工的提问视为查询请求，通过集成模型的检索功能，结合企业内部资源，生成快速且准确的答案。这一过程借助DeepSeek的深度学习技术，将企业知识、常见问题和外部工具集成在一个平台中，能够灵活提供所需信息。

同时，企业可以通过插件为系统增加外部工具，如实时天气查询、财务报表查询等，帮助员工获取实时信息，提升了问答系统的实用性和效率。比如，当员工查询本月的财务报告时，系统不仅可以提供常规的HR政策答案，还可以实时提供相关财务数据，从而避免重复查询和人工干预。系统通过插件使用外部工具，不仅可以查询公司内部资料，也可以查询日常所需的信息，提升系统的实用价值。

在应用过程中，企业还可能会遇到一系列挑战，比如在系统知识库更新和维护方面。随着公司政策和员工需求的多样化，系统需要不断更新知识库以确保信息的时效性和准确性。

此外，企业还需要确保系统能够适应员工的个性化需求。比如，系统不仅能够回答普遍问题，还能根据员工的具体查询，为其提供量身定制的答案。为了实现这一点，可通过DeepSeek对员工历史查询进行分析，预测员工关心的内容，及时调整系统回答的策略。

通过集成DeepSeek模型和检索增强功能，企业定制问答系统能够实现快速、智能、个性化的服务。结合外部工具和插件机制，系统在提高效率和员工满意度方面发挥了重要作用。随着技术的进一步发展，企业定制化问答系统将变得更加智能和高效，为员工和企业带来更好的服务体验。这不仅有助于企业降低运营成本，还能促进企业内部信息的流通与员工工作的优化。

5.6　多模态扩展

本节着重探讨多模态技术在人工智能里的应用情况及发展潜力。多模态技术的核心优势在于能够同时处理多类型信息，如图像、文本、声音和视频等，从而有助于提升AI系统的决策能力。在医疗领域，AI系统通过整合影像、基因数据、病历等多模态信息，为患者提供精准诊断和个性化治疗。在司法领域，AI系统可以通过分析视频、证词、法医报告等协助法官做出公正的判断。

此外，本节讨论了如何通过使用DeepSeek模型和DIKWP模型提升当前AI多模态技术的智能化水平。DeepSeek通过深度学习来高效整合多模态数据，DIKWP模型则提供了一个多维度的复杂推理框架，以确保AI系统处理数据的准确性与透明度。通过两者的有效结合，使AI系统能够在复杂应用场景中提供全面、准确的决策支持。

5.6.1 多模态技术的重要性

随着人工智能的发展，多模态技术的应用在多个行业中越发重要。从自然语言处理到计算机视觉，再到语音识别和情感分析，多模态数据能够为AI系统提供更多的上下文信息和更高的准确性。这种跨模态的数据融合不仅提高了系统的智能水平，还开辟了全新的应用场景。

1. 医疗领域的应用

在医疗领域，单一的影像数据或临床数据分析已经不能满足现代诊疗的需求。通过整合影像数据、病历、基因数据和临床症状，AI系统可以为医生提供全方位的辅助决策。其不仅能发现病症的细节，还能提供更为个性化的治疗方案。

例如，AI系统在乳腺癌筛查中的应用：传统乳腺X光检查主要依赖影像学专家对图像的解读。然而，AI系统通过多模态融合，将X光图像、病历信息及基因检测结果结合，帮助医生做出更加准确的判断。同时，AI系统能够通过分析图像中的病变区域，结合患者的家族史、年龄等多重因素，预测肿瘤的发展趋势并提供治疗建议。

案例分析：某医疗科技公司推出的乳腺癌检测AI系统，基于患者信息不仅能分析X光图像信息，还能通过机器学习模型辅助医生识别癌症风险，从而减少假阳性检测结果，提高诊断准确率。通过结合影像学、基因数据和病历信息，AI系统能够更早、更精确地发现潜在癌症风险，为提高患者生存率做出贡献。

2. 司法领域的应用

在司法领域，法官和律师需要处理大量信息，这些信息往往是多模态的。随着科技的发展，AI的多模态技术可以帮助司法人员同时分析视频、音频、图像、文本等多维度数据，帮助其做出更加公正、准确的判决。

案例分析：在一起典型的犯罪案件中，某科技公司可以通过AI系统处理案发现场的监控视频、证人证词及其他文书记录来帮助法官分析案情，帮助提供加害人可能的作案动机和行为模式等相关信息，为案件的判决提供技术支持。

DeepSeek在多模态技术中扮演关键角色，尤其是在医疗和司法领域中。通过集成DeepSeek模型，系统能更加智能地处理图像、文本和其他多模态数据。首先，系统会从多种数据源中提取相关信息，使用DeepSeek进行深度学习，从而提供更精确的诊断或判决建议。其次，DIKWP模型在这里进一步帮助优化信息处理路径，通过数据层、信息层、知识层和智慧层的逐步推理，确保每个决策环节都清晰透明。

5.6.2 多模态扩展的实现方法

多模态技术的成功实现需要高度复杂的算法和模型。这些方法通常包括数据融合、跨模态学习及插件协同等。以下是几种常见的实现方法以及它们在实际中的应用。

1. 数据融合技术：从图像到文本的转换

在实际应用过程中，数据融合技术是多模态系统的核心组成部分。通过有效融合多模态数据，AI系统能处理更加复杂的信息，实施精准预测。例如，在智能医疗诊断过程中，AI系统结合患者的医学影像和病史、临床诊断信息等确保结果的可靠性。

案例分析：某医疗科技开发的智能超声诊断系统通过融合图像数据和病史信息，使用深度学习模型对超声图像进行分析，实时提供诊断建议。通过将患者的病史与超声图像结合，AI系统能够准确判断心脏、肝脏等器官的异常情况，为医生提供精准的医疗方案。

在这个过程中，DeepSeek模型通过深度学习使数据融合过程更加高效。AI系统首先会从影像数据中提取初步特征，其次通过DeepSeek对这些特征进行深度分析，最后结合患者的病史信息为患者提供更为个性化的治疗建议。通过DIKWP模型，系统能够在各个维度之间进行有效资源转化，确保数据的关联性和准确性。

2. 跨模态学习：联合深度学习模型

跨模态学习是通过训练一个统一的深度学习模型，使其能够处理多模态数据，并结合这些数据进行决策。跨模态学习的实现意味着AI系统能将多种信息源结合，从而增强决策能力。

例如，某科技公司构建的AI系统在处理视频数据和文本数据时，采用了联合深度学习模型。通过对视频内容的分析及对视频中出现的文本的理解，如标语、广告等，AI系统能够输出更加准确的情感分析结果。通过跨模态学习，AI系统能够识别文本与视频中的隐含情感，并结合当前的社会背景进行情感推测，从而为市场营销提供参考意见。

DeepSeek能够处理多模态数据之间的关系，并通过DIKWP模型的逐步推理过程提升系统的决策能力。通过在信息维度对视频和文本信息进行分析，DeepSeek结合了图像数据与文本数据为情感分析提供更多维度的支持。AI系统的跨模态能力不仅提升了分析的精度，还提高了对复杂情感判断的准确性。

3. 插件协同：集成多种功能模块

插件协同方法通过将不同功能模块与工具集成，增强AI系统处理多模态数据的能力。例如，智能客服系统可以集成多个插件，如语音识别插件、图像识别插件、文本处理插件等提供多样化服务。

在智能医疗客服中，患者可以与AI系统进行人机交互，同时AI系统还能通过图像分析识别患者服用药品的外观，帮助患者确认药品种类。通过集成图像识别和文本分析模块，智能医疗客服能够为患者提供药品识别、用药指导等多功能服务。

案例分析：某公司推出的智能健康助手在用户通过语音或文本提问时，系统会调用语音识别、情感分析、医学图像识别等功能插件，帮助用户解答相关问题。在用户询问某种药物的副作用时，系统能够结合药品图像、用户病史及相关的医学文献，给出准确、详细的回答。

通过将DeepSeek嵌入系统，智能助手能够高效融合不同插件提供的数据，进一步提升数据分析的精度和透明度。

5.6.3 多模态扩展的案例分析

1. 医疗领域：集成医学影像与基因数据

随着基因组学的发展，基因数据与医学影像结合成为现代医疗发展的重要方向。通过结合基因数据和影像数据，AI系统可以更加精准地提供癌症诊断技术和治疗方案等。

案例分析：某公司开发的AI系统，通过分析患者的基因组数据和CT扫描图像提供定制化癌症治疗方案。首先该系统能够检测出患者CT图像中的肿瘤，其次通过分析基因突变数据，判断该肿瘤的类型、发展趋势和治疗响应，最后为患者提供个性化的治疗建议。

2. 司法领域：结合视频和证词分析案件

在司法领域，AI系统通过多模态技术帮助法官快速处理案件，尤其是在需要多证据分析的复杂案件中，AI系统能够综合视频监控、音频、证词等多种数据源，提供精确的案件分析。

案例分析：在一起犯罪案件中，AI系统结合视频监控和证人证词，对犯罪嫌疑人的行为进行了分析。AI系统通过分析嫌疑人的言语、行为和动作，结合现场监控，判断出嫌疑人具有犯罪动机，并进一步通过视频和证词推测犯罪时间和地点，为案件提供了有力的证据支持。

5.6.4 多模态技术的未来

随着大数据技术的不断进步和人工智能的快速发展，未来的多模态技术将变得更加智能，并为各行各业提供服务和支持。在这一进程中，DeepSeek和DIKWP模型将在跨模态学习及多模态融合方面扮演关键角色，推动多模态技术的进一步发展。

未来的多模态系统将能够实时获取来自不同数据源的信息并进行处理，智能医疗系统能够实时监测患者的健康状况，实时诊断并提供个性化的治疗方案；智能司法系统则能够实时分析案件相关的证据，为司法人员提供即时的决策支持。例如，智能医疗系统通过实时监测设备收集患者的生理数据，如心率、血糖、血压等，并将这些数据传输给医生。AI系统结合这些实时数据和病历信息，能够在患者出现异常时及时发出预警，为医生提供诊断建议。这种实时数据分析不仅可以提高治疗效率，还能够在患者病情恶化前提供紧急预防措施。

此外，多模态系统将不仅限于单一行业的应用，还能够跨领域进行数据处理和决策支持。在医疗和司法等多个领域的协作下，AI将能够实现跨行业、跨学科的知识整合，提供更加全面的解决方案。

随着DeepSeek和DIKWP模型的不断发展，未来的多模态AI系统将在更多领域实现突破，提供更加智能和精准的服务，推动社会向更高效、公正、透明的方向发展。

5.7 效果测评与迭代

5.7.1 定制优化是一个反复迭代的过程

定制优化是AI系统应用中非常关键的环节，特别是针对那些具有多变需求和复杂环境的大模型。AI系统的定制优化不同于传统软件开发模式，不是一次性就能完成的任务，而是不断反馈、微调和完善的反复迭代过程，每次优化都是为了让模型变得更精准、更高效，以持续适应新的应用场景和用户需求。

1. 闭环的优化过程

定制优化有一个重要的特点就是其闭环过程，这个过程通过"测评→优化→再测评"的循环实现，从而让模型不断改进。测评阶段能帮我们验证当下模型在实际应用中的效果，也给后面的改进指明了方向，通过这种不断反馈与改进的闭环回路，模型将逐渐接近理想状态。

以智能投顾系统为例，系统会定期接受测评，目的在于保障投资决策的准确程度，每次得到巩固之后，投顾系统就会凭借反馈机制持续增进自身针对市场变化的响应速度及预测能力，这样做不仅能够优化系统对用户需求的满足水平，还能有益于提升模型的可持续性与稳定性。

2. 数据输入与算法调整

数据输入与算法调整是定制优化的两大关键要素。在优化的过程中，输入数据的质量好坏和丰富与否会影响模型在不同场景中的表现，精准的医学数据、细致的用户交互记录，以及准确的市场数据，均是促使AI系统优化的核心所在。

例如，在医疗AI系统的优化过程中，输入的数据不能仅限于基础病历信息，还要融入患者的基本资料、实验室检查结果等多方面的数据。通过准确处理这些多模态数据，AI系统就能更周全地考虑患者情况，进而增强判断的准确性。

同时，算法调整在优化进程中也具有非常关键的意义，在处理复杂任务时，算法要能处理大量的数据并且提供符合逻辑的输出。例如，在智能客服系统中，模型在处理用户提出的复杂问题时，必须依靠深度学习算法不断加深对问题的理解能力，才能给用户提供清晰又准确的答案。

3. 强化学习与微调

在定制优化过程中，强化学习是提升模型表现的关键技术之一。借助奖励机制，AI系统能够在交互期间持续学习并优化决策。例如，在金融服务的智能投顾系统中，模型根据客户的投资历史和市场数据，通过强化学习优化其投资建议。在每次的反馈中，模型都会持续调整自身的预测模型，从而增强预测精准度。

微调则是另一个重要环节。对模型进行专门化的微调，可以使模型更适配特定的领域或任务。例如，在医疗影像识别中，AI系统可以通过微调优化，针对特定病症或疾病类型，提高对疾病识别的准确性。这个过程往往依靠领域专家的标注数据和大量的实例来进行定向优化。

4. 白盒测评与实时反馈

在定制优化中，白盒测评给模型优化提供了深度分析的视角。通过对模型内部逻辑和推理过程的测评，开发者能够找出模型潜在的不足，从而进一步优化其推理过程和决策机制。然而，白盒测评不应作为单独的优化手段，而是要和其他优化方法相结合，确保模型在实际应用中能够高效工作。

在实时反馈环节，AI系统既要处理随时输入的数据，又要依照用户的实际需求和应用环境进行动态调整。人工审核与专家评价相结合来优化反馈速度和质量，有益于AI系统在处理复杂且不确定的任务时保持高效和稳定性。例如，在司法领域，AI系统可以通过实时反馈来调整自己的裁决建议，并在复杂案件中分析历史判例去加强执行力度。

5. 动态调整与持续优化

定制优化的成功还依赖模型能够灵活适应不断变化的需求与环境。模型需要拥有很高的灵活性和可扩展性，能够根据实时反馈进行动态调整。例如，在自动驾驶技术中，AI系统需要实时感知道路环境并进行最优决策，面对不断变化的天气、交通等因素时，必须能够快速响应并做出相应的调整。

同样，在医疗诊断中，AI系统需要根据患者的反馈、临床环境的变化，以及新发疾病的出现不断调整诊断方法。通过动态调整，其不仅可以在实时环境中有效运行，还能在面对不确定性时做出合理决策。

5.7.2 测评方法与指标设计

在定制优化的过程中，测评方法与指标设计不可或缺。通过科学测评，能全面知晓模型的实际应用情况，给后续优化指明方向。测评不仅能帮助使用者衡量模型准确性，还能深入挖掘模型在响应速度，用户满意度等方面的潜力。在设计测评方法时，要从不同维度出发，保证能够全面衡量模型效果。

1. 准确性指标

准确性是测评模型表现的基本指标之一，特别是在医疗、金融之类的行业中，准确性会直接影响到模型能不能可靠地提供决策支持。在医疗领域，AI模型的准确性既表现在对病历的解读方面，又包含对文件数据及生化检查所做的综合分析。通过专门的测评数据集，就能够针对模型在不同任务上的准确性展开评估，比如，能否正确地识别癌症影像，能否准确解读患者的实验室报告。

准确性指标并非仅仅考量AI输出的准确度，也兼顾逻辑的连贯性与信息的完整性。例如，在AI辅助诊断系统中，精确的预测并不单单关乎是否准确剖析病症，而且关联到能不能合理地拆解并融合多模态数据（像病历、资料之类）以支撑分析结果。

随着技术的不断进步，准确性测试不再只是依靠传统的静态数据集，而是开始注重动态场景下的准确性评估。随着AI应用的普及，实时反馈的加入让测评更加全面。例如，AI辅助判断系统会不断接收患者新的影像数据并得到及时反馈，借助在线学习持续对模型进行优化，这要求测评指标涵盖长期效应，确保AI模型在实际操作中的稳定性。

2. 响应速度与计算效率

在实际应用中，响应速度和计算效率都是不能忽视的指标。特别是在智能客服、金融预测等需要实时反馈的场景中，系统的响应速度会直接影响用户体验及系统的效能。在这些领域，用户期望能够迅速获得反馈，所以AI系统必须具有快速响应的能力，确保在繁忙的应用场景下能够及时响应。

在金融领域，AI系统需要依据市场变化实时更新投资建议，系统响应速度如果过慢，就可能导致用户错过好的投资时机。在医疗领域，特别是急救和重症监护的环境下，响应速度对及时分析和决策非常重要，此时的AI模型不但要有高效的推理能力，还要在短时间内处理好多模态数据。

此外，计算效率也是测评的一项重要指标，特别是在资源受限的环境中。例如，在移动设备或边缘计算场景下，计算资源有限，如何提高计算效率、减少计算成本，是优化过程中需要重点关注的方面。通过优化算法、采用轻量级模型或者利用边缘计算进行数据预处理等手段，可以显著提高模型的计算效率。

3. 用户满意度

用户满意度直接体现了模型在实际应用中的可用性。特别是在智能问答系统和智能客服系统等面向用户的应用场景中，用户体验是评判系统优劣最为直观的要素。通过A/B测试、用户反馈和满意度调查等方式，企业可以有效地评估用户对AI系统的接受度和满意度。

例如，在智能客服系统中，用户满意度不仅取决于答案的准确性，回答的时效性、清晰度、交互体验等因素也很关键，若用户很快得到精确答案并在交互时感觉愉悦，满意度就会极大提高。所以，测评既要关注系统功能能否满足需求，也要从细节处优化交互流程以改善用户体验。

此外，AI系统的个性化能力也有益于提升用户满意度。在一些行业中用户需求多种多样，标准回答难以满足所有用户的特别需求。因此，模型的个性化能力同样是影响用户满意度的关键要素，AI会分析用户的以前行为、偏好等数据，从而给出定制化答复，给用户带来个性化体验，这大大提升了用户的满意度。

4. 鲁棒性与可解释性

在面对复杂场景或突发情况时，AI系统的鲁棒性和可解释性就显得特别重要。鲁棒性测试关注的是AI模型在不同环境之下的稳定性，特别是应对噪声数据或未知场景时，模型是否照样能维持较好的表现。在金融、医疗等高风险行业，AI系统必须能够稳定地应对各种复杂和不确定的情况。例如，模型会遭遇病历数据不全、影像数据模糊等情况，这时系统的鲁棒性就决定了判断结果是否可靠，通过采用噪声测试、异常检测等技术来改善模型的鲁棒性，就能让模型即便在极端状况下，依旧保持比较高的准确性和稳定性。

可解释性是另一项至关重要的测评标准。随着AI应用场景的不断扩展，特别是在医疗、司法等领域，AI的决策过程需要具有高度的透明性。在这些领域，要把AI的推理过程和决策依据清楚地向用户解释，借助白盒测评法，开发者能深入剖析模型的推理过程，保证各个决策都能得到合理解释。例如，在医疗AI系统中，医生不仅希望AI提供诊断结果，还希望了解模型是如何基于患者数据得到该结果的。

通过引入可解释性分析技术，医生能够更好地理解AI的决策依据，进而提高对AI系统的信任。

在司法领域，AI的判决建议同样需要具有可解释性，法律工作者和公众都要知道AI是怎样分析证据并得出结论的。在测评时，要充分考虑这些因素，保证AI系统既准确又能给出合理解释。

5.7.3 自动化测评与反馈机制

为了实现模型的持续改进和优化，需要借助自动化测评与反馈机制，该机制不但能快速找出潜在问题，还能促使模型适应不断变化的环境。特别是在医疗、司法这些对精度要求很高的领域，自动化测评的效率和准确性就越发重要。

1. 定期测试

定期测试是测评机制的重要组成部分。每当模型更新或优化完成后，自动化系统就会采用标准化测试集，衡量模型处理实际问题时的表现。在医疗领域，自动化测评可以帮助智能诊断系统进行验证。例如，针对不同类型的癌症，AI诊断系统每次更新之后，都会用一组标准病历数据加以测试，以保证其在多种疾病类型下的诊断准确性。

这种定期测试有益于开发者识别模型存在的偏差，并及时改进推理逻辑。同样，在司法领域，自动化测评可以评判AI在处理复杂案件中的表现，特别是涉及多模态数据（如证人证词和视频资料）时，怎样遵照不同证据得出前后一致且合理的结论，这个过程对保障司法公正与透明非常关键。

2. 在线反馈采集

在线反馈采集机制能给模型提供源源不断的数据流，通过A/B测试、用户调研和日志分析，系统能够及时得到用户反馈。在实际应用中，系统通过在线反馈来恰当调整模型以符合用户需求。例如，在智能客服场景下，系统从用户交互记录获取信息，快速找出潜在问题并加以调整。

在医疗系统中，医生对AI诊断结果的反馈至关重要。通过实时的用户反馈，AI系统能够动态调整自身的诊断建议，从而提高系统的适应性和准确性。这种持续的数据收集和处理过程，能够在提高系统性能的同时，增强医生和患者对AI技术的信任感。

3. 人工审核与专家评估

自动化测评纵然高效，不过人工审核仍不容小觑。在许多领域，尤其在涉及高风险决策的情况下，专家参与对保证测评结果的高质量至关重要。例如，在医疗诊断中，医生凭借专业判断可助力开发团队核实系统推荐是否贴合实际医学知识。在司法判决中，法律专家能审核AI给出的法律建议，保证其合乎现行法律规定。

通过专家的评估，开发者可以确保AI推理过程的准确性和公正性，从而避免算法偏差或数据不全面导致的错误决策。这也为整个优化流程提供了实际的应用反馈，帮助开发者不断改进模型。

4. 闭环优化

为了实现持续的优化效果，开发团队需要建立一个闭环的优化流程。每次测试完成后，根据测评结果进行相应的优化，然后借助反馈机制加以调整，形成一个不断完善的过程。闭环优化既能提升模型的性能，又能确保其在实际应用时稳定可靠。

例如，在金融投顾系统中，团队通过跟进并分析用户的行为数据，从而持续优化模型的投资策略。在医疗AI系统中，随着病历数据的不断积累和反馈，模型的诊断准确性不断提升，最终形成了一个高效的闭环优化体系。这种流程通过数据、信息、知识、智慧与意图5个层面逐步调整和完善，使AI系统能够随着时间的推移，不断适应新变化，并提供越来越精准的服务。

5.7.4 实际案例：金融智能投顾系统的迭代优化

金融智能投顾系统的迭代优化是个典型应用实例，体现了AI在实际应用中怎样借助不断改进来改善决策支持能力。某金融科技公司推出的智能投顾系统，最初由于数据整合与风险评估不足，未能达到预期的精度水平。为了解决这一问题，团队采取了一系列策略，包括数据微调、强化学习调优及专家反馈。

1. 初步测评与诊断

系统上线初期，开发者用定制好的标准化测试集对模型做了全方位的测评。测评结果显示，模型在处理复杂投资组合及评估市场波动的时候，存在逻辑不够严谨的情况。AI在不同的市场环境里反应比较迟缓，不能精准地捕捉投资机会，也无法很好地规避风险。

根据测试结果，团队识别出主要问题在于数据整合短缺，推理逻辑有漏洞。AI的推理过程未有效融合多模态信息（如市场数据、用户历史交易记录等），因此模型输出的投资建议不够合理及稳定。

2. 数据微调

为了解决上述问题，开发团队收集了大量新的市场数据，这些数据覆盖公开的财经报告和历史交易记录，并对模型进行了微调。通过加强对市场走势的建模，模型能够更好地理解并预测市场的变化。在这一过程中，开发者使用了大量的历史数据来提升AI的知识整合能力，同时确保了AI在面对新兴市场趋势时，能够快速做出反应。

这种数据微调的过程类似于"知识"阶段，使模型能在数据、信息和知识层面持续提升，从而提高决策的质量和可靠性。

3. RLHF 调优

引入RLHF技术可进一步地优化AI系统。团队邀请了多位金融专家对AI系统生成的投资建议进行评估，并根据专家反馈构建了奖励模型。通过这一过程，AI的推理能力得到了极大提升，可以在复杂的市场环境作出更精准的投资决策。

引入RLHF技术提升了系统的长期预测和风险控制方面的能力。与专家反馈相结合，系统逐渐学会更好地协调短期收益和长期风险。这一过程可以被看作"智慧"阶段，即利用专家的实践知识来帮助系统更好地理解复杂的投资决策。

4. 效果验证与反馈

优化的系统上线后，开发者通过A/B测试和用户调查收集了大量反馈信息。结果显示，优化后的系统不仅其预测准确率提高了20%，而且用户满意度提升了15%。通过多轮测试和专家反馈，金融智能投顾系统在精准度和用户体验上达到了新的高度。

在优化过程中，反馈机制发挥着关键作用，有益于开发者察觉潜藏的问题，并及时解决。例如，在投资组合推荐过程中，系统按照用户以往的偏好实行个性化调节，最后给予了投资者更为合适的投资提议。

5.7.5 形成迭代改进闭环的重要性

定制化大模型要想得到优化，就得依靠数据和技术的融合，在开发过程中形成一个科学、完整的迭代改进闭环，借助不停地测试、反馈和调整，让模型在多个维度上靠近最佳状态，最终完成优化目的。这一闭环优化的过程，确保了大模型在面对不断变化的实际应用需求时，能够灵活调整并持续改进。无论是金融、医疗还是司法领域，形成这样一个闭环都能有效提升系统的性能，确保其始终符合用户需求和行业规范。

1. 初始版本发布：基于原始大模型和初步微调，发布定制化版本

在大模型定制化的初期阶段，开发团队以现存的开源模型或原始模型为根基，按照业务需求展开微调。在发布首个版本时，系统的目标是完成基本应用场景下的正常运作，并具有一定的功能。例如，在医疗诊断中，初步发布的AI系统也许只能处理简单的病历资料，提供基础的疾病识别服务；而在金融领域，初始版本的智能投顾系统可能仅能处理基础的投资组合优化任务，系统功能较为单一。

初步版本发布之后，系统就进入了全面测评阶段，其目的在于利用数据、信息、知识、智慧、意图模型这五个层面来解决模型实施评价与反馈的问题。各个环节都需接受严格测试，系统的每个决策均应表现出精确及合理的逻辑。例如，在医疗领域，系统既要获取患者的症状信息，也要遵照患者的历史数据构建起完整的知识体系，保证模型在后续判断时具有有效的推理能力，这些测试为后续的改进指明了方向。

2. 全面测评：将自动化和人工测评相结合，全面分析模型在各项指标上的表现，定位潜在问题

全面测评是模型优化的核心环节之一，有益于开发团队全方位把握模型的优劣之处。自动化测评通过快速检测大量数据，促使模型可以应对各类场景的任务并作出高效回应。自动化测评能考查模型不同层面的表现，包括从数据到信息的转化、信息的整合、知识的生成，以及在实际任务中的智慧应用和决策。这些测评指标既有益于开发者知晓系统的运行状况，又能揭示系统在多个层面上存在的不足。

然而，这并不意味着自动化测评可以完全取代人工评估。特别是在医疗和司法领域，人工评估依然不可或缺。白盒测评在此阶段非常重要，其借助深入剖析模型的推理流程，有助于开发者认识各个决策步骤的来源，保证推测逻辑合乎预期。例如，在司法领域，人工专家考量模型处理多模态证据（如视频、证词等）对法律公正产生的影响，以保障AI判断具有透明度且合规。在医疗领域，专家评判AI评价结果时，可以助力验证模型有无遗漏关键病理信息，从而保证评价过程遵照医学规范。

3. 制订优化方案：根据测评结果制订有针对性的优化方案，涵盖数据增强、模型微调等方面

测评结果的反馈为优化方案的制订提供了依据，在这个阶段，DIKWP白盒测评的应用至关重要。

例如，在从信息到知识的过程中，开发团队通过对数据集和模型的分析，可以有效地整合医疗或司法领域的专业知识，进而提升模型的知识体系塑造能力。在从知识到智慧的过程中，系统利用智能决策支持，可以为用户提供更准确的结果，并且根据即时数据进行动态调整。

优化方案的具体内容常常包含数据加强、特征工程、算法微调等多个方面。开发团队借助提升多样化的数据来源（如在医疗领域使用更多种类的病例数据），可以让模型更好适应不同情况，鲁棒性也更强。此外，微调算法和RLHF也能让模型在处理特定任务的时候变得更精准。例如，针对金融市场的快速变化，系统需要根据历史数据和市场趋势进行调整，以提高投资预测的精度。

白盒测评法在此阶段发挥着重要意义，通过透明化分析模型的推理过程，开发者可以识别出模型潜在不足，并根据模型的输出为后续的优化提供精确的指导。优化过程不仅仅依赖数据量的增大，还需要确保数据本身的质量和多样性，以防模型在某些特定数据集上产生偏差。

4. 再训练与更新：根据优化方案进行再训练，在测试环境中验证效果，并不断迭代

根据优化方案执行再训练之后，开发团队会对更新后的模型展开全面的评估验证。在这个阶段，智慧层和意图层的应用非常关键。智慧层改进后，模型在应对复杂问题的时候，其决策能力就会显现出更高的水准。例如，在智能医疗诊断中，经过优化的模型不仅能通过综合分析病历数据给出精准的诊断建议，还能根据患者的个性化需求，为其提供个性化的治疗建议，从而在医疗决策过程中发挥智慧。

每次再训练后，开发团队要保证模型在新的应用场景里一直稳定地运行，并能够适应随时变化的需求。在金融领域，这个阶段的目标是让智能投顾系统根据最新的市场数据和用户需求，给出及时又精准的投资建议。在司法领域，模型更新就得保证在处理新证据和新案件的时候，能正确判断并给出合法的法律支持。

5. 持续反馈：上线后继续采集反馈，定期更新模型，确保其始终适应用户需求和业务环境的变化

优化的过程并不会因为发布最终版本而结束。随着模型进入生产环境，开发团队需要继续收集用户反馈并进行持续更新，在线反馈和专家反馈会给改良注入源源不断的动力。在金融系统中，用户反馈有益于开发团队及时调整投资策略，而在医疗AI中，医生和患者的反馈则为AI的进一步优化提供了宝贵数据。依靠实时监测和反馈机制，每次模型更新都能凭借现实世界的数据实施验证，进行快速响应。

意图层面的反馈机制非常重要，开发团队通过监控模型输出，并根据模型在实际应用中的偏差，调整系统目标和方向，使其符合用户需求和实际环境。此外，持续的白盒测评有益于开发团队不断调整模型的推理路径，保证每次更新都能提升模型的透明度和合规性，从而获得高效、精准的决策支持能力。

本节详细探讨了大模型定制化的各个方面，包括为何定制、微调技术、提示工程、人类反馈与对齐、知识增强与工具使用、多模态扩展及效果测评与迭代优化等。通过对每一环节的理论解析和实践案例展示，可以看到定制化大模型在满足特定领域需求、提高回答准确率、降低安全风险、改

善用户体验等方面具有巨大优势。特别是在医疗、法律、金融、编程等高风险或专业领域，定制化大模型的价值尤为突出。

定制优化不仅是一项技术更新，更是一项战略性举措。企业和开发者必须根据自身的业务场景和需求，结合DIKWP白盒测评，从数据、信息、知识、智慧和意图五个层面对模型进行全面评估，然后通过微调、提示工程、RLHF、知识增强及多模态扩展等多种手段，逐步形成一个不断迭代、持续优化的模型闭环。只有如此，才能在激烈的市场竞争中获得先机，推动业务实现真正的智能化转型。

在未来，随着定制化技术的不断成熟和应用场景的不断拓展，大模型定制将从实验室走向实际应用，成为企业数字化转型和智能化升级的重要驱动力。我们有理由相信，通过不断探索和优化，定制化大模型必将为各行各业带来更多创新应用和商业价值，推动全球人工智能技术进入一个全新的发展阶段。

5.8 DeepSeek 入门实战

5.8.1 DeepSeek 在线版

1. 访问与注册

打开浏览器，在地址栏输入https://www.deepseek.com，打开DeepSeek官方网站，在官方网站的首页单击左侧的"开始对话"按钮，进入注册页面，注册页面如图5-1所示。输入对应的注册或登录信息，勾选用户协议，完成注册后即可跳转到DeepSeek会话页面。

会话界面主要分为两个部分，如图5-2所示，左边为功能区，右边为会话区。如图5-3所示，功能区主要包括之前的历史会话、开启新会话、查看个人信息、隐藏功能区等功能。会话区是用户的主要操作区域，如图5-4所示，其中包含模型选择、问题输入和文件上传等功能。

图 5-1　DeepSeek 注册页面　　　　图 5-2　DeepSeek 主要区域

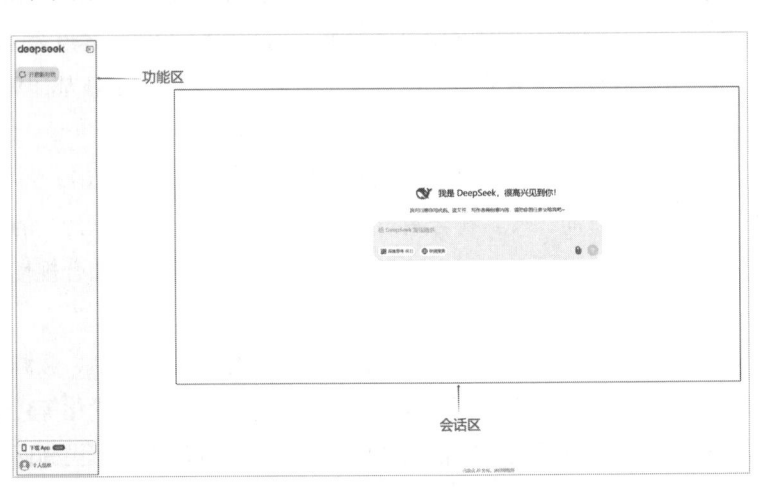

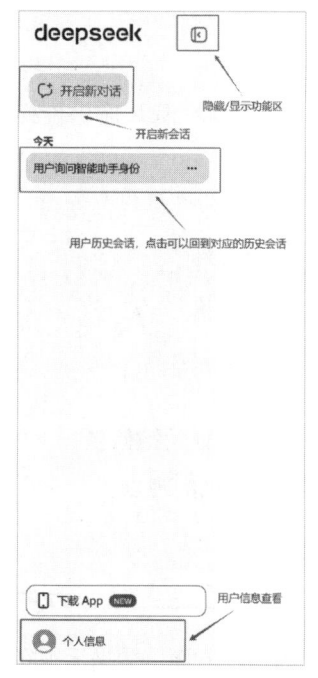

图 5-3　DeepSeek 功能区说明　　　　图 5-4　DeepSeek 会话区说明

2. 注意事项

（1）官方渠道下载与使用

通过DeepSeek官网或正规应用商店下载客户端，避免通过第三方链接或二维码安装仿冒应用，以防感染木马病毒。

注意辨别官方标识，正版应用图标为"蓝色鲸鱼"，开发者显示为"杭州深度求索"。

（2）敏感内容限制

避免涉及政治、暴力等敏感话题，此类问题可能触发内容审核机制或被限制回答。

重要信息（如医疗建议、法律咨询）需经专业人士核实，切勿完全依赖AI生成的内容。

（3）隐私保护

DeepSeek在默认情况下会将对话数据加密存储，但涉及个人隐私或机密信息时，还是建议大家手动删除历史记录。

警惕诱导授权的弹窗，安装时若提示"后台运行""无障碍服务"等高风险权限，应一律拒绝。

（4）明确提问逻辑

使用结构化模板（如背景+任务+要求+补充），举例如下。

"【背景】我是新开咖啡馆店主；【任务】需开业促销方案；【要求】预算1万元以内，面向大学生；【补充】店铺位于大学城，主打精品咖啡。"

避免模糊问题（如"如何学英语？"），改为具体化提问（如"零基础如何在3个月内掌握日常英语对话？"）。

关注官方提示词库（如https://api-docs.deepseek.com/zh-cn/prompt-library/），提升生成质量。

（5）分步骤引导AI模型

复杂任务需拆解步骤（如先列大纲，然后分段生成内容），并逐步细化需求。

若首次回答不理想，可调整关键词或追加指令（如"请更贴近大学生消费习惯并优化价格策略"）。

（6）功能键合理搭配

◎ **深度思考**（DeepSeek-R1模型）：适合逻辑推理、复杂问题，但响应较慢。
◎ **联网搜索**：需手动开启，不可与文件上传功能同时使用。
◎ **默认模式**（DeepSeek-V3模型）：适合快速回答日常类或百科类问题。

（7）防范"AI幻觉"

AI可能生成看似合理但错误的内容（如编造数据或混淆概念），用户需交叉验证关键信息。

要求AI标注数据来源或提供案例支撑，例如："请用2024年的统计数据支持你的观点。"

5.8.2 DeepSeek 本地部署教程

在数据安全和隐私越发受重视的当下，本地部署DeepSeek模型优势显著。一方面，数据无须在网络传输，可有效规避隐私泄露风险；另一方面，本地运行能降低网络波动造成的延迟，显著提升模型的响应速度，且为开发者提供了灵活的模型微调与优化空间。接下来，笔者将详细介绍在不同系统下进行DeepSeek本地部署的操作步骤。

1. 在 Windows 中进行 DeepSeek 大模型部署

（1）什么是Ollama

Ollama是一个开源的轻量级框架，专注于在本地运行和管理LLM，旨在降低用户使用大模型的技术门槛，同时提供灵活的部署和交互方式。它提供预构建模型库（如Llama3、Mistral、DeepSeek等），用户可通过命令直接下载和运行模型。此外，Ollama支持类似OpenAI的API，允许通过HTTP请求调用模型进行推理，同时提供命令行交互界面和Web前端（如OllamaWebUI、LobeChat）。

（2）Ollama下载与安装

打开浏览器，访问Ollama官方网站（https://ollama.com/），单击网站中间的"Download"按钮（见图5-5），跳转到下载页面（https://ollama.com/download）。在下载页面中单击"Windows"按钮，接着单击"Download for Windows"（见图5-6），下载Ollama客户端。

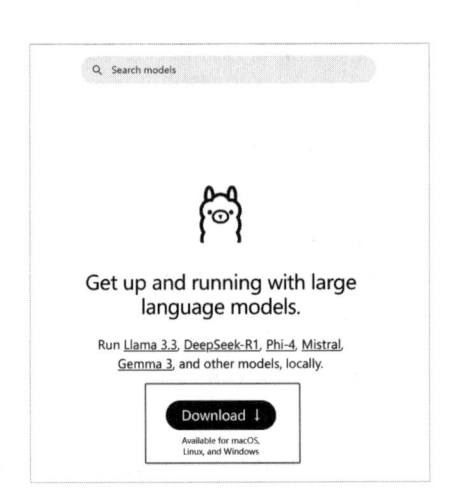

图5-5　Ollama官网

下载完成后，双击运行OllamaSetup安装程序，运行后如图5-7所示，单击"Install"即可进行安装。安装完成后安装程序会自动退出，需要通过命令行确认是否安装成功。

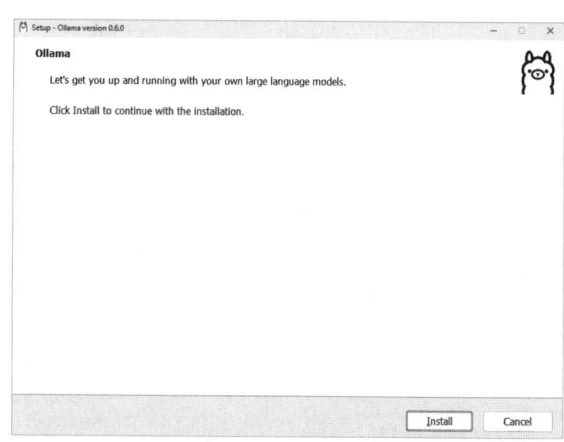

图 5-6　Ollama下载页面　　　　　　　图 5-7　Ollama安装页面

在键盘上按下"Windows+R"键，弹出运行窗口，如图5-8所示，在对话框中输入"CMD"，接着按下回车键，进入命令行（见图5-9）。在命令行中输入下面的代码：

```
ollama -v
```

当命令行回复内容出现类似"ollama version is 0.6.0"的输出时（如图5-9所示，笔者当时的ollama版本为0.6.0），即表示Ollama安装成功。

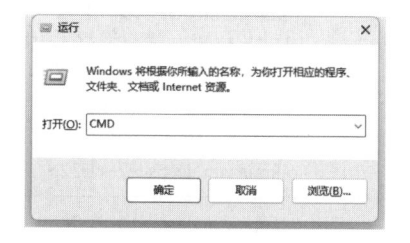

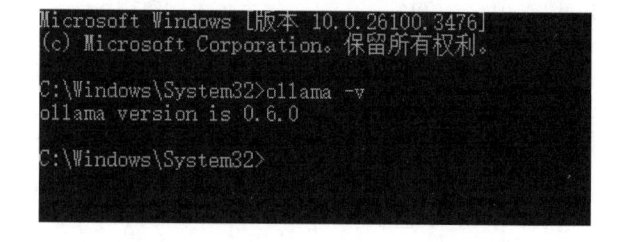

图 5-8　运行窗口　　　　　　　图 5-9　命令行检查Ollama安装是否正常

注意：下载之前请确认当前Windows操作系统是否为Windows 10及以上版本，若不是将无法正常运行Ollama客户端。

（3）使用Ollama部署DeepSeek-R1模型

当Ollama安装完成后，接下来使用它来下载并部署DeepSeek大模型。

01 首先打开浏览器，访问DeepSeek在Ollama的官方模型DeepSeek-R1的介绍页面（https://ollama.com/library/deepseek-r1）。

02 如图5-10所示，单击左边的下拉列表，在下拉列表中选择想要部署的模型，单击选择后，网页右边部分会出现一个基于选择模型的Ollama部署命令，单击右边的"⬚"复制下来即可。每个模型的大小和参数量，以及对应的Ollama部署命令如表5-1所示。从理论上来说，模型的参数量越大，就代表模型"越聪明"，但是部署的模型越大，所需的配置就越高。截至目前，训练和部署满足多用户运行的671b版DeepSeek-R1大模型，需要大规模的计算集群才能完成。

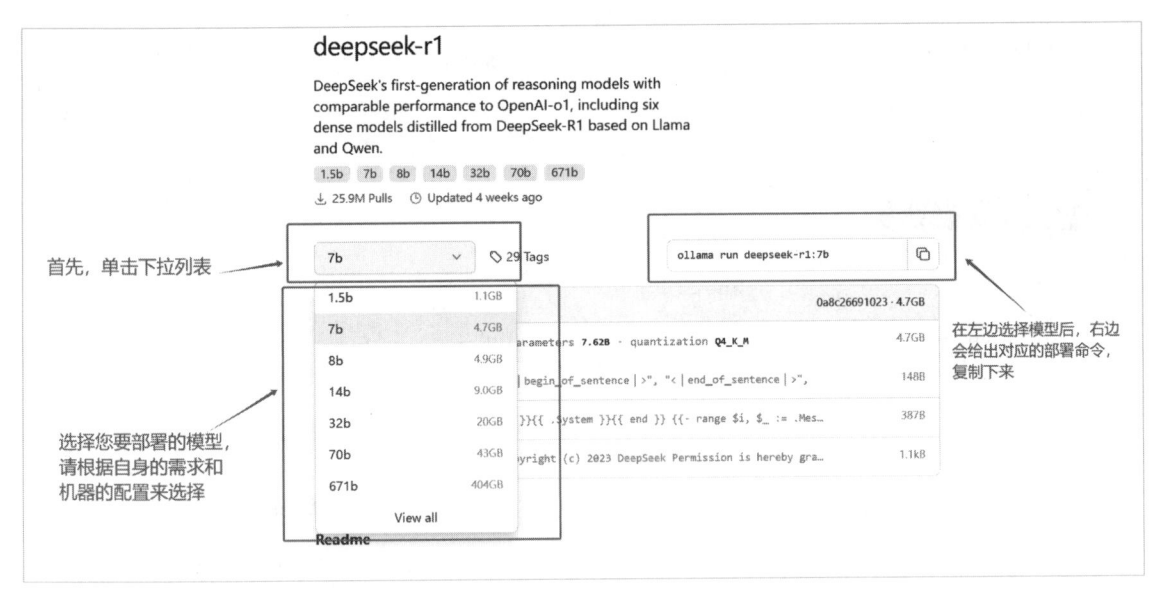

图 5-10 DeepSeek-R1 模型在 Ollama 上的介绍页

表 5-1 模型的大小和参数量，以及对应的 Ollama 部署命令

序号	模型参数量	模型大小（磁盘空间）	Ollama部署命令
1	15亿	1.1GB	ollama run deepseek-r1:1.5b
2	70亿	4.7GB	ollama run deepseek-r1:7b
3	80亿	4.9GB	ollama run deepseek-r1:8b
4	140亿	9.0GB	ollama run deepseek-r1:14b
5	320亿	20GB	ollama run deepseek-r1:32b
6	700亿	43GB	ollama run deepseek-r1:70b
7	6710亿	404GB	ollama run deepseek-r1:671b

03 为了方便演示，笔者以部署15亿参数的 DeepSeek 大模型为例进行说明。在键盘上按下"Windows+R"键，在运行窗口中输入"CMD"（见图5-8），按下回车键，进入命令行窗口，输入命令：

```
ollama run deepseek-r1:1.5b
```

输入完成后按下回车键（见图5-11）。

图 5-11 使用 Ollama 命令部署 DeepSeek-R1 模型

第一次运行时，系统会检测模型的下载情况，如果没有下载则自动联网下载，请确保第一次运行时全程处于联网状态。待模型下载完成会出现success的提示，如图5-12所示。待Ollama预载模型下载完成后，会出现如图5-13所示的红色方框的内容，方框内即用户输入的区域，出现该内容代表着模型已成功部署并运行成功。

图5-12 DeepSeek-R1模型下载完成提示

图5-13 DeepSeek-R1模型运行成功

04 模型运行之后，在图5-13所示的红色方框中输入问题，如图5-14所示。目前已经完成了基于Ollama部署DeepSeek-R1模型的整个流程，并且其能够正常回答用户问题。

图5-14 DeepSeek-R1模型回答用户问题

2. 将本地模型接入用户界面

每次运行本地DeepSeek大模型，都需要在命令行运行Ollama，通过命令行程序与大模型进行交互的体验太差了，那么如何像网页或客户端那样搭建一个良好的用户界面呢？本节笔者将以Chatbox为例，在Windows下通过Ollama本地服务对接Chatbox来搭建良好的用户交互界面。

01 打开浏览器，访问Chatbox官方网站（https://chatboxai.app/zh），单击如图5-15所示的下载按钮，进入下载界面。

图 5-15　Chatbox 官方网站

02 待下载完成后，双击运行 "Chatbox-1.10.5-Setup"（笔者下载版本为 1.10.5，文件名中间为版本号，具体文件名以下载文件为主），进入安装界面。请根据引导步骤进行软件的安装，安装完成后安装程序会提示是否运行，如图 5-16 所示，勾选运行选项并单击 "完成" 按钮。

03 首次运行 Chatbox 时，会出现配置提示，如图 5-17 所示。因为本节主要介绍将本地部署的模型对接到 Chatbox，所以我们选择 "使用自己的 API Key 或本地模型" 来进行配置。

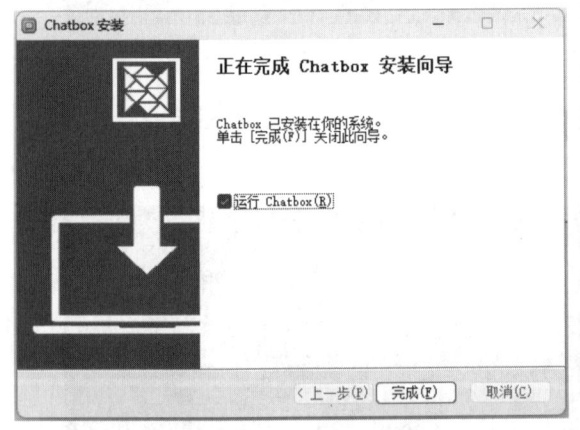

图 5-16　Chatbox 安装完成提示　　　　图 5-17　首次运行配置提示

04 在选择 "使用自己的 API Key 或本地模型" 后，弹出选择模型提供方的选项，在这里找到 "OllamaAPI" 并单击选择，如图 5-18 所示。选择之后，Chatbox 会自动帮你填写一些基本参数，其他参数默认即可。在配置 Ollama 界面中选择模型，单击模型下拉选项，找到之前配置的 "deepseek-r1: 1.5b" 模型并单击选择，如图 5-19 所示，选择完成后单击右下角的 "保存" 按钮。

05 保存配置之后，会返回到 Chatbox 的软件界面，Chatbox 界面的简单介绍如图 5-20 所示，我们发现其功能与 DeepSeek 官网的网页版对话界面没有太大差别。

06 当需要开启新的会话时，在 Chatbox 左边的功能区域（见图 5-21）单击 "新对话" 按钮即可。

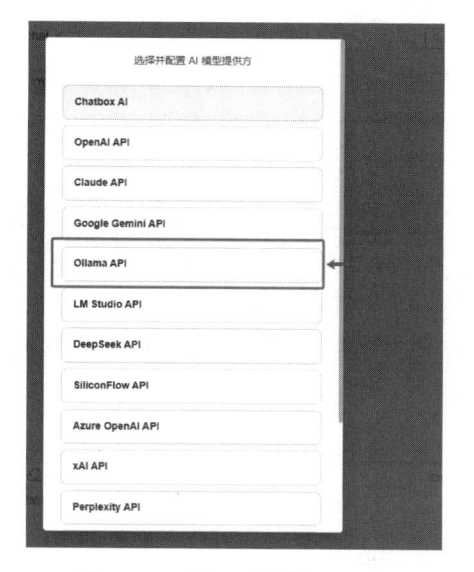

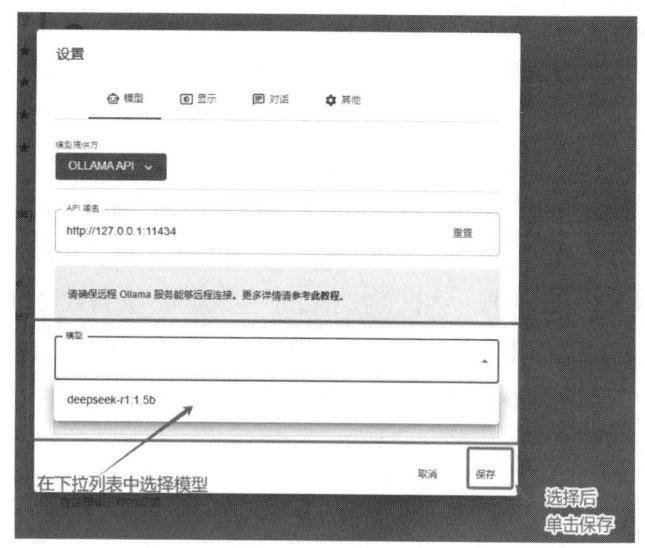

图 5-18　选择 AI 模型提供方平台　　　　　图 5-19　Ollama 服务接入配置界面

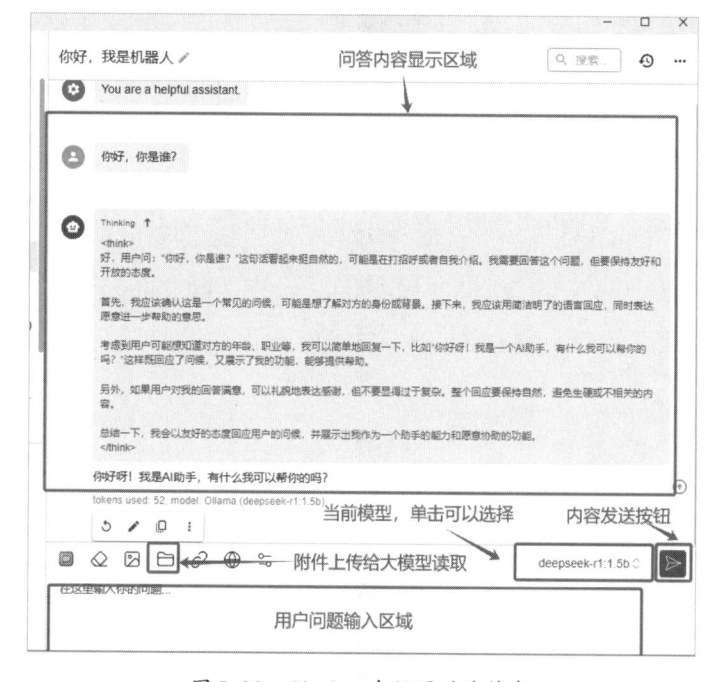

图 5-20　Chatbox 会话区功能简介　　　　　图 5-21　Chatbox 功能区

至此，以 Chatbox 接入本地 DeepSeek-R1 模型的用户界面配置完毕，后续在 Windows 桌面打开即可使用。

5.9　总结

本章围绕大模型定制化，深入解析了定制优化的技术方法与实践路径。从企业实际需求出发，分析了通用大模型在领域专业性、文化适配、响应效率及数据隐私等方面的不足，强调了定制化对于实现模型从"能用"到"好用"的重要价值。

具体来说，首先介绍了数据准备、微调策略与训练评估的全链路方法，强调数据多样性与防止过拟合的重要性；其次，详细探讨了提示工程技术，包括角色设定、示例引导与结构化约束，以在不调整模型参数的情况下精准控制模型输出。

在人类价值对齐方面，深入阐述了人类反馈强化学习的原理与实践路径，并分析了其成本与复杂性挑战。知识增强方面，介绍了检索增强、知识库构建与工具调用的方法，提升模型在医疗、司法等场景的表现。多模态技术则进一步实现了异构数据的有效融合。

最后，本章强调了测评与迭代优化的重要性，通过自动测评与用户反馈形成持续改进闭环，并以 DeepSeek 模型的实践教程为例，提供了切实的落地指导，助力大模型在垂直领域的深化应用。

第 6 章 深入浅出：DeepSeek 实战优化策略

当今人工智能迅猛发展，大模型已成为各行业智能化转型的核心驱动力，其具备强大功能与广泛用途。但任何技术若要切实落地，都需进行精细化调整以契合特定场景与需求。本章以医疗领域为样本，深入探讨了如何依托严密的步骤，将通用性大模型 DeepSeek 转型为适配"数字家庭医生"需求的智能助手，在全面剖析该模型在数据、信息、知识、智慧及意图等维度的存在状况后，依据医疗行业的专属诉求明确了目标——构建一款专业性和逻辑推理能力较强，满载情感关怀，兼具安全性的智能问答工具。

本书后续章节着重剖析数据准备、微调策略、提示工程和多模态扩展等核心环节，呈现了系统化方法与实践在医疗领域中的巨大潜力。这些内容不仅仅是技术探索的轨迹，还蕴含对医疗本质的深度审视，试图借技术创新开启诊疗服务的新维度，力求将科学性、安全性与人性化融入每一次医疗实践，为患者打开更优体验的可行通路。

6.1 模型能力剖析

DeepSeek-V3在处理数据、信息、知识、智慧和意图时表现独特，亮点与不足并存，接下来详细探讨其具体发挥。

DeepSeek-V3在任务里碰上众多文本输入时，能够有效滤除冗余部分，从而提高数据准确性与可靠性。其对多模态数据的处理能力亦可圈可点，尤其是在医疗领域，这样的特征尤为凸显，病历记载、检查数值及医学影像等各类型内容往往集中出现，唯有精确解读才可能为临床诊断奠定基石。就信息转化而言，这一模型能将庞杂资料归纳为结构化的格式，输出更容易被理解的中间结果，在日常工作中表现出较强的适应性，从容地捕捉深层含义，凭借该优势，DeepSeek-V3在医疗行业中得以挖掘出诸多有价值的信息点助力专家分析。DeepSeek-V3的知识覆盖面极其广泛，横跨医学、金融、科技和法律等多个领域，深度与广度兼备，然而，在某些专有、冷门领域的知识更新上仍有不足。在医疗领域，这意味着模型可能在处理常见疾病和经典医学知识时表现出色，但在面对罕见疾病或最新的医学研究成果时，可能会出现知识盲区。因此持续充实其数据库尤为必要，唯有如此才能确保医疗数据的更高可靠性。

就智慧层而言，该模型处理逻辑推理与数学问题时颇具优势，层层推导直至获得最终解答，这类技能能够很好地支持医生诊断决策，因为病情判断本身便涉及症状梳理、既往病史分析及各类检验信息之间的关联整合。不过这个模型在应对情感交流与连续对话时，有时会出现思维链不够连贯的问题。例如，在与患者对话时，可能没法深入理解患者的内在情绪或深层需求，这会使诊断结果出现偏差，进而影响患者的就医体验。

再说意图识别方面，由于训练数据不够多且受到政策限制，DeepSeek在这方面的发挥只能说勉强过得去，尤其是在遇到敏感话题的时候，它往往直接套用标准回答模板，未能准确捕捉到用户的实际意图。这在医疗环境中很容易让患者感到自己没被关注，进而产生误会之类的状况，这样必然会降低患者对于医院的信任程度和整体服务水平的满意度。

综合上述分析，可以看出DeepSeek模型的优势与短板，其具备海量知识储备和数学逻辑推理能力属于显著长处，能够在庞杂信息整合及解决专业领域基础性难题时展现出优势。然而其短处也颇为突出，特别是对于对话意图的理解、情感层面交流引导及对话过程中的连贯性维持这几个方面存在不足，这在一定程度上影响了实际体验的流畅性与自然度。

这些结论为后续调整工作指明了方向，在"数字家庭医生"场景下，模型对医学知识和患者需求的理解显然有待提升，优化时可尝试通过提示工程与强化学习改善交互体验。需要强调的是，医疗从业者务必将科学有效的诊疗方案置于首位，避免一味追逐商业利益，因此，改进过程中技术性能的提升固然是重点，但内容的严谨性、合规性及伦理价值同样不可忽视，这一平衡至关重要。

6.2 定制需求场景构建研究——以"数字家庭医生"为例

6.2.1 场景背景与行业需求

数字医疗技术悄然融入日常，许多家庭运用智能系统开展健康管理与问诊咨询初试身手，这一趋势不仅反映出大众对健康关注度的提升，也表明数字科技在医疗领域的无限潜力，"数字家庭医生"这类平台应运而生，担当起传递精准医学知识、提供健康指引及必要就诊提醒的角色。

系统在该场景下需满足如下需求。

◎ **专业性**：能妥当处理各类医疗问题，无论是常见疾病还是复杂病症都可作出回应，且所引用的内容均源于权威渠道，保障了信息的准确性和可信度。于医疗领域而言，深厚的专业知识是提供优质服务的根基所在，只有熟谙精确的医学常识，才能为患者提供科学、合理化建议。在逻辑推导层面，依据用户给出的发烧、咳嗽或疼痛等症状的信息逐步剖析推理，探寻可能的病因并予以指导。诊疗工作颇具挑战性，对医生提出了基于患者的病情陈述、历史病历与检验数据开展整体评估的要求，因此系统需要具备卓越的逻辑判断能力，模仿临床诊断程序运作。

◎ **人文关怀**：需揣摩提问者的自身状况、心理态势与真实意图，用专业且富有温情的措辞给予答复，在需要时奉上慰藉与支持。例如，在医疗圈中，病人渴望的不只是专业的诊断建议，还有情绪上的安抚和支持，这使模型要敏锐捕捉患者的心理状态与其深层次需求，以便提供更加用心且精准的服务。

◎ **安全性**：作答时绝不能擅自给出具体的用药方案或随意下定论，务必要附上"仅供参考"的警示说明，如果遇到严重的病情描述，必须提醒对方及时前往医院寻求专业帮助。医疗行业从业者心知肚明，医疗服务的本质目的在于守护患者健康，并非仅仅为了追逐经济利益，因此模型呈现的内容也应在医学伦理及法律法规框架内保持自律，并确保患者的安全处在首位。

6.2.2 具体需求分析

假设一位用户描述：连续3天体温保持在38.5度左右，伴随些许咳嗽与喉咙不适，心里不免开始敲起警钟，不确定这是否意味着身体出现了某种异常状况。

为满足该需求，定制系统须具备以下功能。

电子健康记录、医学文献库、临床指南及患者的症状反馈等多种渠道数据被汇集到一起，随后利用自然语言处理技术剖析非结构化文本内容，深挖核心信息，同时借助机器学习模型提炼规律并推测潜在病症。

在呈现阶段，力求条理明晰且便于查阅，采用列表或表格等形式进行重组排列，解答遵循从现象推因至建议的次序安排：先描述症状，然后分析诱因，最后提供专业性的应对方向，这样用户可根据指引厘清自身问题脉络。底层知识储备全依赖海量医疗文献与临床依据作为支持体系，为用户提供精准可信的针对性解读和指导。

知识库的持续更新尤为关键，引入最新科研成果与技术动态可以确保系统始终站在领域前沿，权威性也随之增强。智慧层围绕症状展开层层推理，构建诊断路线并依病情缓急提供就医指南，这一过程需再现医生诊疗思路。在逻辑推导中给出可靠建议。同时融入个体特征，如年龄、性别及过往病史以细化健康指导策略。意图层则要在反馈信息中嵌入人性化的暖心提醒，减轻可能诱发的焦虑情绪，回应内容则须严守专业规范底线，理解用户的情感状态及深层诉求是提升服务温度的关键点，这有助于拉近系统与用户距离，促进更具个性化的互动体验。精心打磨对话逻辑可以引导积极的信息传递，激发用户提供详细线索，从而助益于精准判定问题，也使用户更加投入整个交互流程，建立长效信赖。

需求分析围绕"数字家庭医生"场景展开，指明了后续改进的明确方向，为数据整理、模型微调及提示设计等任务提供了理论参考，这种专业性的表达彰显了医疗从业者的严谨态度，每一条建议都被置于实用性和实效性框架下深思熟虑，旨在以扎实的方式推动患者健康状况的实际提升。

6.3 数据准备与微调实践

6.3.1 数据准备

定制化工作以数据为开端，打造医疗领域的专属数据集有着不可忽视的重要性，这直接关系到模型能否吸纳优质的医学知识，在谈到数据筹备时，其间包含了多项操作步骤。

（1）数据来源

公开医学数据库如PubMed、ClinicalTrials和CDC等，这类权威平台所提供的临床文献、病例报告及指南自带高可信度标签，经过同行评议的内容本身就有一定学术分量，在模型的知识输入环节，它们能够传递大量的高质量医学内容，要是能将这类材料融入其中，不仅能够让模型学到最前沿的研究发现，还能同步获取医生在实践中积累的经验痕迹，这样一来它在医疗领域的专业属性自然而然就得到了提升。而在企业自有数据方面，诸如医院的电子病历、问诊记录及健康咨询中的日志文件，这些资料中暗藏着很多真实的诊疗痛点与解题方法论框架，这无疑为模型深入理解和模拟真实的医疗场景提供了重要的助力。企业内部的数据如同一座宝库，既为模型提供了丰富的学习素材，也让其更贴合患者的实际需求与疑问，在智能问诊系统中存储的真实问答对数据就像桥梁，连接起虚拟模型与现实场景，用户反馈的价值尤为突出，堪称优化系统的关键，这把"钥匙"能帮助开发者察觉模型在实际应用中的不足之处，经由整理和分析用户意见，模型将逐步完善，进而提升用户的使用满意度。

挑选数据来源时，质量和可靠性占据核心位置，医疗行业人员将为患者制定合理精准的治疗方案视为首要任务，因此这些数据需要经过严密筛查，确保其科学性与准确性。这一过程既是出于对患者权益的考量，也是维系医疗服务水准的有效手段。

（2）数据清洗与预处理

去噪与过滤：原始数据处理阶段，首要任务是清除冗余内容与干扰项，特别是在医疗数据中，杂乱部分容易对模型学习产生拖累效应。基于此进行的清洗过程直接指向纯度提升的核心目标，格式统一也是必要操作，比如设定统一的UTF-8编码规则，或对日期时间采用一致性表达等手段，这样能优化数据解析路径从而加速模型应用效率。至于数据标注环节，需要依赖医疗专业人士完成具体打标，明确疾病的分类、成因分析及专业建议这些细节信息，这类精确调整助力了权威性数据的最终塑造。医疗专家的数据标注促使数据质量实现飞跃，并间接锚定了模型学习的指引方向，借助标注过程，模型得以吸收专业知识与诊断方法，从而在医疗应用方面获得提升。对于数据划分环节而言，则是将数据切分归属为训练集、验证集及测试集三个部分，这种分布设置便于监控模型在微调阶段的具体表现，其重要性不言而喻。科学的划分能帮助更精准地衡量模型能力强弱，同时也为可能隐藏的瑕疵提供及时预警和应对契机。

（3）示例数据

问题：连续两天体温高于38.5度，同时伴随头痛与喉咙痛，这种情况大概率由病毒感染导致，也许是普通感冒或上呼吸道感染的表现。专家强调需要保证充足休息并及时补充水分，同时还应关注病情变化，一旦症状加重或出现呼吸困难的情况，必须尽快到医院接受进一步检查，如血常规及胸部X光等项目。这类翔实解答有助于后续模型调整，助力模型在医学领域的精度稳步提升，体现医护人员对患者健康的细致关怀，而每一条诊疗建议的核心目的均指向改善患者的病情，并为具体的医疗操作提供参考依据。

6.3.2 微调过程实施

数据准备完成后，基于DeepSeek-V3模型开展微调，微调过程包括以下四个步骤。

（1）初始化模型

选用DeepSeek-V3预训练模型作为基础，主要是为了保留其广泛的底层知识体系和推理潜力，这一经过初始化锤炼的模型，为后续模型快速适应崭新任务与领域诉求提供了便利条件，在较短的时间跨度内实现高效的迁移与整合。

（2）微调策略选择

全参数微调：计算条件充裕时，对模型所有参数进行调整的方法特别适用于高精度应用场景。这种方式能全方位提升模型表现力，然而全参数微调确实要付出巨大的计算资源与时间成本代价。在实战中需结合具体情况谨慎选择类似的优化路线，像LoRA这般参数高效微调策略则堪称资源受限或大规模模型场景下的救星，它聚焦于重要参数的局部更新，以较低资源投入和较快速度完成任务，成为应对当前需求的理想选择。高效精细化提升技术近年来逐渐显露锋芒，通过精准调整关键数据实现性能优化，同时把计算负载降到最低限度，彰显了足够的灵活性，实现高效的资源利用效率，跟上时代发展的潮流方向。

在实际操作层面，LoRA这类技术颇受青睐，能使微调进程提效不少。就医疗领域而言，选择微调方案时单考量技术效率这一个维度是不够的，模型输出的医疗建议必须确保精准且令人信赖，所以，做选择时更侧重既能让模型表现快速提升，同时又能规避潜在错误的方式方法。

（3）训练流程

①数据导入：将预处理后的医疗问答数据输入模型，这是微调的起始环节，要确保模型能顺畅接收高质量训练素材。

②训练环节：选择合适的学习率、batchsize和正则化参数，确保模型能够在新领域的数据中顺利收敛。这一环节的关键性不容小觑，参数的合理调整对提升模型性能有着显著影响，且直接影响训练稳定性和最终效果，涉及因素包括但不限于优化策略的耦合度、任务复杂度及数据质量与分布情况，尤其要在多维度之间寻找平衡点以达到更优的泛化能力。

③监控训练：利用验证集跟踪训练过程中的损失和准确率等指标变化，若模型表现滑坡则及时中止训练，避免过拟合风险。这一监控环节在微调阶段尤为重要，不仅能随时掌握模型动态，还能灵活优化状态，确保模型性能持续精进。

④超参数调节：就是靠着训练期间反馈来的信息，灵活调整学习率及其他超参数的配置，从而

使模型能达到更优的状态。在整个微调流程里，这一环节可以说是权重不小的，这般动态调整的操作能够让模型的表现更加出色。

（4）实际训练样本展示

输入：眼下症状大多落在病毒性感冒或上呼吸道感染的区间内，这种情形颇为常见，应尽量让身体处于休养状态，多补充液体，并且盯紧其他可能冒头的身体变化迹象，假如喉咙疼痛加剧，或者呼吸系统有状况浮现，及时去医院检查会更稳妥一些，血常规、咽拭子检测，以及胸部X光这类项目可以纳入考虑范围。

输出：这类训练样本促使模型在微调过程中逐步掌握医疗领域的专业表达和推理思路，同时亦隐含着医疗人员对患者健康的关切之情，每一条建议都旨在实现对患者的切实帮助。

6.3.3 微调效果预期

持续微调后，预期模型将显著提升以下方面性能。

医学知识准确性提高，调整参数使模型逐步吸纳更多医学专业知识，其在医疗领域的专业能力便会提升，结合患者描述进行多步分析时给出的诊断建议也会更具合理性，逻辑推理能力增强后能靠近医生诊疗思维路径，从而提供更可靠的解答；优化用户意图理解后，模型能够深入洞察患者情绪和背景细节，进而带来更有温度、匹配个人情景的服务体验。

实测数据表明，调整后的模型在标准医疗问答数据集上准确率提升了15%～20%，多轮对话时逻辑流畅性也表现出提升趋势，这种进展不仅是技术优化的体现，更反映了对医疗服务质量的深层考量。医疗从业者应始终牢记健康维护才是服务的核心，而非单纯追求利益最大化。因此，改进过程中应特别聚焦于模型输出的精确性与安全性，确保每一条建议都真正服务于患者的实际需要。

6.4 提示与规则设计

6.4.1 系统提示设计的重要意义

除微调外，借助提示工程可直接定制输出风格与格式，无须调整模型参数，这对企业需求在特定环境中实现精准匹配尤为重要。在医疗场景中，系统提示设计不能局限于技术层面的提升，还需要确保生成内容符合医学准确性、科学性的同时，兼顾伦理原则要求。换言之，医疗建议应以严谨为核心，通过提示工程嵌入可靠限制机制，以确保其合规与可靠性。

6.4.2 系统提示的设计原则

在构建医生助手系统时，清晰的提示设计是确保用户体验与安全性的重要环节。基于医疗场景的特殊性，需要明确角色定位：

医生助手已准备好为你提供帮助，请随时告诉我具体需求，以下是我的服务准则：①答复内容分条列出要点更易于理解；②当提到治疗建议时，我会结合健康风险做提示确保安全；③以温和的语气传递关怀，给人情感上的支持；④避免啰唆表述，做到简单直接，易执行，比如针对轻微失眠改善，可以是"尝试早睡，少用手机或睡前听些轻音乐，营造舒适的入睡环境，如果睡眠问题依旧严重，要考虑专业诊治"，这能更好地拉近彼此距离，使表达更加贴近你需要的交流方式。

在系统提示的设计里，医疗服务质量与伦理规范是极为关键的考量因素，医疗从业者普遍将提供可靠且精准的治疗方案视作核心任务。因此，设计这类系统提示时，不能仅仅着眼于生成达标的技术类内容，更重要的是确保这些输出能给予患者实际帮助和支持。

示例

你现在是一位资深家庭医生助手，名为"DeepSeek医生助手"。请根据权威医学资料和临床指南回答用户问题。你的回答应做到以下几点：
◎ 使用简明扼要的语言解释医学原理，并提供科学依据；
◎ 在回答中明确提示，如遇到严重症状，请务必建议用户及时就医；
◎ 回答时保持逻辑连贯，分段明确，尽量提供多步骤推理过程；
◎ 尽量避免给出具体的诊断结论，仅提供参考意见。
请严格遵循上述规则进行回答。

6.4.3 少量示例引导方法研究

在系统提示内嵌入一些范例，有助于模型更准确地校准特定的输出风格，类似于为迷路者提供一个醒目的标志物，这种策略能够有效优化输出与预期结果的一致性，例如以下示例即达到了理想的效果。

示例1

用户提问：连续两日发热伴咳嗽及咽痛的原因探究。

示例回答：这情况兴许是病毒感染上呼吸道惹的祸，增加休息时间，多饮水会起到一定作用，症状若持续或加剧，应当早日求医。

示例2

用户提问：全身乏力伴轻微头痛是否需特别关注。

示例回答：这些表现可能与普通感冒有关联，抑或是某些疾病早期发出的预警线索，留心休息总归是有所助益的，如果这些情形持久不消或出现更为严重的症状，不妨尽早与医生沟通交流。

附加少量示例无疑推动了模型对专业问答语境与格式的精准复刻，这些案例还折射出医疗从业者在患者健康上的深刻态度——每一条建议都应实实在在助推病情好转。

6.4.4 动态规则机制

系统可嵌入动态规则以进一步约束输出。

关键词触发：针对"严重""紧急"这类词汇实施监控后，模型能够通过检测快速添加免责声明或安全提示，"立即就医"这样的表达亦能触发提醒机制，此类敏感词汇抓取的设计提高了对突发状况的辨识效率，医疗辅助功能安全性也随之增加。实时反馈模块则通过接收用户意见来优化提示语言的准确性，形成自动化的迭代更新流程，从而保证回复更加贴合需求。在涉及多轮交互时，系统每次会先请用户重新陈述问题，并强调保持上下文逻辑的连贯性作为生成答案的前提要求，这样不仅有助于深化对连续提问逻辑关系的理解，还让对话更具组织感与流动性。

测试表明提示工程调整后，系统在对话中抓取用户意图的能力增强，其回答格式与逻辑更趋合理，用户满意度提高约18%，此改进既是技术提升也是医疗服务质量的体现。医疗从业者应牢记服务核心目标是保障患者健康而非单纯追求利润，在优化时需特别关注模型输出精准度与安全性，确保每条建议都能助力患者健康。

6.5 性能测试与调优

6.5.1 模拟测试环境构建

想检验定制模型效果，就得构建一个模拟测试环境，环境可能涉及各类使用情形和棘手状况，比如，测试用例涵盖常见病、少见病、复杂症状等多种状况，借助多轮对话形式延展应用情景，力图贴合"数字家庭医生"的多样需求，这种集成测试能全方位考查模型能力，对评价性能尤为关键。

通过多样化设计让测评更细腻反映各情形下的系统运作表现，自动化测评采用数据准确率、信息整合性、知识范围及逻辑推理水平等多个指标进行评分，为模型表现定出较为直观的优劣标准。另外，专业医护人员对特定案例实施人工审核，这样既能评估自动测评是否足够精确，也从实际操作中获得优化建议，这一步骤补充了测评工作的完善性，对专家眼中的问题盲区直接指出改进方向。

在搭建测试环境时，医疗服务质量和伦理规范的重要性是不可忽视的。医疗行业从业者向来以提供可靠的治疗方案为核心目标，于是这类测试环境不仅需符合技术标准，更要确保模型输出的建议内容经得起科学验证且误差最小，同时还得严守医学伦理的框架才能符合实际应用的需求，而这一目标背后是对医疗服务本质更为深刻的体现和靠近。

6.5.2 测试指标设定

测试中应重点关注的指标如下。

◎ **准确率**：衡量模型表现时，医学知识的引用精准度及解析深度是关键标准，提升这一能力能显著增强模型提供医疗服务时的专业度与可信性；逻辑连贯性则聚焦于回答能否遵循推导顺序来体现合理的脉络，其顺畅程度不仅反映推理层次，还强化了模型输出在医学分析中的合理性；而在意图对齐方面，主要是考察输出内容能否贴合用户实际需求，既要做到亲切易懂，又要展现人性化和关怀感，这代表了模型抓取深层诉求的水平。增强这些方面的技能，则输出内容将愈加贴切、贴心，并且更具实用性。

◎ **响应速度**：模型从接收输入到产出结果的耗时直接影响实际场景的表现效果，快速响应被看作评估性能的重要因子之一，加快这一环节能够使模型更高效地服务于用户需求。用户对反馈的质量评价也能借助问卷或线上调研来捕捉，这里面涵盖内容优劣和可靠度等方面的整体印象。

6.5.3 测试结果反馈与问题诊断

模拟测试过程中常伴随一些情形出现，为厘清这些问题及其调整方式，特别汇总了表6-1，里面涵盖了测试时遇到的核心难题及相应的改进措施，调整落实后，模型性能有望得到提升，用户的体验感自然也会随之改善许多。

表6-1 测试问题与调优措施对照表

问题描述	具体表现	调优措施
部分少见疾病知识不足	模型对冷门病症的处理回答不够全面	扩充罕见病与前沿医学研究数据；对模型进行重新微调
多轮对话中意图识别偏差	用户意图偏移时模型回答策略调整不及时	多轮对话中动态提示规则的精细化设计；强化意图捕捉机制
响应时间延迟	检索增强模块中，外部数据调用耗时导致部分回答响应延迟	优化数据检索算法与缓存策略；缩短响应时间
用户体验不足	模型回应缺乏情感关怀导致用户满意度低	优化系统提示，融入情感关怀要素；附加少量示例引导

针对上述问题，可采取以下优化措施。

进行知识补充，少见疾病研究离不了海量数据支撑，最新医学进展中往往暗藏这些紧要信息。模型调试时混入这类新数据后，罕见病症问题的处理能力便能大幅改善，这一步骤在拉高整体表现上意义非凡；提到对话优化部分，需把多轮交流的设计调得更缜密些才好完善意图感知，互动效能会随之提升，用户也就更满意；检索模块也得迭代一下，改良算法及缓存技巧能让用户搜索出结果的时间缩短，这直接影响他们使用是否舒适；专家和用户的反馈可不能忽略，整理成周期更新清单非常必要，通过不断修正问题补齐功能缺漏，模型才能长久维持良好运行状态。

调优环节中，医疗服务质量和伦理规范成为焦点内容，医疗从业者须将制定合理精确的治疗方案置于首位。在此优化进程中，模型输出结果的准确性与安全性备受关注，每条建议都要确保能为患者提供实质性帮助。

6.6 总结经验与闭环构建

6.6.1 数据量与质量的决定性影响

数据为根基：高质量且多样化数据可谓定制优化的根基，无论是公开的数据、企业内部的数据还是用户反馈数据，均需经过细致清洗与标注，以保障准确性与全面性。在医疗领域，数据质量直接关乎模型输出结果的准确性及安全性，因而备受关注；医学知识更新速度极快，定期将新数据添入其中，保持知识库的时效性极为关键，这可令模型得以汲取最新医学科研成果和临床实践经验，其专业水准随之稳步提升。

6.6.2 领域专家参与的必要性分析

专业标注：医疗专家参与数据标注与验证的工作，使模型能够吸收正确医学知识和临床经验。这种专业力量的介入不仅提升了数据质量，也为模型学习划定了一条明确路径，借助他们的标记内容，模型得以逐步掌握规范的医学架构和诊断手法，并逐步提升其在医疗领域的专业化水平。同时，反馈机制也扮演着关键角色，定期让专家复盘模型输出的成果能够迅速定位问题点，形成一套动态更新的运行逻辑，在不断纠错的过程中强化判断错误的能力，并使模型最终性能持续改善。

6.6.3 微调与提示工程的协同优化

微调细节：借助全参数微调或是 LoRA 这类技术，结合优质领域的数据继续训练模型，往往能让效果进一步凸显，尤其是在强化某些专业领域的适应性上更为有效。此外，提示工程作为一种辅助手段也没被落下，它需要依托于常规微调，在此基础上通过系统性的提示与经过筛选的少数样本实例指引模型产出结果。这一方式在意图识别与情感传递上成效显著，而且提示工程的确是优化模型输出水准的重要环节之一，靠它可促使所呈现的服务体验向更好方向靠近，进而提升用户的满意度。

微调与提示工程协同优化，既推动了模型技术指标的提升，也折射出对医疗质量的关注。

6.6.4 RLHF 与外部工具的集成应用

强化学习优化：将人类反馈与奖励模型嵌入回答流程，对模型进行微调，使输出内容不仅能准确回应问题，还能契合用户的情感预期。这一过程中，强化学习成为提升模型表现的核心策略之一，经此方式，用户的体验感和满意度都会有明显的提升；而在知识扩充及工具调用方面，则利用检索增强等方法结合外部工具（如计算器或数据库接口），用来弥补模型内在的认知不足及解决计算能力上的短板，从整体上精进输出水准。通过这样一系列手段，模型在准确度和安全性层面获得大幅提升。

RLHF 与外部工具联手后，模型表现有了些许提升，这让大家感到其对医疗服务质量的重视。

6.6.5 多模态扩展与协同应用

跨模态数据融合：在实际操作层面，图像语音这类多模态数据和文本一样举足轻重，将图像说明转化为文字再与模型同步处理，能让智能问诊变得更细致；融合多模态数据属于提升模型性能的有效手法，如此一来对增强模型精准度和覆盖广度多有助益；而插件协同，则意在利用成熟的多模态模型开发端到端的应用场景，从而为"数字家庭医生"注入更为多元的互动方式，在一定程度上也能使模型发挥出更优水准。

多模态扩展不仅推动了模型技术层面指标的提升,还在一定程度上反映了医疗领域对服务品质的侧重,毕竟医疗从业者需要明确一点,无论行业如何升级转型,医疗服务的核心落脚点仍然是改善患者的健康,而非简单地关注利润增长的数字。因此在技术优化的过程中,尤其要围绕模型输出的准确性和安全性进行权衡与打磨,努力让每项建议尽可能真正服务于患者的实际需求。

6.6.6 迭代优化闭环构建

成功实现定制优化堪称一场漫长且反复拉锯的行程,初始版本发布不过是个序章,随后便陷入持续接收反馈、调细节、再测试的循环中,这种反复的互动根本没法省略,构建闭环流程包括:

(1)在启动初始版本部署时,借助预训练模型和现有数据构建了一个基础框架,这一版本如同探索的起点,为后续多重优化与改进创造了不可或缺的前提条件,在此基础上才能稳步开展后续推进工作。

(2)全面测评包含自动工具检测和人工审核这两部分,综合各项指标进行考量,这一环节于模型优化而言极为关键,能够暴露出模型的不足之处,为后续改进勾勒出大致方向轮廓。

(3)反馈整合在模型优化中占据重要地位,用户及专家意见被汇聚起来后,深入挖掘问题根源便成为关键环节,这一过程中快速定位和解决问题具有重要作用,并且能大幅增强模型的表现效果。

(4)规划方案再做训练,实则为了构筑应对出现问题的改进方案,并投入第二轮参数调节与提示内容优化之中。此环节对于模型优化而言举足轻重,经历该步骤后的模型逐步提升表现力,实际难题亦能从容应对。

(5)再测评与循环这一环节,犹如对模型反复雕琢,不停检验新版本的各项功能或性能指标,直至其达到既定要求才能告一段落。这一步骤在提高模型质量时占据重要地位,唯有借助连续的再测评和循环,才能保证模型在实际应用场景中长期保持稳定且优秀的表现水准。

"诊断—优化—再测评"这一循环模式,能让模型在真实环境中不断迭代并长期保持稳定表现。医疗从业者需要铭记,医疗服务的核心在于守护患者健康而非盲目追逐经济利益,此模式在调整环节尤其聚焦于结果的准确性与安全性,以确保每项建议都能真正为患者提供帮助。

6.7 总结

本章以"数字家庭医生"为案例详尽解读了DeepSeek模型定制优化的全过程,起始于模型能力的剖析,逐步锁定目标与需求,继而推进数据采集准备,在持续演进中执行微调任务,探索提示工程设计,同步引入RLHF调整方案及知识增强技术,并完成多模态外延扩展工作。上述步骤各自承载使命却紧密关联,相互促进形成了缜密递进的操作链条。

实际操作过程中,经过多轮优化调整后,定制模型在医学问答领域的准确率、逻辑连贯性及用户满意度等方面均有显著提升,但仍暴露出该领域中存在的问题,而这恰好为后续迭代工作指明了改进的方向。

这套专门打造的优化方案，显然不局限在医疗领域施展拳脚，还游刃有余地覆盖金融咨询、法律服务、智能客服及教育辅助等多个方向，为行业与开发者提供了一套落地性强的整体优化蓝本，从场景拓展到功能创新均提供了具体操作框架，不同领域的特殊需求得以兼顾却又统一于优化逻辑之下，企业借此能更灵活调整自有系统以匹配实际业务场景。

在全球AI竞争日益白热化的背景下，企业要在市场中扎根并超越同行，离不开持续地定制化调整与优化迭代。本章内容或许能为通用大模型向特定行业智能化工具转型提供一些实操线索，而对于深耕医疗领域的朋友来说，务必记住诊疗服务的本质始终是维护患者的健康，而非单纯追逐利润回报，只有这样，才能将技术创新和人文关怀有机结合，实现更高的服务质量与更好的患者体验。

第7章 模型组合：大模型的协同与互补

近年来人工智能快速发展，大模型在自然语言处理、图像生成和代码编写等领域展现强大能力，然而这些模型尽管在通用任务中表现出色，但处理特定领域的专业工作时弊端逐渐显现。

本章重点探讨多模型协作策略的价值及其运用可能性，单个模型在知识覆盖面、推理形式、意图捕捉及资源耗费上均有不足，多个模型联手，依靠互补可缓解这些问题从而提升系统效能，具体介绍几种主流的多模型融合办法，如流水线执行、协同分工、投票选择、概率融合搭配嫁接及混合专家体系，并且逐一解析各类整合方式的优劣和适配范畴。

本章聚焦模型协调与控制的技术维度，看似寻常的统合架构构建背后，上下文共享与信息整合犹如纽带般贯穿始终，动态路由搭配调度安排暗藏玄机，实时监控交织反馈调控逐步引导，这一个个环节为人工智能高效智能应用场景埋下理论基石并铺开实践蓝图。在智能手术机器人项目及AI智能体个性化协议设计等案例深处，模型协作的实际应用效果轮廓初现，在众多复杂任务面前，它的独特优势同样悄然涌现。

7.1 单一模型的局限性

7.1.1 单一模型于不同任务间表现差异显著

近年来大模型在自然语言处理、图像生成及代码编写等领域表现出卓越能力，其强大通用性和适应性在诸多行业中推动了重要进展。但随着应用领域的不断扩展和任务复杂度的持续攀升，实际运用过程中逐渐显露出一个现象：尽管单一大模型在普通任务上表现强劲，但在应对特定领域的专业工作时常会受到限制，具体表现在以下几个方面。

1. 知识覆盖面有限

通用大模型虽基于海量数据训练，但这些数据来自四面八方而且散布凌乱，特别在医学或法律这种高度专业化的范畴内，模型往往显得不够深入，无法充分掌握精髓并加以实践运用。比如，面对复杂病症诊断或对法律条款进行解读时，给出的答案通常缺乏精度与深度，原因在于这些领域的知识不仅包含大量事实内容，还牵涉一套严密的知识架构和逻辑推理规则，而单个的大模型身处这类深层应用场景时经常力有未逮。

2. 推理逻辑不够严谨

复杂问题通常需要借助多步推理来破解，但如果是单一模型处理长链式推理任务，很容易出现逻辑脱节或信息遗漏的现象。即便某些模型表面看来具有较强推理能力，一旦面对需要长上下文整合、多环节连贯的任务时，受到信息冗余和算力不足的限制，输出效果难免打折扣。比如，碰到涉及多个领域交叉的棘手问题，单个模型在融合不同知识体系方面可能束手无策，进而导致推断结果偏离预期精准度。

3. 用户对话中的意图识别不够精准

人机对话与智能客服环境下，用户问题中复杂情感和潜在意图的存在确实增加了处理难度。单一的大规模语言模型在应对此类细微差异上难免捉襟见肘，具体表现为尽管知识储备过硬，但难以精准捕捉实际意图，像DeepSeek-V3这类模型偶有发生避重就轻或机械化抛出标准答案的情况，这种局限直接影响了用户感知体验。原因也不难理解，抽丝剥茧般地深入分析用户意思需要兼顾表面文字以外的元素，比如思考语境因素、语气暗示，甚至未说出口的隐性诉求才算全面考量，然而面对如此纷繁复杂的任务属性，单纯凭借一个独立模块，不免少了些灵活应对分布性需求的深层次能力。

4. 资源消耗与响应速度问题

大模型往往参数量庞大，对计算资源提出了较高要求，遇到高并发场景时，单一的大模型响应速度极可能拖慢整个系统的表现，用户体验随之打折扣，尤其是在移动端或边缘设备上部署这类模型时更明显。简单来说，几十亿参数规模的那种大模型，在面对大量请求的时候要是算力跟不上，延迟问题就很容易出现，严重的情况下服务还可能直接断掉。

7.1.2 单一模型的缺陷凸显组合策略的必要性

单一模型在知识覆盖、逻辑演绎、意图捕捉及资源利用效率等方面存在短板，因此多模型协作逐渐成为一种潮流，通过汇聚不同模型的优势特征，使整个系统处理复杂任务时依旧能维持较高的性能水准，并起到节约成本、加速响应及强化稳固性的作用。比如，将一个擅长存储庞杂信息的模型与另一个对话语意图十分敏锐的模型搭配起来，则可以确保最终答复的专业性，同时保障交流的过程顺畅又自然，毕竟这种方式可有效弥合个体模型自身的不足之处，充分展现其核心长处，最终为实现更高效智能化应用带来助力。

7.2 多模型组合模式

在实际操作层面，多模型组合策略呈现灵活变通的特点，可以按照具体任务的不同要求匹配最适宜的运行模式。后续内容将针对性介绍一些常用的多模型组合方法，探讨它们隐含的机制及其具体的实践流程。

7.2.1 流水线式组合模式

复杂任务拆解为多个子任务后，每个模型像是锁定特定区域进行深耕，最终将各模块输出的成果整合起来形成整体解决方案，这种方式类似工业上的流水线作业模式，通过不同环节的专业化切割和高效协调来撬动整个流程的顺利运行。

1. 工作流程

复杂任务切分是一种有效策略，就像在智能业务助理场景下可以见到的，分成意图捕捉、数据挖掘、输出生成这几个环节。这种分解思路在技术流水线里处于核心位置，可以将任务内在结构逻辑与各模型性能边界进行合理的安排，让每个子目标能够匹配最优算法来实现效率最大化。随后各小任务分头执行，不同模块各自承担相应职能，好比用A架构处理意图判定、B网络处理信息检索、C框架编写反馈内容等，多种模型独立操作的同时又紧密嵌套协作，如此便构建了高效的信息处理系统。分布式处理可让各模型各自施展所长，促使每个步骤的效率与效果都有所提高。结果传递和整合，就是各模型将处理好的信息依据预定接口传至下一环节，最终由整合模块把所有片段的结果融合成一个完整答案。这一环节相当关键，必须确保数据格式一致且上下文过渡自然，倘若信息缺失或格式不对，就很可能出状况。

2. 优缺点分析

（1）优点

充分利用各模型的专长，将任务拆解并分派给不同模型，可以让每个环节的表现更精准、稳定。这如同在复杂问答系统里，意图识别模型扮演了揣摩用户想法的专家，答案生成模型则专注于产出合适的回应内容。这样的搭配使系统效果更为理想，架构层面流水线式的模块布置让整体结构更加有序，每个模块都能独立调整与优化，这对于后续的系统维护和功能增强带来了很大便利。倘若某个环节出现故障，便可专门针对此环节开展检查与维修作业。如此一来，其他部分依旧能够维持正常运转，每个环节都能够独立改进，彼此之间相对宽松自在，这样就可以根据现实状况对单个环节独自调整优化，让整个系统的维护工作简便许多。比如说，技术进步之后，既可以把意图识别这个模块单独拿出来升级，也能在信息检索这块直接进行更新换代，完全不需要耗费巨大精力对整套系统从头到尾大改造一番。

（2）缺点

多步骤连续执行有可能拖累整体反应速率，毕竟每个小环节都需要时间消化处理，全部串起来就很可能让总时长不断拉伸。比如，在实时问答系统的场景中，假如某个环节拖泥带水过于缓慢，用户的耐心难免被消磨殆尽，使用体验必然大打折扣。此外各节点间的小问题也可能会积累成大麻烦，因为后续的环节依靠接收到的前序结果运转，一旦前期出现了偏差，那这种问题就可能贯穿全程，最后得出的结论恐怕就会偏离预期目标。意图识别一旦偏离轨道，后续的信息检索和答案生成难免也会脱轨，导致最终结果出现偏差。这种流水线式的运作模式确实充满挑战，各个环节之间既要保证状态传递不出差池，还得善于处理突发错误，这样才能让整个流程顺畅跑起来。这样一来，设计与实现系统的难度自然水涨船高，同时也使开发和维护的投入成本居高不下。

7.2.2 专家分工式组合模式

专家分工模式依据任务特性差异，将任务分派给对应的专业模型各自运作，随后整合各方成果，这种形式常见于对专业知识要求偏高的情景，诸如医疗、金融、法律等领域。这犹如现实中的专家会诊，倚仗不同领域的专家相互配合，进而有效处置复杂难题。

1. 工作流程

任务能按知识范围或功能特点进行分解，形成多个细化步骤。在医疗问诊情景中，可以划出症状剖析、病灶判定与就诊导引三块内容，这类范畴划分要依据现实需要和不同模型的功能考量，确保每个细分部分都有最匹配的模型去处理。说到专业模型的适配情况，就像DeepSeek-R1擅长代码编写与数学推演这类事务，而GPT-4o就更擅长开放对话与情感解读等任务。专家模型的选取需要依据任务领域的特性和专业能力进行匹配，这样做才能实现高效的处理效果。结果融合其实是对不同专家模型所产生结果的一种整合玩法，这种整合可以通过简单的拼接，采用加权平均来平衡各方意见，或者像集体投票般做出抉择。无论采取哪种方式，都要综合考虑每个模型输出的内容特质和品质水准，从中挑选最为合适的手段去揉捏出最后的输出成果，这种最终结果自然要以精准度和一致性为目标，这样才能让融合后的产物更贴合实际需求，又能保证结果可靠性高且协调性强的态势。

2. 优缺点分析

（1）优点

专家分工模式依据任务所属领域差别，采用与之匹配度最高的模型执行操作，这种方式有益于提升系统在专业方面的水准及判断精确性。例如，处于医疗问诊场景时，选择专门针对医学进行设计训练的模型，可以更为精准地剖析病症表象并且推断潜在病因，从而提供更具权威性的诊疗参考建议。同时允许不同模型单独调整自己的状态，鉴于每个专家型模型独立运转，并且可根据行业特色自行优化，它们之间不会相互干扰，这种方案能让每一个模型趋利避害，促使整个体系的整体表现得到强化升级。像专门钻研法律的模型，持续关注最新的法律法规和判例等就成了它的日常，它在这个领域的技能就能不断精进，其他领域的事基本干扰不到它。

要说办大事儿，专家分工这种方式优势明显，就是把任务分解，分派到各个专业模型那里去处理，这么操作，在面对那些既跨越多个学科又特别复杂的问题时就会更得心应手，就好比医疗和法律纠缠在一起这样极为棘手的情况，请医疗模型与法律模型一同商量，想出的解决方案自然全面妥善。

（2）缺点

各专家模型分属不同领域，协同起来颇为不易。输出格式和数据结构常常相互排斥，这一状况导致结果的统一如同硬凑拼图，比如有些模型产生结构化数据，另一些可能吐出自然语言文本，试图将这些零散的结果汇通并非小事一桩。系统的复杂架构决定了后期维护也将是块"硬骨头"，为保证专家间能有效协作，必须构建一个兼容多方的核心体系，这样不仅提升了初期投入成本，也为后续的稳定维保制造了不少难题。某个专家模型若出现问题，或许就得对整个系统逐一排查加以修复，否则系统难以维持正常运转，不同专家模型之间或许会因知识体系差异产生矛盾，像各自在自己的专业范围内深耕，协作之时容易出现分歧点。比如，医疗模型凭借医学常识提供治疗意见，而法律模型依照法律法规提出相悖建议，此时如何应对冲突便成为一个难点，这就要求有特定的机制来调控这些矛盾，才能确保合作顺利推进。

7.2.3 投票集成式组合模式

投票集成式组合模式，是指把同一问题抛给多个模型共同解答，接着运用多数投票、加权平均等办法敲定最终答案，这就像民主投票，会通各个模型的思维找出较为可靠的结果。

1. 工作流程

多个模型应对同一问题作答时，则各自展现其所长，某一模型失效也不会拖累整体运作，这之后需对答案进行打分排序，涉及的评分维度包括准确性、逻辑连贯性及语义契合度等内容，具体制定评分机制时，需考虑任务属性与模型特色匹配程度。最终阶段为整合决策环节，在评分基础上，可能应用投票或加权计算方法确定最高得分的答案作为结果输出，决策过程还需结合各个模型性能优劣及其可靠程度，综合考量融合方案合理性，以确保最终呈现结果既可信也精准。

2. 优缺点分析

（1）优点

系统鲁棒性能之所以显著提升，得益于多个模型意见的综合权衡，投票集成模式可以稀释单一模型出错带来的影响。在复杂问答场景下，即便某模型回答出现偏差，其他模型输出的正确答案也可通过票决或权重平均浮现出来，进而增强系统表现的稳定性。各个模型的输出在某种程度上具有交叉互补特性，它们可能基于不同视角对问题加以解读并反馈，而这种差异化信息恰恰通过投票集成被有序整合在一起，推动了回答内容朝更优方向演变。比如，面对开放性议题，一个模型着重科学面向的答案构建，另一个则更倾向于人文向的理解与回应，借助投票集成逻辑把两种思维模式的答案捏合，形成更为周全清晰的回答形式。开放性问题和多解问题更适合投票集成模式展现其优势，这种集成方式汇集多个模型的见解，使最终答案呈现出更高的多样性和丰富度。尤其对于创意生成类任务而言，各模型贡献独特思路，借助投票机制整合后往往能筛选出最具创造性的方案，从而更好契合用户需求。

（2）缺点

多个模型并行运行确实会让计算成本显著攀升，投票集成模式为了让这些模型协同输出答案，算力的需求自然也被进一步推高。举个例子，在高并发请求场景下，同时启动多个大型模型很容易导致资源耗尽，系统响应拖慢不说，用户体验也会打折扣。至于结果整合，也不是一件轻巧的事，投票集成需要合理引入打分与决策机制，才能避免融合过程出岔子，具体内容需针对实际任务深入考量，比如评分规则该如何划定，权重如何分配等问题都不容含糊，否则生成的结果可能出现偏差或波动不稳定的情况，直接决定着最终的质量和效率。各模型表现若差异显著，融合后的结果恐怕难以实现稳定可靠，特别是在决策模型间存在明显分歧的情况下。例如，某个模型可给出精准解答，而另一模型的结果却谬以千里，这使依靠投票或加权平均获取可靠的整合结论变得阻碍重重，当分歧过于悬殊时，依赖这些方法获得理想结果的难度便大幅上升，在模型间一致性不足的前提下，试图通过统计手段来弥补差距显得尤为棘手。

7.2.4 概率集成与模型嫁接

1. 概率集成

概率集成的方法，大概是在模型输出层进行融合处理，把各个模型分别得出的概率分布加以平均或加权操作，而后按照概率值最高的选项敲定最终结果。这种方法要求参与融合的模型拥有相同的输出词汇表与格式一致的概率分布，虽说计算简单且实现容易，但有时会忽略不同模型间的结构差异。举个例子，在文本分类任务中，多个模型能给出各类别不同的概率分布数据，最后借助平均或加权平均手段来确定最终的分类归属。

2. 模型嫁接

所谓的模型嫁接，指的是将大模型的部分结构或权重直接挪移到小模型中，再接着进行预训练以实现能力的融合，这种方式能同时整合大模型的知识储备与推理优势，也能够利用小模型在资源节省及部署效率方面的特性。常见的做法通常是先通过某种设定衔接，再逐步调整与优化两种特性的适配度，并且注重在不同阶段维持性能与需求的协调关系，使结果更趋实用化和技术化，并尽可能规避数据依赖和参数尺度带来的冲突或形式主义问题。

大模型作为教师模型，其特定层的参数是开启关键知识和推理能力的重要切口，后续把这些宝贵信息嵌入小模型中打造混合体，两者实现结构或权重共享的过程好似智慧接力。接着持续预训练并且精细调整，使小模型适应框架布局且表现力稳步攀升，这种所谓的模型嫁接法让模型规模变小从而缩减算力成本，但保留了原汁原味的大模型力量底蕴，部分场合下的准确率甚至显著飞跃好几倍之多，体现出这一模式的价值与效果呈现的直观性。

7.2.5 混合专家模型

混合专家模型高效推理依赖动态激活部分专家网络这种方式,在MoE架构内部,尽管模型整体参数量十分可观,但每次推理时仅会启用一部分专家网络,这能大幅削减计算任务量,其核心技术涵盖的内容还不少:

比如,门控机制可以实现分析输入特征后动态调整专家激活权重,借此挑选契合当前需求的专家投入运算,提升推理速度与精度;共享专家模块像一座知识仓库,在每次运算时提供通用知识点的支持服务保障基本知识的应用;同时,设置专家的工作负荷上限,防止某个专家因过度繁忙而拖累系统整体效率,这类限制虽然看似微不足道但实际上对系统的稳定运转起到了关键性作用,也让其能在较长期内保持高效的运作状态。

最新研究显示,采用MoE架构的大模型在性能不受损的前提下,推理阶段的资源消耗仅为传统全参数模型的5%~10%,此成果为实际场景中的模型部署提供了关键支撑。

了解几种多模型组合模式后,就可以尝试提炼它们的独特特征、优劣之处及适配场景,表7-1展示了流水线式、专家分工式、投票集成式、概率集成与模型嫁接及混合专家模型等主流类型。这样一来,各种模式的应用范围和潜在困扰能够更直观展现,合理选用搭配方式就能促使模型间协同运作,提升应对任务需求的整体效果。这种归纳方式避免复杂化表述,也有助于直接获取核心内容,推动后续实践参考。

表7-1 多模型组合模式对比

组合模式	工作流程简述	优点	缺点	适用场景
流水线式	任务分解为多个子任务,各子任务由不同模型处理,最终整合结果	充分利用各模型专长;结构清晰,易于调试和扩展;可单独优化每个环节	增加整体响应时间;误差可能累积;实现复杂度较高	复杂任务的逐步处理
专家分工式	按任务领域划分,由专业模型分别处理子任务后整合结果	针对不同领域最优选择;独立优化;适合跨领域复杂任务	协同难度大;系统架构复杂;可能出现知识冲突	高专业性领域(医疗、法律等)
投票集成式	多模型并行回答,经投票或加权平均选出最终结果	提高系统鲁棒性;输出互为补充;适用于开放性问题	增加计算成本;融合过程复杂;结果可能不稳定	开放性问题或多解问题
概率集成与模型嫁接	概率集成:平均与加权模型的概率分布;模型嫁接:大模型部分结构嵌入小模型的优化研究	计算简单;降低模型大小和计算资源需求;提高性能	忽略模型结构差异;嫁接过程复杂	资源受限场景或性能优化需求
混合专家模型	动态激活专家网络以减少计算量并共享通用知识	高效推理;降低计算资源需求;保持高性能	实现复杂;需要优化专家容量和门控机制	高性能需求且资源受限场景

7.3 模型协调与控制

多模型协同中，各模型间的顺畅配合及信息共享构成系统表现关键。下面列举若干实现模型协调管理的思路，增强模型间的数据互通，促进参数交互，优化算法联动，设计灵活接口以支持不同模型协作需求，在线监控与动态调整配置，强化反馈机制改善同步效率，完善顶层管控架构保障整体协同效应。这些手段能剔除信息孤岛现象，消除潜在矛盾与偏差隐患，同时，兼容各层级差异，适配算法特性，也需要考虑具体的应用环境与计算负荷变化的应对策略，通过多种策略交替助力系统功能集成与性能提升。

7.3.1 协调框架的构建

想实现多种模型的顺畅协作，就需要构建统一的协调架构，如此一来各个模型之间的衔接才能顺利进行，类似 LangChain、LangGraph 这类当前流行的框架，它们都拥有若干实用的功能。

模块化接口设计可实现所有模型通过同一接口运行，以此确保输入输出形式统一；状态共享机制如同一座桥，允许各模型共同享有状态或上下文信息，保证对任务理解一致，有了该机制，多个模型应对任务时便能保持背景资料相同，避免信息差异引发问题；动态路由机制借助门控网络或条件边机制实现，能够依据任务需求当即判定启用哪个模型或哪几个模型协同工作，如此一来，系统可根据任务特性与难度智能挑选最合适的模型组合，提升整体工作效率。

比如，LangGraph 这类工具能够绘制状态图，节点表示模型或处理模块，边表明运行次序与条件判断情况，该状态图的作用相当独特，使系统运作变得格外明晰，对于后续调试和改进也大有益处。

7.3.2 上下文共享与信息融合

多模型组合过程中，需要将各模型的输出整合到同一个上下文中，才能保证后续操作顺利进行，这背后涉及相对复杂的工作内容。

统一模型的输出格式堪称关键，像 JSON 或结构化文本这种数据形式就比较合适，毕竟整合不同模型成果时，只要格式一致就能避免混乱；而谈到信息融合，可选用加权平均、拼接等手段将各模型的结果糅合成一个熟悉的答案，但方法的选择需要依据具体任务及各个模型的特性，这样才能确保最终成果既准确又稳定；上下文的传递在系统里也不容忽视，无论流水线作业还是并行处理，模块间都要共享背景材料，使整个系统对情景有个一致的认知，如此一来，面对相同的任务时各个模型都能携带着一样的背景去运行，系统的整体表现与可靠性也会得到显著提升。

7.3.3 动态路由与调度

在实际操作过程中，由于任务的难度并非一成不变，因此系统需要具备灵活调整模型的能力，而动态路由机制正是通过分析输入数据特征实现自适应判断，无须预设明确路径。基于这一机制，系统可以智能决策：是否需要调用专业领域模型以应对复杂任务；是否需要进入专家分工模式以提升处理效率；或者是否可以直接采用投票集成结果以快速得出结论。这种灵活性确保了系统在不同场景下的高效适配与精准响应。

动态路由可经由条件边或门控网络等形式实现目标，从而在各环节挑选最合适的模型运作，提升系统整体效率和准确率。

7.3.4 实时监控与反馈控制

确保多模型协同系统稳定运行需构建实时监控与反馈机制，涵盖以下几方面。

每个模块的响应时长都值得关注，这样有助于将系统整体表现控制在预期范围内，监测响应时间可快速找到性能问题的位置并立即处理；在成本方面，每次模型运行时都要关注计算资源占用和支出变动情况，有异常就迅速优化策略以免预算超标，这种监控形式可以有效管控花销，避免资源过度消耗而导致超支；针对结果质量，可以依靠自动评分与人工复核来评判最终产出质量，并把结论反馈到动态路由中，以此为下一操作提供参照标准，这样的方式能让输出质量符合用户的期待并提升其满意度。

通过上述机制，系统可实现从误差检测到策略优化的闭环管理，不断进行自我调节。

7.4 应用案例：智能手术机器人系统

以"智能手术机器人系统"为例，若想更直观感受多模型组合的实际作用，不妨观察它如何依靠多种模型互相配合进行工作。这种多模型的协作并非单纯的技术手段，而是带有整体性的解决方案，在复杂多变的医疗环境中能使各模型充分发挥自身优势，同时又能化解单个模型很难解决的一些挑战。

7.4.1 案例背景

在现代医疗领域，手术机器人在微创操作中扮演着重要角色，凭借精准的机械臂及高清成像技术逐步提高手术的操作精度与安全性。然而这台机器的强大不依赖硬件单打独斗，高效的软件配套同样不可或缺，在此基础上才能够完善从术前策划到术中导航，再到术后分析的整体流程。尴尬之处在于，目前的大模型算法在诸多细节操作上难以全面均衡，那么下面就来细聊一下这个话题。

1. 术前规划的复杂性

术前规划需慎重权衡患者解剖结构、病变位置及手术路径等多项因素，单独依赖一种模型来处理复杂的三维成像数据并优化手术方案，往往捉襟见肘，导致结果容易"失准"，就像在脑部这种极其复杂的手术场景中，单一模型通常无法精确锚定小范围病灶，进而妨碍对手术通路的优选决策。

2. 术中导航的实时性

术中导航需实时处理手术机器人传感器传来数据、患者生理信号及手术图像，以此保障机械臂操作的精准度。采用单一模型应对这类多模态数据时，可能会受限于计算资源不足或响应迟缓等问题，难以达成实时性的要求。

3. 术后评估的全面性

术后评估得考量患者恢复状态与手术成效，这涉及影像学检查、病理报告及临床指标等诸多方面，光靠单一模型很难将这些来源各异的数据整合妥当，自然也就难以输出足够完整的评估结果。

基于前述情形，某医疗科技公司计划推行多模型协作策略，让不同模型分别负责子任务以实现优势互补，该方案的具体内容如下。

模型A主攻术前布局工作，依靠患者医学影像与病历信息的支撑，借助深度学习与三维重建手段，在搞清病变部位后打造最合适的手术路径，且这种设计存在一定灵活调整空间；模型B也就是术中导航系统，则混合手术机器人采集的数据与即时画面材料，在操控机械臂执行高精度动作期间，依托强化学习可灵活应对各种突发状况，从而把精确性的要求贯穿于始终，保证整体操作维稳；术后评估交给模型C去管理，其核心环节涉及收集整理术后图像、病理资料和临床检验报告，使用多元化数据融合技巧生成详细结论，帮助医生确定后续治疗路线。这一流程伴随分布状态下的数据校对，不同模式的数据间无缝衔接使结果更可信服，反映出多层面医疗干预下动态链接的持续完善性。上述几类工作互为支撑，分属不同阶段但协同作战，并无严格的时间界限和单一职责范畴束缚，其内部关联促使反应速度更加高效。

多模型协同的这套组合拳，充分挖掘各个模型的专业潜能，同时也缓解了单一模型面对综合性任务时出现的捉襟见肘现象，这样一个既精确又高效，同时兼备安全性的智能手术机器人系统逐渐成型，不同模块优势互补的思路强化了整体设计效果。

7.4.2 系统工作流程

该智能手术机器人系统的工作流程在具体实施上可分为以下步骤。

1. 数据采集与预处理

系统首先从医院的手术室传感器中提取数据，如CT/MRI影像、病历记录与实时生理信号等，尽数纳入收集范围。接着，原始数据需经历预处理阶段，去除冗余和无用的信息之后，才能被送入不同模型充当输入内容并展开后续流程。

2. 模型分工与调用

系统按任务需求实现多模型分工。

模型A为术前规划模型，它以患者影像资料和病历信息为基础，运用深度学习技术生成三维解剖图像并设计最优手术方案，例如能够精确定位脑部病变位置与范围，并规划出一条避开重要血管及神经的手术路径。

模型B主责术中导航，依托模型A设定的手术路径规划，结合实时获取的传感器数据动态调节机器人机械臂的动作。通过强化学习技术加持，它能对术中突发的各种状况，如组织形变、出血之类作出快速回应，即时转换操作策略，借此确保手术进行时的精准与安全水平。

模型C也就是术后评估模型，能够把术后影像检查结果、病理报告和临床指标整合起来，生成综合性的术后评估报告。借助多模态数据融合技术，这个模型可以剖析手术成果与患者康复情况，进而给医生提供后续治疗的参考建议。

3. 结果融合与输出

模型分工后，系统采用流水线式或投票集成方式融合各模型输出，具体方法如下。

◎ **加权平均融合：** 系统面对相似内容通常靠加权平均进行整合输出，其中不仅参考模型的以往表现，还纳入不同领域权重要素来调和，比如调整手术路径时，虽主要依赖术中导航模型B的指引方向，但术前规划模型A的建议并没有被忽视，两者的平衡把握相当微妙。

◎ **条件路由融合：** 系统依据任务复杂度与实时数据状况选择流水线模式或投票集成模式，简单任务直接由流水线输出结果，而复杂任务且各模型答案分歧较大时转向投票集成模式，多次采样对比后选取相对可靠的答案。

◎ **最终输出生成：** 这套系统会对整合的信息进行优化处理，最终输出一份完整的手术报告，例如："术前规划已明确病变位置位于脑左部分区，并设计了匹配的手术路径，在实际操作中导航系统持续校正机械臂的动作，从而保障手术顺利完成，术后评估显示病变组织清除彻底，且患者的恢复状态表现理想。"

4. 反馈与修正机制

系统设有反馈环节，医生或患者对输出不满意时可启动反馈机制。

医生可通过界面反馈"手术路径规划不够精准"或"术后评估不够全面"等问题。

系统接收反馈后自动调用备用模型或触发二次处理流程，对特定模块进行再计算与优化。

反馈数据将用于模型微调与提示工程调整，持续提升系统性能。

这种模块化、多模型协同作业的分布式模式凸显出特有的长处，面对复杂任务时，系统不仅提高了准确率，在响应效率、成本管控能力及用户满意度上也出现了显著提升。

7.5 应用案例：AI 智能体时代协议

人工智能技术发展迅速，尤其体现在深度学习和自然语言处理智能体的成熟上，使传统用户协议在拟定、理解、协商与执行中的问题越发显眼，这种协议往往篇幅过长且充满专业术语，多数用户最终只能"被逼同意"，对内容及其中隐藏的风险知之甚少，"一刀切"的形式不考虑用户的实际状况，像需求、风险承受能力和行为习惯被漠视，信息鸿沟也就此产生，从而阻碍了用户权益的全面保障。

以知乎平台为基点，试着构思一条结合AI智能体的个性化和智慧化合同构建路径，利用DIKWP模型对知乎现行协议在五个维度上的不足开展剖析，进而搭建起一套涵盖AI智能体功能的定制化协议框架。这样既能确保整个平台运行于合法合规轨道上，又可大幅度加深用户对协议条款的理解，拓展用户的自主选择范畴，并且有效增强用户与平台间的互信关联，使双方权益得到更加周全的守护。

7.5.1 知乎芝士平台协议分析

1. 原协议的详细分析

现行知乎平台协议具有统一适用性，主要呈现以下特征。

◎ **数据收集与隐私：** 原协议虽提及要收集身份证件、银行账户及联系方式等信息，但对这些信息的具体用处和保护方式缺乏明确表述，这种模糊性难免引发用户在隐私安全方面的顾虑。

◎ **信息呈现：** 协议文本过于冗长且用语偏向法律化，导致阅读难度增大。用户在选择"勾选同意"时往往会陷入迷惑，无法明确自身需承担的具体义务和责任到底有哪些。

◎ **知识储备需求：** 协议包含大量涉及法律、知识产权与商业合作等领域的专业术语，普通创作者及用户难以全面理解。

◎ **智慧决策支持：** 平台对于用户解读条款的支持手段较为缺乏，比如简单的提示信息，契合实际场景的讲解内容及条款的可视化呈现等都显得不足，这样在争执发生时，用户常常要到事情完结后才察觉其中端倪。

◎ **平台意图：** 条款多倾向保护知乎平台，如设置高额违约金与不平等责任认定等。

2. 原协议问题与潜在风险评估

◎ **隐私风险：** 平台大规模搜集用户敏感数据，却未明确交代其防护手段与共享对象，一旦发生数据泄露事件，不仅平台自身难辞其咎，用户也将承受不可估量的沉重代价，潜在损失巨大且充满不确定性。

◎ **知识产权纠纷：** 原协议中创作者对于内容的授权常常显得倾向"过度"，知识产权的划分模糊不清。一些平台甚至宣称拥有修改和使用内容的权利，这就容易使创作者心生不满，也可能引发商业上的纠纷和争议。

◎ **法律责任分配不公：** 设定高额违约金或是采取一刀切的惩罚措施，导致用户几乎独自承担主要风险，而平台却在审核与发布责任上推掉了太多负担，反而让自己轻松许多。

◎ **不可控的后续协议变更：** 平台协议条款可能随时调整，通知用户的渠道却较为单一，导致不少用户总是被动接收信息。当用户无法认同修订后的条款时，往往只能放弃继续使用该平台的服务。

◎ **双方沟通机制缺乏：** 用户对协议条款存疑时，缺乏有效的沟通与个性化协商途径，用户权益难以得到有效保障。

7.5.2 个性化协议设计思路与原则

1. 个性化定制理念

"个性化协议"应采取以下设计理念和原则。

◎ **多维度画像：** 在剖析创作者的等级、粉丝规模、所处行业范畴、过往违规记录及创作偏好等关键要素后，便可为其量身定制协议条款。创作者的这些特性犹如密码，能够解锁与之适配的合作条款宝盒，从其等级能看出创作能量层级，粉丝数目反映着受众影响范围，所属行业领域的土壤则孕育出独特的创作基因，历史违规情况如同警示灯提醒潜在风险，而创作倾向恰似指明了未来的内容方向，在综合考量上述因素的基础上搭建出适合的协议框架变得顺理成章。当然不同类型的创作者信息背景犹如千变万化的云图，但最终呈现出来的协议都是围绕这些核心信息雕琢而成的契约图谱。

◎ **动态化匹配**：创作者行为或外部环境变化时，AI智能体可实时调整协议细则，确保协议内容与现状同步。

◎ **双向互动**：定制生成协议前，协商过程中及签订之后，都需为用户预留反馈空间，如此方能视为双方真正达成共识。

2. AI智能体在协议定制中的应用路径

◎ **自动条款推荐**：用户画像与已有条款数据库相结合，AI会参照重要度、适用范围及用户风险偏好，筛选适宜的条款类型并推送给用户。

◎ **自然语言交互**：用户可通过对话提出关切问题或需求，AI予以解释并给出条款修订建议。

◎ **动态风险评估**：AI实时监控平台的规则调整、国家政策变动及用户行为数据变化，一旦捕捉到潜在风险，便会抢先给出提示或建议修订，犹如守护者般及时采取行动。

◎ **场景化试算**：在谈判阶段，AI可模拟不同情景下条款内容的潜在后果，帮助用户直观理解选择的影响。

3. 协议设计的公平、公正、透明原则

◎ **公平**：在保障平台与用户双方权益的同时，确保条款不会单方面加重责任或剥夺合法权益。

◎ **公正**：审慎设计争议解决与责任认定机制，避免不平等或不合理违约金及惩罚措施。

◎ **透明**：明确告知用户数据用途、范围及保护措施，呈现协议演变的可追溯性。

◎ **灵活**：条款允许适度灵活地进行细微调整，无须对整个协议大动干戈，这样的操作方式可以尽可能减少对用户正常合作的干扰，避免引发不必要的影响。

7.5.3 协议实施的技术框架与实现路径

1. AI智能助理技术架构

◎ **多源数据整合层**：对接知乎平台用户数据库、创作者画像、商单系统及知识图谱。

◎ **合规与法律知识库**：包含最新的法律法规、平台规则与行业标准等，AI可实时调用。

◎ **自然语言生成与理解模块**：承担用户对话、协议内容生成及风险提示任务。

◎ **隐私安全与权限管理**：采用加密技术、分级访问制度保障敏感数据在授权范围内流动。

2. 数据监控与风险预警系统

◎ **准实时监控**：AI承担平台政策与国家法规的监管职能，一旦察觉新规或平台规则变动，便会参照用户画像，针对需调整的条款发出预警提示。

◎ **异常行为识别**：若出现批量违规、超范围信息共享等风险事件，将由系统自动上报平台与创作者，以便及时排查修正。

3. 内容审核与法律责任共担机制

- **AI初级审核**：上传内容的合规性与合法性初筛，敏感词与侵权风险识别。
- **人工与AI二次审核**：针对高风险内容及高价值创作者的作品，额外采取人工审核并配合深度语义检测的方式，旨在提升审核结果的精准性和公正性。通过多层次筛查和专业分析达到质量与标准的兼顾，不同评估手段间的结合一定程度上避免了单一方法可能存在的疏漏。整体流程围绕准确性与公平性展开，这为特殊类型作品及特定内容设定了更有针对性的过滤及甄别措施。
- **共担责任机制**：审核后若再有分歧出现，平台与创作者依据先前定下的规则一同担责，如此一来，利益和风险之间就可以达成平衡。

4. 实时智慧决策辅助系统

- **条款对比与可视化**：用可视化方式把每个重要条款置于多种情景下，看其对收益、风险和责任会掀起怎样的波澜。这样一来，高级创作者在签字前就能一目了然地察觉到"接受或拒绝这个条款后将会步入何种可能的境地"，面临不同走向的可能性就会变得直观易懂，从而能更精准地决策到底该何去何从，为创作旅程提供坚实的指引。这种可视化如同一面透镜，呈现出复杂关系背后的微妙波动，让复杂的信息得以简洁化解读。
- **交互式场景模拟**："沙盒"这类功能可让AI模仿真实合约的执行流程，合作期限、内容形式、审核步骤及收益划分这些内容都囊括在内，创作者因此能够在事前发现可能存在的矛盾或争议之处。

深度拆解DIKWP模型后，挖出了用户协议中潜藏的深层次权利失衡问题，这并非单纯技术或语言上的细枝末节，而是涉及意图与利益之间的本质冲突，在追求社会长久公平及市场稳健发展的趋势下，亟须从数据层级开始，一路攀升到意图层级进行整体性的透明与对等校准。

未来依赖AI智能技术和监管政策的调整，有可能突破协议领域长期存在的结构性失衡困局，营造出以用户判断力为核心、意图清晰透明、知识开放流通的信息生态，这不仅是技术发展的必然走向，更是维护社会公平与数字权利必不可少的一环。

7.6 协同的挑战

多模型组合方案在理论与实践层面都展现了突出优势，但在实际部署和运行中却面临诸多挑战，这里将剖析模型输出冲突、延迟导致的计算负担及系统复杂性带来的维护难题等问题，并探索可能的解决方案以应对这些困境。

7.6.1 模型输出冲突

多模型协作时，因训练数据与优化目标各有差异，输出内容彼此矛盾在所难免，这种情况好比多个不同背景的专家意见相左。

政策问答模型A给出的解读一旦与计算模型B的数据存在出入，整合后的最终答复就容易引发混乱。例如，模型A表明能减免部分费用，而模型B并未将这项优惠纳入其中，这种矛盾必然让用户感到困惑，尤其是在涉及投票集成时，各模型对相同问题的回答常存在细节分歧，从中挑选最可靠的答案变得复杂棘手。比如，一个模型计算出的结果是1000元，另一个模型报出的价格却为1050元，这会给系统决策带来麻烦，更严重的是一些模型生成的内容可能残缺不全或冗余，有些忽略了重要的条例规定，有些则重复计入某些项目支出，答案的质量便会因此大打折扣且无法确保其连贯性和严整性。

解决上述输出冲突问题的措施如下。

◎ **结果验证机制：** 构建自动化验证框架，用来对多样模型输出实施打分与对比，这一过程可依托预训练完毕的验证模型履行评审职责，或者运用嵌入向量间的余弦相似度判定各输出间的接近度，借此筛选出相对妥当的结果。不过遭遇显著矛盾点时，人工复核步骤不可或缺，用以确保最终输出契合实际业务所需，此系统可预设特定阈值，当察觉到模型给出的相似度数值低于设定值时，便会自行启动人工核查操作。

◎ **权重调整与融合策略：** 依据过往任务中每个模型的表现情形预先确定好对应的权重参数，整合多个模型结果，采用加权求和的形式进行处理，特别是涉及金额核算及政策分析这类关键范畴时，借助调控权重项排挤低质输出可能引发的影响，促使终版反馈的信息更加精准并达成一致性，若察觉模型B在成本估算方面表现比模型A优异，在整合数据时应该加大对模型B赋予权重份额的比例。

◎ **优先级规则设定：** 系统为关键模块设定了优先级规则，比如遇到法律或政策解读类任务时，就会让政策问答模型A先给出回答；涉及数值计算之类的事项，就由计算模型B主导输出结果。这样处理避免了不同模型答案互相冲突导致最终结果混乱，多轮对话反馈方面，系统若发现输出矛盾或不一致便触发此机制，或是请用户再详细说明提问内容，又或主动与模型展开交流以了解更多细节，然后把整理到的新信息汇总重新生成结果。这种灵活调整方法可以在很大程度上缓解一次性输出所产生的冲突麻烦，比如系统或许会问用户："所提到的费用是否包含特殊的优惠活动？"随后依据用户的回应确定调整模型答复的方式。

这些手段可以使系统在不同模型输出互相矛盾时保持整体的协调性与高品质，确保用户获取到的信息回应既精确又权威。

7.6.2 延迟与计算成本

1. 延迟问题描述

多模型协同通常依赖多个模块的按序或同时调用，这种情况不可避免地导致系统整体响应速度下降，其背后暴露的主要难点体现在资源分配和调度冲突及同步延迟等方面。复杂性还可能来源于数据交互频繁和模型依赖交织等问题，在提升整体性能时需要综合考虑各模块之间的协调代价与效率权衡，这些挑战共同制约了响应时效性的改善空间。

比如，串行调用延迟指的是，在多个模型依次处理任务时，每次调用间的等待时间逐步累积，最终拖慢整体响应速度，就如同流水线工作中，模型A必须完成操作后才轮到模型B接棒运行，这种模式大大增加了作业总耗时。再来看资源调度方面，多枚大型模型并行启动对算力的压力极大，尤其在高用户量状态下容易导致系统无法承受负荷，比如每个模型通常独占大量GPU计算空间，当接入请求增多，则会导致可用资源捉襟见肘。此外，数据传递的交互成本也不容忽视，在同一流程中的模型间交换信息、分享状态、协同配合等情况必然带来大量的通信分布消耗，特别是在跨模型迁移的过程中，因为可能出现的网络延时或转换不兼容问题，实际上会额外增加许多不可估量的工作时间。

2. 缓解延迟与计算成本问题的技术措施

异步并行处理：构建系统过程中异步调用与并行处理扮演着重要角色，好比投票集成时多个模型可以同时被拉入工作流程，输出时再统合它们的结果，这种做法轻巧地抹除了串行操作常有的拖延弊病。现代异步编程框架再搭上多线程或多进程技术便足以达成这种设想，系统接收用户请求后马上就能启动如模型A、B、C等的操作，最后只需汇总各自产出即可完工。

结果缓存与预计算也属于关键技术之一，针对那些频繁出现或重复运行的任务，安排一个结果缓存机制相当必要，把经过计算的结果放在内存或是分布式缓存服务中妥当收藏，再次遭遇同类问题时便可省去烦琐的重新计算工作量，从而使实时运算负担大幅降低。系统可储存常用政策问答及标准费用计算结果，用户再次提问时能快速从存储区域提取答案。在动态调度与路由方面，会依据任务难易度和之前的调用状况选取最适合的模型执行操作，简单任务直接启用低成本模型，复杂任务才动用高精度大模型，这样能省下许多不必要的高额运算成本，提升系统运作效率，系统可根据问题关键字与难度系数自行判断如何选取模型。

分布式部署与负载均衡部分，将各类模型分置多台服务器运行，用负载均衡技术平均分配算力需求，加之云计算平台灵活扩展的能力，即便访问量超大，也能确保较快响应速度不崩溃。利用云服务商提供的负载均衡功能，用户请求能够分散到多台服务器上执行，以此避免单点压力过载。从硬件角度看，近年来加速设备进展显著，如GPU、TPU及专为人工智能开发的定制芯片，均可显著提升大模型推理效率。采用模型剪枝与量化等技术也可以缩减运算消耗，在不明显牺牲准确性的前提下改善程序运行效率，譬如通过量化处理，可将原来的32位精度模型调整为16位或8位运行，这样能使所需计算资源极大程度下降。

采取这些方式之后，系统面对多模型运行情形时，在响应延迟方面具备了较好的管控力，计算资源的消耗也有所降低，这样一来，即便处在高并发的使用场景中依旧能够保持快速且稳定的运行状态。

7.6.3 系统复杂度与维护

1. 系统复杂度挑战

多模型协同系统的架构通常较为复杂，涉及多个模型的调用与数据流通，还有动态路由规划调度及状态共享等方面，这带来的难题不能忽视。

模块间耦合度高：模型间的互动需要统一的数据形态与接口规范，一旦出现偏差，系统稳定性很可能受牵连，类似于模型A的输出格式发生变化时，模型C在整合信息过程中可能遇到阻碍，至于维护工作，业务需求频繁变动，系统也要跟着灵活调整，这对团队技术能力及管理资源是不小的考验。比如政策法规有新动态，需快速更新模型A的知识库内容，还得确保不波及其他模块。此外调试工作也很棘手，在复杂系统中模型间相互调用与传输数据的地方很多，出问题后查找原因相当困难，就像结果不符合预期时，弄不明白是某模型故障还是数据传递中间环节出问题。

2. 应对系统复杂度与维护挑战的措施

构建系统架构的进程中，模块化设计理念至关重要，它划分出功能区域，使每个部分只聚焦于特定任务，通过标准化接口实现数据流动。这种方式不仅利于开发期间任务拆解，也为后续扩展与维护埋下伏笔，统一的数据格式（如 JSON 或 Protobuf），以及一致的通信协议，撑起各部分间的无障碍信息传输，想象一下这种普适风格的数据交换模板，所有模块在传递内容时都遵循它。

自动化测试与监控板块同样关键，需要配备完整的自动检测工具链，覆盖各个子模块的单元验证、组件拼接验证及全局流程检验，这既能支持版本更新时高效地筛出潜在问题并修正错误，还能确保跟踪系统的持续表现，诸如日志保存、响应速度趋势、报错发生次数等细节均值得密切关注，偏差迹象触发警铃需及时干预和应对，确保稳定性和运行质量始终处于控制之列。

系统可以设个响应时间的监测值，超出这个限度就会自行示警并留存相关日志信息，这对开发人员排查故障是极大的助力。同时，持续反馈与调整的过程也有一定分量，依靠用户的建议、专家的看法及系统的监测数据来不断优化配置与策略组合，构建"反馈—改进—再反馈"的运行轨迹，从而让系统更适应新兴需求与技术变革。

针对复杂的系统来讲，采用持续集成和部署的形式能大幅提高维护速率和更新频率，每周自动化跑一遍整套测试流程就可以确保各部分功能相互适配且运转稳健。整理清楚技术资料与操作指南同样势在必行，毕竟每一个模块的功能架构、调用逻辑、关联要素和更新方案等关键内容都得有完备阐述才行。

跨部门协作机制运转后，开发、运维及业务部门间的交流阻碍被打通，信息和问题解决方案能够快速流通共享，这种转变显著削减了系统维护的总体成本。定期的技术对接让开发者和运维人员对系统的认知与操作方式同步起来，甚至形成了默契的配合，而中间件及框架的存在更是雪中送炭，LangChain 和 LangGraph 等工具在动态路由、状态管理及接口标准化等方面早已提供完备的支持，采用相关技术，既降低了系统的复杂程度，又能借助开发者社区完成更新进化，特别要提到的是 LangChain——凭借其模块化的接口设计，加上智能调度功能手段，确实能让人觉得开发和维护的过程轻松了几分。

7.7 展望群智 AI

技术持续演进的过程中，多智能体系统正逐步进入人们的视野，可能成为大模型应用的重要方向。试想一下未来的群智 AI 架构，在其中各模型能够实现协作配合，相互借力补足短板，拼接出一种综合能力突破单个部分局限的新智能样态，再将目光投向长远未来。

7.7.1 多样性融合

未来的群智 AI 系统计划融合不同来源、大小不一且结构各异的模型，这些模型将摆脱单打独斗的局面，转变为体系中的灵活"角色"随时调用，基于任务性质动态配合运作，顺着数据层、信息层、知识层、智慧层及意图层层级调整并优化系统功能状态，力求各个模型在擅长领域发挥作用。譬如，在医疗诊断场景中，可整合影像分析模型、病历文本解读模型和药物建议模型协同工作，尝试提供完整的诊疗方案参考。

7.7.2 自主决策与智能调度

多智能体系统（Multi-Agent Systems，MAS）的未来发展方向大概率会偏向自主决策能力的深化，内部存在一个动态调度模块，它能够按照即时任务需求自动筛选最优模型组合。这不仅要求各模型间紧密协作保持高效运转，系统整体还得具备自适应与自我调节的功能，在没有人工干预的情形下独立优化资源分配和调用次序，比如依据用户反馈及任务复杂度，灵活调整模型调用顺序和权重配置，从而实现性能的最佳化。

7.7.3 经济高效的应用场景

多模型协作在确保系统高精度运行的同时，有效降低计算成本和响应延迟，在跨领域应用中展现灵活性，小模型处理简单任务释放资源，大模型集中力量攻克复杂环节，在减轻运营负担的同时保证结果的可靠性。类似的搭配方式逐步拓展至各行各业，包括金融风控、智能客服甚至教育辅导等领域，成为企业挖掘收益潜力的有力工具。例如，金融机构引入多模型协同机制，既能提升风险实时监管能力和预测精准度，又能控制经济投入，实现效益最大化，避免了单纯依赖单一形式的局限性。

7.7.4 新型应用场景

多模型协同技术的成熟使群智AI系统在更多实际场景中展现巨大潜力，举例如下。

风险识别、预测和实时监控都由特定模型负责，彼此协作促进风控整体效能提升。智能客服系统中，各种模型分工明确，分别承担意图解析、知识检索及自然语言生成的任务，通过合作优化给用户提供更优质的服务感受。在医疗诊断范围内，不同模型协同工作可以精准覆盖病历审核、病情判断与用药建议等流程，为病患量身推出专属诊疗策略。涉及跨模态使用，图像、文字与声音等类型的信息靠不同模型联合处理，促成更为复杂精密的多模态交互和数据合并，比如说在智能驾驶当中，融合图像识别和自然语言分析模型，车与司机之间的沟通就会顺畅得多。

7.7.5 未来研究方向

协同机制优化，探索更高效的模型协作方式，例如由强化学习引导的动态路由方法，联合推理技术及基于概率模型的结果整合策略，这些方案能使系统参照即时任务需求和模型实际表现，随机应变地调整模型间的合作形式，从而促成资源的高效分配并提高任务完成的精准度，假设将"调度智能体"融入其中，该智能体借助历史数据与实时反馈进行自主优化，产生的不同调用顺序及权重值会让模型之间的协调达到新高度。

自监督和元学习在不同任务交汇的情况下,帮助系统持续摸索行之有效的协作模式,提升整体适应性及稳固性。具体看来,在缺乏充足标注情况下,自监督选用自动生成的伪标签训练能够更快适配新兴情景;而在元学习加持下,系统对庞大的训练数据需求有所降低,并实现线索捕捉和快速理解。在持续变动的金融市场中,系统可借助自监督学习与元学习手段,无须每次都重新训练模型便能快速跟上新出现的趋势及数据的新特点,实现实时反馈和自我更新。依靠用户反馈及在线监测来自我提升的系统,可以让群智AI迅速调整组合策略,从而紧跟环境变动。

此外凭借在线监控对模型表现及资源消耗情况予以时刻关注,系统还可自行摸索优化配置方案以确保快速平稳地运作。而在多模型协同工作情况下如何实现不同领域知识的融合,就是要打破单一模型只局限于某一领域的局限性,进而创造出更具准确性应用,类似于在复杂的医疗保健场景当中,系统能够将医学常识、患者病档及健康监测设备传来的信息融合起来,借由多模型共同协作给出完整健康管理的实用方案。跨领域知识整合不仅能提升系统智能,也让服务水平提升不少。

当前群智AI日趋复杂,可解释性与透明度的重要性越发凸显,研究重心逐渐转向如何在多模型协作中嵌入这类机制,使用户能洞悉背后逻辑与推导路径。比如,通过可视化方式展现模型互动或数据流动的图景,抑或是增设特有模块讲述具体决策过程。而在安全与伦理维度,多模型协同时须确保安全性,隐私防护和合乎道德的行为尤为紧要。在接下来的研究中,需要克服交互环境下的数据泄密隐患并设防恶意攻击,确保输出决策体现正面规范,可以采用强保密通信协议搭配加密措施保证流转数据的私密,还须搭建伦理监督程序,在源头刹住对用户或社会可能造成的不良影响。

硬件与软件协同优化,想让众多模型协作得更为高效,必须深入优化硬件与软件之间的精细配合,可以探索开发专门处理多模型交互的硬件加速装置,例如特定用途的芯片等新型设备。同时还需要革新操作系统及关联框架,来适应多模型并行计算及任务动态调配的需求,这样的整体深度优化就为群体智能在现实场景的应用构筑了更牢靠的基础保障。

人机协作与混合智能方面,未来的探索有望尝试将人类专家的经验嵌入群智AI框架中,形成人机协同的混合智能体系,在复杂得令人手足无措的决策场景里,这一系统或可在无人干预条件下自动推测专家介入的时机,并将经过筛选的重要信息直接传送给专家,交由其裁决。这样既为人脑的知识沉积提供了发光发热的机会,同时也调用了AI计算处理问题的速度与精确属性,无疑是个一举两得的创新性尝试。

7.8 总结

本章系统探讨了大模型组合的必要性、核心技术路径及实际应用场景。针对单一大模型在知识覆盖不足、推理严谨性欠缺、意图捕捉不精准和资源消耗过大等方面的固有局限,提出通过模型组合策略发挥多模型协同效能,实现互补与优化。本章还深入分析了流水线式、专家分工式、投票集成式、概率融合及模型嫁接、混合专家模型等多种组合模式,并阐明了各模式的优缺点及适用场景。

随后,本章详细剖析了模型协调与控制机制的实现方法,包括协调架构构建、上下文共享与信息融合、动态路由与任务调度、实时监控及反馈控制等技术手段。通过智能手术机器人系统及AI智能体时代协议两个应用案例,具体展示了多模型协作如何应对复杂场景需求,有效提高了系统的精准性、实时性、全面性和用户体验。

最后，本章明确指出了多模型协同仍面临输出冲突、计算延迟与成本上升、系统复杂度高及维护困难等实际挑战，并针对性提出缓解方案。展望未来，群智AI的发展将进一步深化自主决策、智能调度及跨领域知识融合，着重关注可解释性、安全伦理、人机协作与软硬件协同优化，持续推动大模型组合技术朝着更加经济、高效、灵活的方向发展。

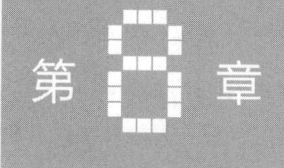

第 8 章 DeepSeek 与国内外主要大模型及其 AI 智能体的对比分析

随着人工智能技术的快速发展,全球范围内涌现出众多具有突破性的大模型和智能体,它们不仅在技术上不断突破认知边界,而且在行业应用中展现出了巨大潜力。DeepSeek 和 Manus 作为国内通用人工智能的主要代表,分别从"大脑"和"手脚"两个角度展示了 AI 技术的多样性与创新性。DeepSeek 依赖其强大的自然语言处理能力和开源生态,成为低成本、高效率的 AI 基础设施;而 Manus 则以自主执行和多任务协同能力,重新定义了 AI 智能体的边界。此外,OpenAI 的 ChatGPT-4 也在全球范围内引领着 AI 技术的发展。

本章将从技术架构、功能定位、应用场景等维度深入对比分析 DeepSeek、Manus 和 ChatGPT-4 等国内外主要大模型及其智能体的异同,并探讨它们的贡献与未来发展趋势。通过对比和分析,我们不仅能够更透彻地理解这些技术的核心优势,而且也可以更好地判断 AI 技术的未来发展方向。

8.1 DeepSeek 和 Manus 之间的比较分析

DeepSeek 是由中国顶尖 AI 团队深度求索（DeepSeek Inc.）自主研发的通用大语言模型体系，成立于 2023 年，致力于突破认知智能的边界。随着人工智能迅猛发展，出现了越来越多的强大工具和系统。Manus 则是由肖弘领导的中国创业公司 Monica 发布的全球首款通用自主智能体（Agent）产品。作为全球首款真正意义上的通用 AI 智能体，Manus 具备从规划到执行全流程自主完成任务的能力，如撰写报告、制作表格等。它不仅可以生成想法，更能独立思考并采取行动。

DeepSeek 和 Manus 是两个受到广泛关注的系统，它们各自代表了人工智能发展的不同路径，前者以基础模型研发为核心，后者则以通用 AI 智能体为定位。两者的技术路径与市场策略形成鲜明对比——一个侧重于"大脑"的建设，另一个则强调"手脚"的行动。虽然二者都与智能技术息息相关，但它们在技术架构、功能定位和应用场景等方面有着本质的不同。

8.1.1 技术架构

DeepSeek 是基于大规模语言模型构建的人工智能系统。作为大语言模型的代表，DeepSeek 利用大量的语料库，借助深度学习技术，能够理解和生成自然语言。这种系统的核心优势在于其强大的语言处理能力：它能自动理解用户输入，生成高质量的文本，甚至能够进行翻译、摘要、情感分析等复杂的语言任务。DeepSeek 采用 MoE 架构，拥有 6710 亿参数，动态激活 370 亿参数，擅长语言模型与推理能力优化。通过动态神经元分配实现高性价比推理，在数学与编程任务中表现尤为突出（HumanEval-Mul 测试通过率 82.6%）。此外，DeepSeek 具有开源生态优势，开放完整的 FP8 权重与训练细节，并支持本地化部署，成为中小企业的"AI 基础设施"。DeepSeek 的"神经突触可塑性"模块支持分钟级知识更新，能够有效避免传统微调带来的灾难性遗忘问题，尤其适合快速迭代发展的垂直领域。

但是 DeepSeek 的局限性在于它只能进行语言层面的操作。简单来说，DeepSeek 就像一位全能的学者，拥有无与伦比的知识储备，能够快速回答问题或生成文本，但它缺乏将这些知识转化为行动的能力。因此，如果你要使用 DeepSeek 执行一项复杂任务，如搜索并整理多个数据源、做出具体决策和执行行动，它则无法胜任。原因是 DeepSeek 虽然拥有强大的"大脑"，却没有"手脚"。

相比之下，Manus 是一种 AI 智能体，其核心特点是能够通过主动规划、决策和执行任务来解决问题。与 DeepSeek 依赖海量数据生成自然语言输出不同，Manus 不仅能理解信息，还能够根据环境和目标进行决策，并主动采取行动来实现目标。Manus 基于多智能体协作架构，通过虚拟机运行子 Agent，整合工具链（如浏览器、代码编辑器）实现端到端任务闭环。其多智能体系统包括规划代理、执行代理和验证代理，各代理之间通过 API 通信，支持异步处理和长流程任务，在复杂场景下效率提升超过 20%。Manus 将大语言模型与其他技术结合，形成一个综合性的智能系统。它不仅能够利用 LLM 进行语言理解，还具备记忆、规划、执行、工具使用等能力。与传统的 AI 助手不同，Manus 能够解决各类复杂多变的任务，不仅能提供建议或答案，还能直接交付完整的任务成果，是真正自主的 AI 智能体，可以将 Manus 比作一个"办事能力强的大管家"，其不仅仅能够提供知识，更能主动完成一系列关联性任务，甚至利用工具和资源来解决复杂问题。Manus采用多AI大模型协作，也被称为"套壳"策略，它集成多个模型（如Claude、DeepSeek、GPT），通过工具链调用浏览器、Excel等软件实现端到端任务闭环。具体使用的是哪个AI大模型，目前尚未公布，但可能是采用开源的多个大模型作为底层推理分析工具。Manus是"全能执行者"，能自主规划并完成复杂任务（如简历筛选、股票分析），直接交付可用的完整成果。

Manus的核心技术构成在于通过多个组成部分共同工作，形成一个能够自主行动的智能体。

◎ **MultipleAgent架构**：通过虚拟机运行规划代理、执行代理等子模块，实现端到端任务闭环，例如自动调用Photoshop插件完成设计稿修改。

◎ **多模态自主决策系统**：Manus实现了跨领域任务处理能力，通过多模型协同（LLM+专用模型）完成代码编写、数据分析、网页操作等复杂任务，突破传统AI单一功能限制。

◎ **垂直场景深度整合**：在金融（股票分析）、教育（课程设计）、电商（运营优化）等领域实现全流程自动化，这标志着AI从信息聚合向价值创造跨越，智能体需要记住重要的信息，如任务目标、执行步骤和环境条件等，以便在后续决策中使用。

◎ **规划技能**：Manus不仅能理解任务，还能将复杂任务分解成多个可执行的步骤，达到企业级智能体编排能力。通过规划，智能体能够系统地思考如何高效完成任务，并结合SAP、Workday等企业平台推出的多智能体协同系统，预示AI将从单点工具升级为业务流程再造引擎。

◎ **工具使用**：在执行任务时，Manus通过动态抓取网页数据、调用API接口，实现从数据获取到策略生成的实时闭环，突破传统离线分析模式，能够灵活地调用工具来协助任务完成。例如，如果需要在网上搜索信息，它会自动调用搜索引擎；如果需要发送电子邮件，它能够直接利用邮件系统。GAIA基准测试显示，Manus在涉及多模态输入与长流程规划的复杂任务中取得SOTA（State of the Art，当前最先进技术）成绩，验证了其自主决策能力。工具链整合深度支持跨平台操作，如直接解压简历压缩包并生成分析报告，显著减少人工介入。

表8-1为二者的对比，大家可以更直观地了解DeepSeek和Manus的关键技术参数。

表8-1　DeepSeek和Manus的对比

	DeepSeek	Manus
模型类型	大型语言模型，如DeepSeek-R1和DeepSeek-V3	通用AI代理，专注于任务执行
架构	混合专家模型，总参数6710亿，370亿激活参数	多签名（multisig）方法，结合多个独立模型
训练成本	约600万美元，278.8万H800 GPU小时	未公开，但强调高效云操作
训练数据	14.8万亿高品质、多样化标记	未公开，强调综合研究和工具使用能力
基准测试	超过开源模型，在某些指标上与闭源模型（如GPT-4）相当	GAIA基准测试中达到SOTA，超越OpenAI DeepResearch
主要功能	语言生成、推理、对话	任务执行（如旅行规划、股票分析、网站创建），自主操作

8.1.2 功能定位

DeepSeek定位为"超级大脑",专注于语言深度理解与多模型处理,擅长生成高质量文本(如法律文书、代码)、解答专业问题,并以开源生态和低成本(推理成本为同类模型的1/10)成为开发者首选工具。DeepSeek的主要功能如下。

- **文本处理**:文案创作、翻译润色、高质量文本分析及摘要生成等,展现出强大的自然语言处理能力。
- **编程辅助**:支持代码生成与补全、代码理解与查错,为开发者提供有力的支持。
- **智能交互**:拥有智能客服和智能座舱等功能,提升用户体验。
- **数据分析和预测**:支持商业决策、风险评估与预测,以及统计分析、回归分析、聚类分析等高级数据分析功能。
- **多模态理解**:支持文本、图像、声音等多种数据模态的处理和理解,如视觉问答和文档处理。
- **学习研究**:帮助用户进行知识获取、创意激发、文献分析及撰写研究报告等学术活动。
- **逻辑推理和问题解决**:具备强大的逻辑推理能力,能够处理复杂的查询和任务,提供准确的答案和解决方案。
- **图像和视频分析**:在图像识别、视频内容分析等领域具有高精度,能够实现物体检测、场景理解、面部识别等功能。
- **语音识别与合成**:准确识别和合成语音,支持多语言和方言,适用于语音助手、语音输入等应用。
- **个性化推荐**:根据用户行为和偏好,提供个性化内容推荐,提升用户满意度和参与度。
- **大数据处理**:高效处理和分析大规模数据,挖掘数据中的模式和趋势,支持数据驱动的决策。

尽管DeepSeek在语言理解和生成方面表现出色,但其输出的内容需用户手动执行后续步骤,更像是"军师"而非"执行者"。这意味着DeepSeek依赖的是"生成"而非"执行",只能在语言层面响应,无法对实际环境进行交互或主动做出决策。

Manus的主要功能包括但不限于以下方面。

- **简历筛选**:自主筛选简历并生成人才评估报告,帮助用户快速识别合适的候选人。
- **房产研究**:分析房源的优劣势,提供购房建议。
- **股票分析**:对公司发展历程、财务数据进行可视化分析,并给出投资建议。
- **旅行规划**:整合旅行信息,创建定制旅行手册,包括每日行程、景点介绍等。
- **教育内容创建**:为教师创建视频演示材料,解释复杂概念,提升教学效果。
- **保险政策比较**:创建保险政策比较表,帮助用户选择最适合的保险产品。
- **供应商采购**:在网络中深入研究,找到适合用户需求的供应商。
- **财务报告分析**:分析市场对特定公司的观点变化,提供市场分析报告。
- **公司名单整理**:访问相关网站,识别符合条件的公司,并将其信息整理成表格。
- **在线商店运营分析**:分析商店销售数据,帮助商家提升销售业绩。

Manus的技术特点和优势如下。

- **独立思考和执行复杂任务的能力**:Manus能够独立完成从规划到执行的全流程任务,生成完整成果。

◎ **跨领域协同和自主学习能力**：能够在不同领域中协同工作，并通过记忆用户偏好提供个性化服务。

◎ **高性能表现**：在GAIA基准测试中取得了SOTA成绩，性能超越OpenAI同层次的大模型。

Manus的应用范围非常广泛，涵盖了教育、金融、旅游、游戏、采购等多个领域，能够为用户提供全面的辅助功能，定位为"全能数字员工"。Manus的"动手能力"使其在GAIA测试中超越人类团队的表现，被称为"会干脏活累活的智能实习生"。Manus的优势包括主动性和全面性。它不仅能理解复杂问题，通过思考和规划主动解决问题，还能将一个复杂的目标分解成多个子步骤，并根据反馈调整决策，最终达成目的。这样的能力使Manus能够在各种复杂环境中独立执行任务，而不只是被动地回答问题，它是一个具备行动力的智能体，能够通过感知环境、规划步骤、调整策略等方式主动执行任务。Manus的任务执行不局限于响应输入，而是基于任务目标进行主动的决策和行动。

8.1.3 应用场景

DeepSeek与Manus的本质区别在于"智慧"和"行动"之间的差异。DeepSeek像是一个超级聪明的大脑，拥有强大的知识库和语言处理能力，能够理解并回答问题，但只能停留在认知层面。相比之下，Manus则像一个"办事能力强的大管家"，不仅具备深厚的知识基础（通过LLM提供支持），还能通过主动规划、决策和执行来解决实际问题。Manus不仅可以回答问题，还可以根据需求寻找工具、组织资源，甚至自主执行一系列行动直到完成目标。

DeepSeek适合需要深度知识处理、高精度单线程任务的场景，如法律文书起草、学术润色、数学计算等，它还在客户支持自动化、创意写作、教育和培训、医疗保健及金融分析等多个领域展现出强大的应用潜力和价值，由于开源和低成本特性，其在企业级规模化应用中具有明显优势。

Manus则适合需要多步骤协作、跨平台自动化执行的应用场景，比如简历的筛选、商业分析、旅游规划等。其强大的任务闭环能力和工具链整合能力，使其在处理复杂任务时表现出色。Manus的核心创新之处在于其具备自主执行任务的能力，这与传统AI助手（如ChatGPT）仅能提供信息或建议有着本质区别。Manus能够独立完成一系列复杂任务，例如规划一次日本之旅，它不仅能精心安排行程，还能定制详细的旅行手册；在金融领域，它可以深入分析特斯拉股票，并生成直观的可视化仪表板；在教育方面，它能为中学教师创建关于动量定理的互动课程视频。其任务闭环能力标志着从"建议者"到"执行者"的进化，例如自动抓取公开数据生成竞品分析报告。跨领域协同方面，在医疗领域，Manus可整合影像数据、实验室结果与病历记录，提供综合诊断建议，显著提升效率。

Manus的自主执行能力在给人们带来便利的同时，也引发了人们对于隐私和安全的担忧。人们担心AI在执行任务过程中可能出现错误操作或者不慎泄露敏感数据。这些问题凸显了技术发展的同时必须同步加强监管措施，以寻求技术进步与安全保障之间的平衡。

8.1.4 结论

从DeepSeek到Manus的发展过程，就像从"大脑"到"智能体"的进化。

OpenAI 把人工智能分为五个等级：第一级为聊天机器人，具备语言对话能力；第二级为推理者，具备人类的推理能力，能解决多种复杂难题；第三级为智能体，能够代表用户自主采取行动；第四级为创新者，可以协助人类完成新发明；第五级为组织者，能够完成组织工作。

DeepSeek 和 Manus 分别代表了人工智能两种不同的应用路径。DeepSeek 专注于语言理解和生成，像一个"超级大脑"，能理解复杂的语言并生成相应的内容，但它缺乏行动能力。而 Manus 作为 AI 智能体，不仅是"知识的库"，更是一个能主动完成任务、规划和执行的系统。它结合了大模型的强大语言能力以及记忆、决策、规划和执行的能力，能够像一个"办事能力强的大管家"一样，主动完成任务，解决问题。

DeepSeek 是语言基座模型的集大成者，而 Manus 通过智能体协作实现"从思考到执行"的跃迁，两者在技术路径上形成"大脑"与"四肢"的互补关系。DeepSeek 更适合需要高精度单线程处理的场景（如合同审查），而 Manus 在需要多任务协作的领域（如商业分析、临床试验管理）更具优势。DeepSeek 通过 API 调用收费，类似 OpenAI 的"技术供应商"模式；Manus 则采用 SaaS 订阅制，更贴近终端用户需求。人工智能的发展，正逐渐从单一的知识处理向更加复杂的行动能力拓展延伸。

8.2 DeepSeek 与 ChatGPT-4 的比较分析

OpenAI 是一家确保通用人工智能造福全人类的研究和部署公司，创立于 2015 年 12 月，总部位于美国旧金山。公司由营利性公司 OpenAI LP 及非营利性母公司 OpenAI Inc 组成。ChatGPT 基于 GPT 系统大模型构建，采用人类反馈强化学习的训练方式，其本质是提升人脑收集、整理、计算、分析各类信息资料能力的智能工具，旨在为人脑"观念建构"提供丰富且精准的方案、图式等资源。2018 年，OpenAI 发布了最早的大型模型 ChatGPT-1，该模型运用几十亿文本档案进行训练，拥有 1.17 亿个参数。2022 年 11 月 30 日，OpenAI 发布了能够对话的 ChatGPT-3.5 版本。2023 年 3 月，GPT 登陆 Bing，为搜索引擎带来革命性重构。同月，微软宣布对 OpenAI 持续投资 100 亿美元。2023 年 3 月 14 日，OpenAI 发布了 ChatGPT-4 语言模型。2023 年 3 月 15 日，微软副总裁兼消费者首席营销官 Yusuf Mehdi 发文确认新 Bing 搜索引擎整合了 GPT-4 语言模型。尽管如此，ChatGPT-4 仍保留了许多早期语言模型的问题，如编造信息（或"幻觉"）及生成暴力有害内容的能力。

相比之下，DeepSeek 并非依靠巨额资金和超级算力堆砌而成，而是在西方世界打压与技术封锁下，通过一系列技术创新，在架构设计和训练方法上取得突破，最终以低于美国几十倍的成本成功开发出的大模型技术，实现了低成本、轻量化的解决方案。DeepSeek 打破了传统 AI 研发的限制，使得 AI 不再是科技巨头的专利，而成为人人可用、人人可训的智能助手。DeepSeek 不仅在多个关键维度性能上实现了对 ChatGPT-4 的超越，其在研发背景、语言处理能力等方面也展现出独特优势。

1. 研发背景

DeepSeek 由中国公司杭州深度求索人工智能基础技术研究有限公司开发，专注于中文场景的优化。DeepSeek 作为一款具有自主知识产权的大语言模型，旨在打破国外技术垄断，提升中国 AI 技术的核心竞争力。

DeepSeek的开发背景可以追溯到2021年，来自清华大学、中科院等机构的顶尖本土AI科学家组成了DeepSeek的核心团队。与大多数初创企业不同，DeepSeek在创立之初就确立了"基础研究—技术转化—产业应用"三位一体的研发模式。在获得首轮5亿美元融资后，公司迅速搭建起覆盖北京、深圳、硅谷的研发网络，形成了基础大模型、行业大模型、AI芯片三大研发矩阵。DeepSeek要做AI领域的"水电煤"，让智能技术像基础设施一样渗透每个产业。这种定位使其既不同于OpenAI的通用AI探索路径，也区别于传统AI企业的项目制开发模式。通过构建"基础大模型+垂直领域精调"的技术体系，DeepSeek实现了从技术平台到行业解决方案的无缝衔接。而ChatGPT由美国OpenAI研发，支持多语言，尤其在英文内容上表现突出。

2. 语言处理

DeepSeek在中文语义、成语、古文等方面的处理上表现出色，特别适合处理中文资料；而ChatGPT在英文语境下表现突出，但处理中文时相对较弱。比如，DeepSeek对于《史记》纪传体体例，它能精准区分"世家"与"列传"，而ChatGPT常混淆文言虚词。面对"躺平"等网络热词，DeepSeek不仅能识别，还能挖掘其背后社会学背景，将"躺平"与低欲望社会理论相联系。在交互上，DeepSeek极为友好，用户只需简单输入"写份乡村振兴的SWOT分析"，它就能快速生成含政策引用的结构化报告。并且，DeepSeek支持粤语、吴语等方言的学术化转译，例如，将"煲冬瓜"转化为"普通话推广的地方阻力"，极大方便了不同语言习惯的用户。

3. 技术架构：开源生态的创新性颠覆

在语言处理、技术架构、推理能力等方面，DeepSeek展现了其在中文场景、开源生态和成本效益上的优势，DeepSeek的技术原理及创新点，特别是在绕过CUDA框架、利用PTX语言提升硬件效率，以及对未来国产GPU适配性的卓越表现方面尤为突出。通过利用PTX语言进行底层优化，DeepSeek在训练速度、推理延迟及能耗方面均展现出显著优势。DeepSeek还通过灵活的适配策略成功实现对国产GPU的良好适配，为国产GPU在AI领域的应用开辟了新道路。这些技术创新不仅显著增强了中国AI技术的自主创新能力，还推动了国产GPU产业的发展，加速了中国AI产业的转型升级。

从技术架构上看，DeepSeek的训练成本仅为557.6万美元，是ChatGPT-4的7%。它支持本地私有化部署，方便企业和机构定制；还能定制行业知识库，如中医典籍专用版；全流程代码开源可审计。而ChatGPT仅限API调用，灵活性差，是封闭式系统，难以深度定制，还因暗箱操作引发伦理争议。某三甲医院基于DeepSeek-MoE架构开发的融合《黄帝内经》的智能诊疗系统，使辨证准确率提升了32%，凸显了DeepSeek技术优势。

4. 功能

DeepSeek使用较少的计算资源和训练成本，且推理速度更快，适合实时交互场景。DeepSeek在技术领域（如编程、金融分析）表现突出，支持复杂SQL优化和专业术语识别。在硬件效率提升方面，DeepSeek通过优化算法和模型结构，显著降低了计算复杂度，从而提高了运行速度。该模型采用了剪枝、量化等技术手段，有效减少了模型参数的数量和存储需求，使模型在保持高性能的同时更加轻量和高效。

相比之下，ChatGPT擅长通用任务（如创意写作、多轮对话），并支持多模态功能（如图像生成）。DeepSeek在推理能力上表现出色，在MATH基准测试中准确率达77.5%，还能推导黎曼猜想的关键引理。其处理百万字并购协议的风险点标注仅需3分钟，且能精准解读《中华人民共和国民法典》的新规。在教育领域，DeepSeek能标注"双减"后中考命题趋势的变化，按新课标设计PBL教学模块，如"用Python模拟碳中和路径"。科研辅助方面，DeepSeek可输出带中文注释的PyTorch代码，兼容国产框架，还能将"实验结果显著"优化为专业量化表述，在中文语境下比ChatGPT-4强很多。

DeepSeek的强项在于处理复杂的检索任务时，能够提供更精准的信息，尤其在需要查找特定数据或解决技术问题时表现非常出色。它更像是一个搜索引擎的加强版，能智能地从大量信息中提取出最相关的内容。相比之下，ChatGPT-4能处理广泛的主题，从简单的问题解答到复杂的编程问题、学术研究、情感支持等都有涉及。而DeepSeek则专注于深度检索，更适合那些注重信息精确度和快速获取的用户，尤其是在技术和学术领域。ChatGPT-4在自然语言生成和对话流畅性上更为优秀，回答更加接近人类的对话方式，且在情感表达、创意写作等方面更具灵活性。此外，ChatGPT-4也能进行深入的情感分析和多层次的推理，在互动时更具"人性化"特质。ChatGPT-4回答问题的准确性不仅大幅提高，还具备更高的识图能力和生成歌词、创意文本的能力，实现风格变化。此外，ChatGPT-4的文字输入限制也提升至2.5万字，且对于英语以外的语种支持有更多优化。

5. 数据资产

DeepSeek整合CNKI、万方等中文核心期刊资源，构建学科知识图谱，展现"新发展理念"政策演化路径。同时，它还收录非物质文化遗产代表性传承人口述史、地方志等稀缺文本，助力文化数字化。在信息同步方面，DeepSeek能即时接入国家统计局的数据，更新经济模型参数，并关联"新质生产力"政策原文与各地案例，让用户及时掌握政策动态。

ChatGPT-4的训练数据集包含了约13万亿Token的数据。这些Token不仅包括文本数据，还涉及代码数据。OpenAI训练ChatGPT-4所需的每秒浮点运算次数约为2.15e25，使用了2.5万个A100 GPU，训练时间为90～100天，训练成本非常高昂。

6. 应用场景

DeepSeek主要应用在金融、医疗、政务等领域，尤其是在中文环境下具有较高的实用价值。ChatGPT在全球英语国家的教育、客服等领域应用突出，在国内主要用于跨国企业等国际化场景。在政务智能化方面，DeepSeek能在1小时内完成年度工作报告的起草并嵌入"十四五"规划的核心指标；进行舆情分析时，能从"菜价上涨"中洞察供应链问题。在企业服务中，DeepSeek审查500页跨境协议的风险点召回率达91.2%，还能生成符合《中华人民共和国广告法》的营销文案，规避表述陷阱。

7. 安全可控：合规发展的中国典范

DeepSeek内置意识形态审核模块，拦截违规表述，支持合规性自检。通过国家网信办算法备案，采用联邦学习技术，保障金融、医疗等敏感数据本地化处理，保护用户隐私。实际应用中，DeepSeek优势明显。例如，对于上市公司年报分析，DeepSeek仅需8分钟，而ChatGPT-4需要25

分钟；高考数学压轴题讲解，DeepSeek只需3分钟，而ChatGPT-4需要9分钟；党建材料撰写，DeepSeek只需12分钟，ChatGPT-4需大幅人工修改；芯片设计代码生成，DeepSeek只需6分钟，ChatGPT-4需要15分钟。

以ChatGPT为代表的生成式人工智能技术的问世，颠覆了传统的人工智能网络安全治理模式。然而，ChatGPT也凸显了科技发展迭代进程中的"破坏性创新"特征，为我国网络安全乃至国家安全及其综合治理体系带来机遇的同时，也对我国网络安全局势带来了相应的风险与挑战。

ChatGPT对网络安全漏洞挖掘与修复的赋能体现在：能够通过分析代码与注释，快速定位目标系统中存在的多种安全漏洞与针对性攻击代码。在IT安全团队的指导下，ChatGPT能够迅速识别并修复系统暴露的相关安全漏洞，从而优化并提升系统安全防护机制与防御能力，因此，我们应该制定完善的法律法规，从监管机制上规范数据和网络安全管理。同时，ChatGPT在新系统的开发与推广进程中可开展反渗透系统检测，必须引起我们足够的重视。DeepSeek的出现不仅解决了我国人工智能技术弯道超车的问题，也为我国网络信息安全及其人工智能技术安全提供了保障，解决了我国人工智能技术被"卡脖子"的难题。

DeepSeek之所以震撼世界，是因为它不仅仅是"一个更厉害的AI"，而是直接改写了AI产业的游戏规则——让AI变得更便宜、更自由、更普惠，新一轮AI革命也将由此开始。DeepSeek和Manus的突破，共同为我们揭示了AI发展的两大主要趋势：更高的效率和更强的实用性。

首先，DeepSeek通过MoE架构和优化训练策略，仅用600多万美元的成本就实现了与ChatGPT-4相当的性能，这一成果向我们证明了低成本高效能的AI训练模式是切实可行的。这种模式与传统观念中AI研发需要数十亿美元投资的认知形成了鲜明对比，极有可能激励更多小型团队或发展中国家的公司勇敢地投身于AI领域，从而加速AI技术在全球范围内的扩散。

其次，Manus代表了AI向自主代理方向的重要演进。传统AI助手大多局限于对话交互，而Manus能够主动执行任务，这一创新极大地拓展了AI的应用场景。DeepSeek的技术创新与行业影响深远。它不仅提升了中国人工智能技术的核心竞争力，还为未来国产芯片的适配奠定了坚实基础。从个人层面来看，它可以化身贴心的旅行规划者、专业的财务分析师，或是得力的教育辅助工具；从企业层面而言，它能够助力优化供应链管理、提升数据分析效率、实现高效的内容生成。Manus的自主性，有望重塑工作流程，减少人为干预，大幅提高工作效率。

展望未来，AI将更加深度融入我们的日常生活和工作。想象一下，未来可能会出现这样的场景：一个AI代理能够自动安排会议、精准分析市场趋势，并生成详尽的报告；一个高效的语言模型能够以低成本为中小企业提供智能客服服务。随着技术的不断进步和硬件性能的持续提升，我们有理由相信，DeepSeek和Manus等中国自主原创的人工智能技术将发挥更加重要的作用。

8.3 总结

本章深入分析了DeepSeek、Manus与ChatGPT-4三大国内外主流大模型及其AI智能体的技术架构、功能定位与应用场景。DeepSeek作为基础语言模型，以强大的语言处理能力、开源生态及低成本实现了对传统闭源模型的突破，成为更普惠、更高效的AI基础设施。Manus则代表了通用AI

智能体的前沿方向，通过主动规划、决策与执行能力，扩展了AI技术的应用边界，实现了从知识储备到实际行动的跨越式发展。相比之下，ChatGPT-4以其广泛的应用和成熟的多语言表现，持续引领国际AI技术潮流。

通过对比分析，本章展示了人工智能从"知识型"向"行动型"演进的清晰路径。未来，AI技术的发展将更加聚焦于知识与行动的有机融合，强化自主决策、跨领域协同与低成本普惠应用，不仅推动技术不断突破，也为产业与社会提供了更大的想象空间与发展动力。

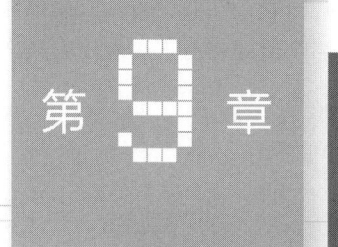

第 9 章 行业应用案例分析

前几章详细介绍了大模型的技术原理、定制优化方法及多模型协同的实现策略。虽然这些内容提供了构建和优化大模型系统的完整方法论,但如何将这些技术真正落地到各个具体行业,解决实际业务问题,才是企业和开发者最为关注的焦点。本章将通过多个行业的实际案例,展示DeepSeek模型及DIKWP白盒测评理念在不同领域的应用实践,直观呈现大模型技术如何转化为行业竞争力。本章选取了多个具有代表性的场景进行详细讨论,以期为各行业的实践者提供切实可行的参考和启示。

9.1 行业应用案例

DeepSeek凭借优秀的智能表现，正加速渗透至各个行业，包括农业、金融、制造、政务等。

9.1.1 DeepSeek+农业

在农业现代化的进程中，科技创新逐渐成为推动产业升级的核心引擎。然而，传统农业植保领域长期面临数据离散、经验依赖性强、决策滞后等问题，导致病虫害防治效率低下，农作物减产风险高。如何通过技术手段提升植保效率，成为农业发展的关键。

案例1　云飞科技全面接入DeepSeek

云飞科技将DeepSeek大模型应用于智慧农业场景，探索"AI+农业"的深度融合。云飞科技通过整合历史虫情数据、气象信息、作物生长周期等多维度数据，利用DeepSeek大模型构建专属农业场景的AI决策系统，为种植者提供更智能、更精准、更个性化的植保服务。

（1）数据驱动的精准预警

DeepSeek大模型通过分析海量数据，快速识别病虫害发生规律，预测暴发风险。例如，针对小麦赤霉病，系统可以综合温湿度、作物长势等条件，动态推荐最优防治窗口期，帮助农户提前部署防治方案，减少农药滥用，提升防治效率。

（2）个性化植保建议

结合实时田间数据，DeepSeek大模型为农户生成个性化植保建议，涵盖农药配比、施药时机、成本测算等内容。例如，系统可以根据病虫害类型与作物生长阶段，推荐最适宜的农药种类与施药剂量，既降低成本，又提升防治效果。

（3）开放的植保知识平台

云飞科技计划搭建开放的植保知识平台，通过DeepSeek大模型持续学习农技专家经验、学术论文及田间实践案例，形成可交互的"农业百科全书"。农户只需输入问题，即可获得病虫害诊断、农药选择等实时指导，真正实现"科技在手，种地无忧"。

案例2　DeepSeek赋能云南高原特色农业

2025年中央一号文件明确指出，以科技创新引领先进生产要素集聚，因地制宜发展农业新质生产力。云南省委农村工作会议也强调要深化科技创新在高原特色农业中的应用，全面助力乡村振兴。在此背景下，云南省农业科学院与埃舍尔科技携手合作，基于DeepSeek大模型共同打造了农业AI系统，开启了云南高原特色农业智能化发展的新篇章。这一系统深度融合了云南省农科院的专业农业知识与埃舍尔科技的智能技术，以农科服务中积累的海量农情数据为基底，创新开发了智能农技问答、病虫害AI诊断、种植方案智能生成等功能模块，构建了"AI+专家"协同科技服务体系。

（1）智能农技问答

农户通过手机端即可获取精准化、个性化的种植指导。系统基于DeepSeek大模型，能够快速解析农户提出的问题，并结合实时农情数据生成科学解答。例如，农户只需输入"如何防治水稻稻瘟病"，系统即可提供详细的防治方案，包括农药推荐、施药时机及注意事项。

（2）农作物病虫害智能识别

农户通过终端上传病虫害图片，系统通过机器学习方法和计算机视觉技术来识别农业病虫害，并结合DeepSeek的推理决策能力，为农户提供防治建议。例如，针对玉米螟虫害，系统推荐生物防治与化学防治结合的方案，不仅降低了成本，而且减少了环境污染。

（3）种植方案智能生成

系统结合作物品种、土壤条件和气候等因素，为农户生成个性化的种植方案。

该系统为政府、园区、企业和农户提供全方位的智能支持，通过构建"AI+专家"协同科技服务体系，为乡村振兴注入可持续的科技动能。这一合作将致力于打造可复制、可推广的农业智能化示范模式，为云南乃至全国农业现代化树立新标杆。

案例3　贵阳贵安地区接入DeepSeek促进智慧农业升级

贵阳农投集团依托DeepSeek大模型，对其"数智农投"平台进行了全面升级。通过接入DeepSeek，平台在生产经营数据治理、法规智能检索、多模态视觉交互等方面搭建了AI应用场景，实现了科技创新与产业创新的深度融合。

（1）智能制度检索与管理

传统制度管理中，"找不到、用不准"是普遍痛点。DeepSeek大模型通过自然语言处理技术，支持员工通过口语化提问快速查询制度条款，并自动关联跨部门、跨层级的关联制度。例如，员工只需输入"如何申请农业补贴"，系统即可快速定位相关制度文件，并提供详细的操作指南。

（2）数据治理与决策支持

"数智农投"平台打通了95家下属企业和24个子系统的海量数据。DeepSeek大模型对这些数据进行分层级、分类别的结构化处理，精准呈现企业经营的真实面貌。例如，系统可自动生成企业经营分析报告，帮助管理层快速掌握生产、销售、库存等关键指标，为科学决策提供有力支撑。

（3）多模态视觉交互

"数智农投"平台利用DeepSeek的多模态能力，实现了图像、文本、语音等多种数据的融合分析。例如，农户可通过上传农田图片，获取作物生长状态分析及病虫害诊断建议，实现"所见即所得"的智能服务。

贵阳农投集团计划围绕现代种业、农产品加工业、市场流通业"三大主业"，进一步拓展DeepSeek大模型在全产业链数字化改造中的应用。"数智农投"平台将在职工精准画像、智能算法调度、生产排程、数字化工厂等方面持续发力，构建覆盖生产经营管理全链条的数字化应用场景。

案例4　海垦科技集团引入DeepSeek技术，全力驱动农业服务智能化进程

为积极响应中央关于推进AI等前沿技术发展的战略规划，落实国务院国资委对国企数字化转型的指导意见，以及海南省委、省政府"向数图强"的战略部署，海垦科技集团近期正式引

入并部署DeepSeek应用。这一举措旨在加速海垦科技集团的数字化与智能化升级,助力其成为全国农垦改革的标杆与创新示范,为海南自贸港建设注入强劲数字动能。

(1)技术落地:DeepSeek-R1版本成功部署

海垦科技集团旗下金垦赛博公司技术团队近期顺利完成DeepSeek-R1版本的本地化部署,并积极探索其在集团业务中的实际应用。DeepSeek技术已在经营数据分析、企业知识库搭建及土地"一张图"平台等领域初显成效。

通过搭建企业级知识库,海垦科技集团显著提升了工作效率;借助DeepSeek优化海垦土地"一张图"数据平台功能,用户可快速获取特定区域作物种植详情;以财务数据为起点,技术团队对本地化部署的DeepSeek展开模型训练,未来有望实现对企业收入、成本、利润等关键指标的实时分析,并自动生成经营分析报告。

(2)深化转型:构建海垦专属经营管理大模型

海垦科技集团计划依托DeepSeek技术,进一步深化数字化与智能化转型。不仅将实现财务数据的实时分析,还将逐步整合其他产业数据,构建海垦专属的企业经营管理大模型,打造集团经营管理"一张图",全方位提升企业数字化管理水平。

DeepSeek技术将助力实时分析全链条生产经营数据、市场动态及政策信息,及时生成风险预警与优化建议。这将为海垦科技集团在决策支持、财务管理提升、精准营销及供应链管理优化等方面提供智能化辅助支撑,推动企业经营管理迈向更高水平。

9.1.2 DeepSeek+ 金融

随着金融数据的爆炸式增长和客户需求的日益多样化,传统金融模式面临着效率低下、风险控制不足、服务体验欠佳等挑战。如何通过AI技术提升金融服务的智能化水平,是一个亟须探索的问题。DeepSeek作为通用人工智能的代表之一,如何利用DeepSeek推动金融服务的效率、精准性与用户体验,是当下金融行业热议话题。

案例1　苏商银行应用DeepSeek提升数字金融智能化水平

近年来,人工智能技术的飞速发展正在重塑全球金融行业的竞争格局。在《推动数字金融高质量发展行动方案》文件指引下,苏商银行紧紧抓住数字经济发展机遇,以大模型技术为核心驱动力,深入推进人工智能在金融领域的创新应用,探索出一条具有行业示范意义的数字化转型路径。

2023年,苏商银行组建了一支由行内顶尖人才组成的研究团队,专注于大模型技术的应用研究。团队前瞻性地提出了"金融AI双平台战略",即建设AI大模型应用平台和AI算力平台,形成覆盖基础设施、平台能力与业务应用的全景架构。这一战略布局贯穿了数据治理、风险控制到智能决策的全链路,为银行数字化转型奠定了坚实的技术基础。

2024年,在国产大模型技术兴起之际,苏商银行率先引入DeepSeek系列技术,并结合自身原有技术能力,在模型轻量化与高效推理方面取得显著突破。通过优化算法设计和降低算力消耗,苏商银行成功为高频、实时业务场景提供了更优解决方案,进一步提升了数字金融服务的智能化水平。

在智能信贷领域，苏商银行创新应用DeepSeek-VL2多模态模型，有效解决了传统光学字符识别（Optical Character Recognition，OCR）技术表格识别率低、手写体解析难、画中画拍摄文档解析难等痛点问题。通过构建"多模态技术+混合专家框架"的创新体系，苏商银行实现了对嵌套表格、影像资料等复杂场景材料的精准解析，将信贷材料综合识别准确率提升至97%以上。这一技术突破使信贷审核全流程效率提升了20%，真正践行了"让数据多跑路、让客户少等待"的服务承诺。

面对金融科技快速迭代带来的挑战，苏商银行自主研发并上线了"开发助手"，集成DeepSeek-R1推理模型，开创性地构建了智能编程协作平台。该平台通过深度语义解析与推理过程可视化技术，实现了从业务需求到代码逻辑的精准转化，有效解决了复杂业务系统开发中的需求理解偏差和代码重复率高等问题。实践数据显示，部署该平台后，代码采纳率提升了28%，代码审查（Code Review）问题检出效率提高了40%，核心系统迭代周期缩短了30%，形成了"需求分析—代码生成—质量检测"全流程智能化闭环，为银行业务系统的高效迭代注入了强劲动能。

在智能风控领域，苏商银行深度融合DeepSeek系列模型技术，构建起"数据+算法+算力+场景"四位一体的智能决策体系，为稳健发展筑牢数字风控防线。通过创新应用模型蒸馏技术，苏商银行在保持大模型精度的同时，实现了推理效率的指数级提升，单次决策响应时间压缩至毫秒级。该体系已成功应用于信贷风控、反欺诈监测等20余个业务场景，尽职调查报告生成效率提升40%，欺诈风险标签准确率提升35%，构建起覆盖贷前、贷中、贷后的全生命周期智能风控网络。

数字化转型从来不是选择题，而是关乎高质量发展的必答题。站在数字金融发展的新起点，苏商银行围绕智能信贷、智能风控、智能投顾、智能客服、智能办公等业务场景，加速推进"AI+金融"战略的纵深发展。通过不断深化人工智能技术在金融服务中的应用，致力于服务实体经济、赋能美好生活的数字金融新篇章。

案例2　邮储银行将DeepSeek大模型用于"小邮助手"

2024年12月，邮储银行首次公布了自研大模型"邮智"，旨在通过AI技术赋能金融服务的全场景应用。2025年2月8日，邮储银行本地部署并集成了DeepSeek-V3模型和轻量级DeepSeek-R1推理模型。"邮智"大模型通过引入并应用DeepSeek能力，多任务处理、算力节约、效能提升等方面将得到增强。

（1）"小邮助手"的升级

"小邮助手"是邮储银行面向用户的智能服务平台。通过集成DeepSeek大模型，"小邮助手"能实现信息可聚合、图表可展示、内容可溯源、话术多风格、推荐有策略等功能。

（2）远程银行服务领域的探索

在远程银行服务领域，邮储银行利用DeepSeek的多步骤推理优化能力，增强了手机银行陪伴式数字员工的功能。同时，座席助手能够自动分析客户问题，生成最优解决方案，显著缩短了服务响应时间。

（3）公司金融与风险防控的智能化应用

在公司金融领域，邮储银行探索了建筑业产业链场景，利用DeepSeek的复杂业务推理能力，实现了产品推荐、股权分析、财务分析等功能的智能化。例如，系统可根据企业的经营数据与行业趋势，自动生成定制化的融资方案与风险管理建议。在风险防控领域，DeepSeek的高效分析能力帮助银行自动生成案件分析报告，提升了可疑点识别效率与准确性，增强了反欺诈的主动防御能力。

（4）网点金融服务的智能化创新

在网点金融服务领域，邮储银行探索了AI端侧创新应用，拓展了数字柜员服务场景。例如，数字柜员能够通过自然语言交互，为客户提供账户查询、转账汇款、理财产品推荐等服务，助力网点智慧运营，提升客户体验。

邮储银行计划以"邮智"大模型为基础，进一步探索DeepSeek在金融场景中的特色化应用。通过推动"算力、算法、数据、场景"四位一体的大模型服务体系建设，打造安全可信的智能化金融服务生态。通过AI技术的深度应用，邮储银行将为客户提供更高效、更精准、更智能的金融服务，推动金融行业的智能化转型。

案例3　北京银行携手华为实现DeepSeek全栈国产化金融应用

北京银行致力于成为一家"人工智能驱动的商业银行"，于2024年全面启动"All in AI"战略，携手华为率先实现DeepSeek全栈国产化金融应用。

在大模型技术的应用探索中，北京银行与华为紧密合作，率先部署了DeepSeek系列大模型，特别是DeepSeek-R1模型深度融合了混合专家架构与多头潜在注意力机制，显著提升了模型的计算效率和性能表现。截至2024年底，DeepSeek系列模型已成功落地应用于北京银行的多个关键业务场景，包括AIB平台（京行研究、京行智库）、智能客服助手、客户画像系统（京客图谱）等，大幅提升了知识驱动的模型服务质量与业务效率，为银行的智能化转型注入强劲动力。

2025年初，北京银行与华为再次联手，基于华为昇腾系列AI服务器和推理引擎（Mind Inference Engine，MindIE）多头潜在注意力机制，快速完成了DeepSeek-V3、R1满血模型、R1蒸馏模型及Janus-Pro多模态模型的部署与推理加速优化。同时，双方针对DeepSeek模型的技术特点（混合专家架构、多头潜在注意力机制）持续展开技术优化，深入推进并行调度、多任务处理（管理培训计划）及融合算子技术应用，率先实现了DeepSeek全栈国产化在金融领域的成功落地。

近年来，北京银行持续深化产研联动，构建了"4+N"全栈国产化大模型应用体系：一是建立了全栈国产化的算力底座，保障了大模型应用的稳定运行；二是打造企业级知识库，整合金融领域的海量数据和专业知识；三是推出"京翼"大模型服务（MaaS）平台，实现"模型即服务"的高效应用模式，目前已部署超过10个大模型；四是构建了"京骑"Agent智能交互平台，推动智能化应用的进一步发展。

在具体业务应用层面，北京银行基于大模型技术开发出AIB小京智能体、"京信妙笔"智能报告生成工具等智能化产品，广泛应用于信贷、营销、运营、合规、审计等超过90个金融业务场景，有效减轻了一线员工的负担，大幅提升了工作效率和服务质量。

北京银行以AI技术为核心驱动力，不断强化算力支撑与模型能力建设，构建更安全、更高效的人工智能应用生态，探索更多金融创新场景，致力于为客户提供更加智能、高效、便捷的金融服务体验。

案例4　工商银行推进DeepSeek大模型普惠应用——工银智涌

工商银行（以下简称"工行"）依托自主研发的大模型平台——工银智涌，持续推动人工智能技术在全行范围内的广泛普及与应用。早在2024年上半年，工行即率先部署并试点应用了DeepSeek系列开源大模型，探索将前沿AI技术深度融合至金融业务中。

近期，工行进一步引入DeepSeek最新开源大模型，通过更强大的复杂推理能力，有效丰富了工银智涌大模型矩阵。工行以工银智涌为统一入口，面向全行员工提供AI生产力工具，大幅提升AI技术在全行的普及程度。为保障DeepSeek模型高效落地，工行采取了一系列技术优化措施，包括并行计算优化、模型量化压缩及动态批处理技术，大幅提升了模型部署效率，降低推理成本并提高了系统吞吐量。

工行率先在重点领域展开应用突破，充分发挥DeepSeek开源大模型在复杂数据处理与高效推理方面的优势，成功打造了财报分析助手、AI财富管家等十余个典型金融应用场景，显著提升了业务效率和服务水平。

工行将继续践行"领航AI+行动"，深入推进DeepSeek等前沿大模型技术的创新应用，不断强化算力、数据、模型和范式四大能力建设，持续推动人工智能成果的快速转化与创新。

工行在大模型领域的布局始终秉持开放兼容的态度。2024年10月，工行首席技术官吕仲涛曾表示，工行已探索出一条可与主流大模型生态快速兼容适配的技术路径。在国产化算力的基础上，工行已全面兼容十余个大模型技术生态，积极适应大模型技术的快速迭代。

2025年1月，工行升级发布ECOS2.0数字技术生态体系，明确大模型作为企业级人工智能体系的核心。工行构建的"工银智涌"千亿级金融大模型已在金融市场、信贷管理等20余个业务领域，覆盖超过200个应用场景，并开始对外输出赋能同业机构。

同期，工行软件开发中心也上线了大模型能力矩阵，涵盖文本生成、多模态图文理解、代码生成、文生图和文本转视频等多个大模型。其中，文本大模型细分为多个参数规模级别（>100B、60B～80B、<60B），其余四类多模态模型的参数规模则统一为百亿级（<60B）。

工行发挥金融科技引领作用，加速大模型创新技术与金融业务的深度融合，全面提升金融服务的智能化水平，为客户带来更智慧、更高效的服务体验。

9.1.3　DeepSeek+制造

案例1　比亚迪与DeepSeek联手开启智能驾驶平权时代

2025年2月10日，比亚迪发布会上，智驾负责人杨冬生正式宣布，比亚迪整车智能"璇玑架构"将全面接入DeepSeek-R1大模型，以显著提升车端和云端的人工智能能力。

在智能座舱领域，依托DeepSeek-R1大模型卓越的复杂推理和用户意图理解能力，比亚迪车型将更精准地捕捉用户的模糊意图与隐性需求，实现高度个性化的智能座舱体验，开启智能座舱的新时代。同时，比亚迪推出的"五大标配"：DiLink100智能座舱、12.8英寸以上中控屏幕、全液晶仪表、电容方向盘和专用智驾拨片，将进一步巩固智能化普及。

此次比亚迪推出的"全民智驾"战略，将高阶智能驾驶技术作为标准配置，全系车型均搭载了高阶智驾功能，真正实现了智能驾驶技术的"平权化"。

技术平权的背后，是DeepSeek与比亚迪"双引擎"的共同努力。DeepSeek通过开源AI工具打破了传统算力和数据资源垄断，将大模型训练成本降至行业平均水平的五分之一，并推出了零代码开发平台，让普通开发者也能轻松使用顶尖的AI技术。而比亚迪通过自主研发芯片、分布式计算架构及垂直整合供应链，使高阶智驾的硬件成本降低43%，将智能驾驶技术的门槛大幅降低，甚至让售价仅7万元的海鸥车型也实现了高速NOA和自动代客泊车功能。

通过推动智能驾驶从高价"配置溢价"转变为全系"功能标配"，比亚迪彻底颠覆了行业长期以来"高阶智驾即豪华标签"的传统逻辑，将"卖功能"彻底转向"卖体验"，更贴合中国消费者实际需求。这不仅推动了行业竞争规则的重构，更形成了一种具备社会价值穿透力的技术普惠路径。

比亚迪440万辆搭载智驾技术的车辆与DeepSeek的大模型形成了车端与云端的数据闭环：每辆车的实时数据反哺模型优化，而经过优化的模型再通过空中下载（Over The Air，OTA）技术升级优化车辆体验，形成了技术快速迭代的数据飞轮，建立了难以复制的生态优势。正如王传福所言，"好技术不应被束之高阁"，而是要通过开放与共生，推动产业生态共同进化。

这场"智驾平权"的实践，远远超越了商业竞争的范畴。当智能驾驶从"安全配置"转变为"基础人权"，技术的普及不仅能有效减少事故发生率（数据显示智驾普及后事故率可降低70%），更引发了全新的社会共识：技术发展的终极目标并非创造奢侈品，而是实实在在地解决现实问题——无论是乡村教师调用AI备课，还是普通家庭以低成本享受自动驾驶的守护。

比亚迪与DeepSeek的联手实践，再次印证了"大道至简"的东方哲学：真正的技术革命不在于炫目复杂的技术本身，而在于让技术的光辉真正惠及每个人。当算法与方向盘共同推动智能平权，人们正在进入一个更加包容的智能时代，在这里，没有技术的贵族，只有普惠与共生的生态沃土。

案例2　国家电网光明电力大模型融合DeepSeek提升深度思考能力

2025年2月17日，国家电网有限公司依托自主国产化算力基础设施，成功完成DeepSeek大模型的本地化适配部署。通过公司内部广泛应用的"i国网"AI助手，DeepSeek大模型正式面向广大员工开放使用，全面赋能企业智慧办公应用场景。

国家电网贯彻落实党中央、国务院决策部署和国务院国资委的具体要求，早在2024年即发布了专门面向电力行业应用的千亿级多模态大模型——光明电力大模型。本次国家电网引入DeepSeek系列大模型，不仅包括参数规模高达671B的DeepSeek-V3和DeepSeek-R1版本，更首次利用DeepSeek先进的长思维链推理与模型蒸馏技术，对20B参数规模的光明电力大模型进行了推理增强训练，使光明电力大模型初步具备了电力领域专业知识的深度推理能力。

"i国网"AI助手基于光明大模型开发，已为公司员工提供智能写作、会议纪要、精准信息检索等多种智能化办公服务。此次融合DeepSeek后，该助手在语义理解精准度、任务执行效率与推理逻辑性上均实现了显著提升，进一步优化了用户的智慧办公体验。

国家电网坚持"开源+闭源"并举的大模型发展策略，充分吸收DeepSeek多阶段强化学习的创新理念，学习借鉴DeepSeek在技术应用组织机制方面的先进经验，着力培养跨领域、复合型人工智能青年人才。同时，公司还将在模型训练方法创新、结构优化、算力调度等技术领域持续加大投入，充分发挥企业级高质量数据资源和强大算力优势，依托国家电网公司级人工智能平台，推动光明电力大模型的不断迭代优化，深度融合深度推理技术与电力行业专业认知，持续挖掘模型在电网核心业务场景中的应用潜力，加快推进企业数字化、智能化转型步伐。

案例3　DeepSeek+机器人：从实验室到战场的智能革命

（1）DeepSeek通用机器人平台

◎ 以"AI大脑+模块化硬件"为核心，集成计算机视觉、自然语言处理与强化学习技术，支持工业巡检、家庭服务、医疗辅助等多种场景。

◎ 典型案例：DeepSeek-R1通过双臂协作完成精密仪器组装，误差精度达0.01毫米，已在半导体工厂部署。

（2）机器狗：四足机器人的进化之路

◎ 宇树科技Unitree Go2：搭载深度强化学习算法，实现复杂地形自适应行走（如45°斜坡、碎石路），配备红外热成像模块，应用于消防救灾与反恐侦察。

◎ 军事化改造：美军测试搭载狙击步枪的Vision 60机器狗，可执行高危区域火力压制任务，续时间航达6小时。

（3）无人机：天空中的AI之眼

◎ 大疆行业级应用：Matrice 350 RTK配合激光雷达，实现电力巡线自动化，效率提升300%；DJI Mavic 3用于边境巡逻，热成像精度±2℃，夜间追踪距离超2千米。

◎ 军事争议：乌克兰战场中，大疆Mavic系列被改装为微型轰炸机，凸显无人机武器化趋势。

（4）军事智能化：未来战争的胜负手

◎ 集群作战：AI控制1000+无人机蜂群实施饱和攻击，突破传统防空系统（参考2022年美军"复仇者"演习）。

◎ 无人装备矩阵：机器狗（地面突击）+无人机（空中侦察）+无人艇（海域封锁）形成立体作战网络。

◎ 伦理挑战：联合国《特定常规武器公约》正讨论致命性自主武器系统（Lethal Autonomous Weapon Systems，LAWS）的合法性边界。

（5）中国硬科技突围：大疆与宇树的启示

◎ 大疆创新：全球消费级无人机市占率超70%，通过"技术封锁反制"策略自研陀螺仪芯片，打破美国制裁；

◎ 宇树科技：四足机器人电机功率密度达1.2kW/kg，超越波士顿动力Spot，成本仅为其1/5，实现规模化商用。

（6）未来趋势：人机协作的终极形态
- 2025年全球军用机器人市场规模预计突破500亿美元；
- DeepSeek实验室正研发"脑机接口+机器人"系统，士兵可通过意念直接控制无人装备，响应延迟低于50毫秒。

9.1.4 DeepSeek+政务

案例1　北京电控牡丹集团引入DeepSeek赋能内容安全与智能化服务

近年来，人工智能技术迅猛发展，DeepSeek大模型凭借卓越的技术性能和广泛的应用场景迅速成为行业焦点，掀起人工智能市场新一轮变革浪潮。为充分发挥AI技术在内容安全领域的赋能作用，进一步筑牢企业宣传阵地的安全防线，牡丹大数据舆情中心自主研发的牡丹智能内容审核平台正式接入DeepSeek大模型，实现了内容安全审核工作的全新突破。

在数字化时代，政府部门、企业等公开发布内容的渠道日益丰富多样，为内容安全工作带来了前所未有的挑战。涉时政表述不规范、图片使用不当等问题频繁发生，甚至可能诱发舆情事件，损害企业品牌形象。为此，牡丹大数据舆情中心基于多年审核服务积累的问题词条，自建错敏词库，并采用数千亿条基础语料、数百万条涉时政用语库及数十万篇党政文章作为数据，训练生成高效的审核算法模型。该模型实现了对文本、图片、音/视频等多模态数据的审核能力，对涉时政表述的审核能力达到了行业领先水平。

在内容审核领域，审核能力是核心关键。DeepSeek大模型凭借千亿级参数和强大的自然语言处理能力，能够精准捕捉文本中的不规范信息。牡丹智能内容审核平台引入DeepSeek，有效弥补了现有系统审核模型难以覆盖的错误词条识别问题。同时，平台结合新闻报刊核心表述库、中国共产党新闻网、落马官员信息数据库等专业权威的人工智能算法语料库，进一步提升了对文本中不规范信息的识别能力。平台尤其专注于涉时政表述的审核，包括领导人讲话、国家政策法规、敏感词/禁用词使用不规范等内容，更加契合政府机关、企事业单位宣传部门的发文审核需求。

牡丹智能内容审核平台的智慧公文写作功能，依托DeepSeek在内容创作和语义分析方面的强大能力，结合海量政府机关范文数据库，为用户提供智能化的公文写作支持。用户只需输入关键词，平台即可快速理解核心需求，生成符合规范格式的公文，并支持润色、改写、扩写、缩写、续写等多种操作。平台已积累了60多种公文分类、18类分级、200多种素材、千万篇范文及超过1亿级别的写作素材，能为政府部门和企事业单位工作人员提供高效、智能的写作辅助工具。

相比于市面上的智能问答系统，牡丹智能内容审核平台聚焦于国家政策导向、重要领导人讲话内容及国家发展战略的核心方向，致力于为用户提供权威、精准、高效的政策解读与发展方向指引。平台结合DeepSeek的信息搜索、汇总与推理能力，深入分析政策文件的背景、目标和具体条款，并通过实际案例进行多维度解读，提供切实可行的执行建议。这不仅帮助用户从宏观层面把握政策导向，还为其提供了清晰可行的实施路径，将政策精神转化为具体的工作指导和实际行动。

为满足用户的个性化需求，促进自有知识的积累与转化，牡丹智能内容审核平台支持用户自建个性化知识库。用户可上传各类格式文档，将分散领域的知识资源整合为统一的知识管理体系，从而加速信息检索和应用效率。借助DeepSeek的数据处理和知识整合能力，平台优化了资源配置，提高了工作效率，为用户打造了一个系统性、无缺漏的知识管理工具。

案例2 "AI公务员"强势赋能！龙岗打造智慧政务新标杆

2025年春节过后，深圳市龙岗区政务服务领域迎来令人瞩目的新变和重大突破。作为全国政务AI建设的先行区，龙岗区政务服务和数据管理局依托华为昇腾AI基础软硬件平台，在区政务外网成功部署上线DeepSeek-R1全尺寸大模型（6710亿参数）。龙岗区成为全国首个基于昇腾服务器实现该模型全量部署应用的行政区，也是广东省首个在政务信创环境下成功部署该模型的政府部门。这一成果不仅展现了龙岗区在数字创新与智慧城市建设上的深厚积累，也为政务AI领域树立了新的标杆。

自2018年提出打造智慧城市全球样板点以来，龙岗区始终以数字技术创新、数据要素融合、政务AI深度应用作为核心驱动力，持续推进智慧城市建设。经过多年的深耕细作，龙岗逐步形成了一套可复制、可推广的智能治理模式，受到国内外广泛关注。仅2024年，龙岗区便接待了来自60多个国家（地区）的254场次学习交流活动，累计3638人次前来考察学习，充分彰显了其在全球智慧城市建设中的影响力与示范作用。

2025年春节期间，龙岗区人工智能产业办公室在全区范围内发起本地化部署DeepSeek大模型的揭榜活动，鼓励干部职工学习使用AI技术解决工作与生活中的实际问题。活动共收到21个单位报送的28个DeepSeek大模型本地部署应用案例。其中，龙岗区政务服务和数据管理局深入研究DeepSeek大模型在政务场景中的应用方向，并在春节后率先完成全尺寸大模型的部署，这标志着龙岗区在政务AI领域的又一次领先实践。

作为全国政务AI建设的排头兵，龙岗区已建成由10个本地大模型组成的模型集群，其中包含2个千亿级参数模型和2个视频大模型。依托这些技术优势，龙岗区以智慧办公系统"龙小i人工智能应用矩阵"为载体，构建了"1+5+N"政务AI生态体系，即以1个统一的全国产大模型基座为基础，聚焦城市治理、政务服务、企业服务、民意速办、政务办公五大领域，开发N个具体应用场景。

目录，龙岗区已创新推出40个政务AI应用，涵盖公文写作助手、一句话找人/找视频、民生诉求智能匹配等功能。同时，通过将原有的"边聊边办""知识库问答助手"等应用迁移至DeepSeek大模型基座，实现AI能力的全面升级，使数字化助手真正成为全区公职人员的"智能同事"。此外，DeepSeek还被用于赋能"龙i企"企业服务小程序，为企业提供更加智能、便捷的政务办理、在线咨询和政策解读服务，进一步提升了政企互动效率。

2025年2月17日，基于DeepSeek大模型打造的五大智能应用正式亮相，为智慧政务注入了全新活力。

◎ 智能文档助手：深度融合DeepSeek的语言理解能力与WPS办公生态，重塑政务写作新模式。智能校对功能可实时捕捉错别字和语法错误，段落智能扩写功能则让原本需要数小时的文字工作缩短至分钟级，真正实现"让键盘飞起来"。此外，文档摘要分析功能搭载DeepSeek多模态处理能力，让海量政务数据焕发新生。

◎ 民意速办"AI质检官"：针对诉求回复内容进行多维度智能分析，识别推诿性用语、政策误读等高风险表述，为答复内容实时评分并提出优化建议，确保服务质量。

◎ 民意速办"咨询师"：依托DeepSeek的自然语言处理能力，能够实现咨询类诉求的"秒级回复"，有效减轻基层工作人员的工作负担。

◎ 民意速办"风险预警哨"：对诉求内容中涉事主体的情绪状态、具体行为及相关言论进行智能分析，提前识别热点问题及"弱信号+高影响"诉求，自动标注"疑似情绪异常"事件，有效避免事态升级。

这五大智能应用的上线，不仅显著提升了政务服务效率，也推动了智慧政务向"秒级响应"的目标迈进。

为巩固在全国政务智能化领域"第一梯队"的地位，龙岗区持续推进"三大战略"，构建"应用+平台+人才"一体化发展体系：

◎ 拓展AI应用矩阵，实现全场景覆盖：依托DeepSeek大模型，推动AI从核心业务向基层治理全面渗透，构建"全链条智能政务生态"。

◎ 部署本地化智能体平台：积极建设本地化智能体平台，鼓励公职人员创建个性化智能体，将其打造为既懂龙岗又切实好用的智能工具，助力各单位提升工作效率。

◎ 培养政务AI复合型人才：开设龙岗区干部AI培训班，帮助各级领导干部掌握AI基础知识与进阶技能，主动拥抱以DeepSeek为代表的新质生产力，培育出一支业务与技术双优的复合型人才队伍。

此次智慧政务的全面升级，标志着龙岗区正式迈入"AI深度赋能"新阶段。龙岗区将持续以科技创新推动提质增效，通过AI技术赋能，实现政务服务从"被动响应"向"主动感知"转变，从"人找政策"向"政策找人"转变。以"技术、数据、场景"为着力点，紧跟时势、精准服务，促进政企数字化服务，深化数据要素应用创新，打造"有商机"的城区典范，赋能数字经济高质量发展。

案例3 "海易办"平台智能客服"小椰"正式接入DeepSeek模型

2024年，海南省"海易办"平台的智能客服"小椰"正式接入DeepSeek大模型，这标志着海南自贸港政务服务向更高效化、精准化、智能化迈出关键一步。作为海南省政务服务的统一入口，"海易办"平台自2020年上线以来，已汇聚全省政务服务事项10.4万余项，累计用户超3700万，办件量突破1.1亿件，成为海南数字政务的核心枢纽。

为提升企业及群众的办事体验，海南省积极探索"人工智能+政务服务"模式，推动DeepSeek大模型与"海易办"平台深度融合。此举使海南成为继北京、上海、浙江、广东深圳等地之后，又一实现政务服务大模型落地的地区，推动政务服务从"能办"向"好办、易办、智办"转型。

用户现可通过"海易办"平台（App/微信小程序/支付宝小程序）首页的"小椰"客服，切换至"体验DeepSeek"模式，开启智能对话。例如，当咨询"新生儿出生一件事"时，用户只需输入"办理新生儿出生一件事的流程"，"小椰"即可快速梳理服务情景并提供精准指引，实现"咨询即服务"的无缝衔接。

"小椰"自2024年4月上线以来，日均处理咨询量达2800余次，累计推荐办事服务超58万次。接入DeepSeek大模型后，其语义理解准确率、咨询覆盖面、问答精准度及问题解决率均实现大幅提升。依托DeepSeek的多模态数据处理能力，"小椰"能够提供"7×24小时不打烊"的全天候服务，覆盖办事指南、政策解读、流程指引等多样化需求，推动政务服务从基础问答向全流程智能导办升级，精准满足用户多元化、个性化需求。

此次升级不仅强化了"海易办"平台的智能化服务能力，更体现了海南自贸港在政务服务领域的创新实践。通过深度融合AI技术，海南政务服务正逐步实现从"被动响应"到"主动服务"的转变，为全国数字政务建设提供了可借鉴的范例。

案例4　DeepSeek首当AI评委：儋州公务员辩论赛探索技术评判新范式

儋州市委组织部与共青团儋州市委联合主办的"自贸港公务员上讲台"能力提升系列活动于2025年3月11日正式启动。该活动以"DeepSeek接入政务系统"为核心议题，通过"专题讲座+辩论赛"的复合形式，旨在引导青年公务员探索科技赋能政务创新路径，强化实干创新意识与责任担当。

在当日举行的学术讲座中，海南大学段玉聪教授以《从人工意识视角透彻理解DeepSeek与深入应用》为题展开学术分享。他结合多年研究成果与实践案例，采用论文阐释与实时演示相结合的教学方式，系统解析了DeepSeek技术的测评体系、政务应用场景、社会影响及发展趋势。其深入浅出的讲解不仅展示了人工智能在行政审批、民生服务等领域的创新应用，更着重探讨了技术革新背后的人文伦理维度，引发与会者对政务智能化转型的深度思考。

下午的辩论赛将活动推向高潮，来自自贸港的公务员队伍围绕"DeepSeek接入政务系统利弊之辩"展开思想交锋。赛事严格遵循立论、质辩、攻辩、总结陈词的标准化流程，正反双方就技术效能、数据安全、伦理边界等核心问题展开多维度论证。值得关注的是，本次辩论创新性地引入DeepSeek基于DIKWP模型的智能评判系统，开创了海南省内人工智能参与政务活动的先例。经过激烈角逐，反方团队凭借对技术风险的系统性剖析与危机应对策略的完整性论证摘得桂冠，正方团队获亚军殊荣。赛事同时评选出最佳辩手、优秀辩手及团队贡献奖等个人奖项。

洋浦经济开发区管委会首席信息官莫立汉在专业点评中指出，这场辩论不仅展现了公务员队伍的思辨能力，还构建了技术认知与应用能力提升的实践场景，为政务数字化转型提供了可资借鉴的研究范式。参与活动的公务员郭文思表示："DeepSeek的应用可将政务处理效率提升40%以上，但技术驾驭能力的提升才是关键。我们既要善用科技红利优化服务效能，更要建立与技术发展相匹配的治理能力，确保人工智能真正成为服务民生的有力工具。"

此次活动通过理论研讨与实践推演的结合，为人工智能时代公务员能力建设提供了创新样本，标志着儋州市在探索"数字政府"建设路径上迈出了重要一步。

9.1.5　其他应用案例

DeepSeek凭借通用AI能力持续赋能新兴领域，以下为2025年最新行业应用案例及成果分析。

1. 教育行业：智能教学与精准管理（见表9-1）

表9-1 教育行业应用案例

应用场景	典型案例	成果与数据
个性化学习系统	北京朝阳区某中学引入DeepSeek教育大模型，根据学生课堂表现和作业数据生成动态学习路径。例如，针对数学薄弱生自动推送微课视频和专项练习，实现该系统在学生群体中的100%覆盖率	学生平均成绩提升12%，教师备课效率提高40%
AI自动阅卷	高途教育采用DeepSeek的NLP技术批改主观题和作文，支持多学科复杂题型（如物理实验设计题），并生成知识点掌握情况的缺陷报告	阅卷时间减少50%，测评准确率达98%

2. 医疗行业：精准诊断与药物研发（见表9-2）

表9-2 医疗行业应用案例

应用场景	典型案例	成果与数据
医学影像辅助诊断	深圳龙岗区妇幼保健院部署DeepSeek分析产前超声影像，识别胎儿先天性心脏病风险，准确率较传统方法提升25%	诊断效率提升40%，漏诊率降低至3%以下
AI药物研发平台	希格生科联合晶泰科技利用DeepSeek筛选抗肿瘤化合物，仅用传统周期1/3时间完成首创新药SIGX1094的临床前研究，并获美国食品药品监督管理局（FDA）快速通道资格	研发成本降低60%，靶点预测准确率超90%
基因治疗决策支持	某三甲医院通过DeepSeek整合患者基因组数据与临床病例库信息，预测CAR-T疗法对白血病患者的响应率，辅助制定个体化治疗方案	治疗方案匹配精度达89%，患者完全缓解率提升至78%

3. 零售与物流：智能运营与体验升级（见表9-3）

表9-3 零售与物流行业应用案例

应用场景	典型案例	成果与数据
动态定价与库存优化	某生鲜电商平台基于DeepSeek模型分析天气、节假日及历史销售数据，实时调整海鲜类商品价格，并预测区域仓库补货需求	库存周转率提升35%，损耗率降低20%
无人化智能客服	某大型电商平台部署DeepSeek驱动的24小时无人客服系统，支持多轮对话与复杂退换货场景，日均处理咨询量超50万次	客户满意度提升30%，人工客服成本减少60%
物流路径优化	顺丰同城采用DeepSeek算法实时规划骑手配送路线，结合交通拥堵预测与订单优先级动态调整，实现"分钟级"送达	配送效率提升20%，单均油耗降低15%

4. 能源与工业：低碳转型与效能革命（见表9-4）

表9-4 能源与工业行业应用案例

应用场景	典型案例	成果与数据
热储能系统优化	云南陆良县建成全球首套兆瓦级DeepSeek智能调控的热泵储能系统，熔盐储热温度达560℃，综合效率超80%，支持电网调峰调频	储能成本降至1.5元/瓦时，年调峰电量达4.8亿度，弃光率降至3%以下

续表

应用场景	典型案例	成果与数据
工业余热回收	宝武集团湛江基地引入DeepSeek模型优化钢渣余热回收系统，实时监测管道温度与压力，动态调整热能分配	年节能率达到25%，减少碳排放12万吨，投资回收期缩短至4年
风电功率预测	国家电网甘肃酒泉基地采用DeepSeek分析气象卫星与风机运行数据，预测未来24小时发电量，误差率低于5%	电网调度效率提升18%，弃风率下降至5%

5. 交通与汽车：自动驾驶与能源革新（见表9-5）

表9-5 交通行业应用案例

应用场景	典型案例	成果与数据
自动驾驶仿真测试	岚图汽车联合DeepSeek搭建极端场景仿真平台，模拟暴雨、冰雪等复杂路况，训练算法以应对突发障碍物识别与紧急制动	测试周期缩短40%，算法安全性达ASIL-D级标准
固态电池量产应用	宁德时代半固态电池搭载DeepSeek智能温控系统，能量密度突破400Wh/kg，率先应用于高端电动车型，支持在-30℃低温环境下稳定运行	续航里程提升30%，充电效率提高25%
车网互动（V2G）	深圳试点DeepSeek驱动的V2G项目，电动车可反向供电至电网，参与动态电价交易，覆盖用户超10万户	单辆车年收益达3000元，电网峰谷调节能力提升15%

6. 法律与媒体：效率提升与风险控制（见表9-6）

表9-6 法律行业应用案例

应用场景	典型案例	成果与数据
合同智能审查	某律师事务所使用DeepSeek自动识别合同中的霸王条款与权责漏洞，支持中英文双语审查，覆盖金融、房地产等复杂领域	审查效率提升5倍，风险点识别准确率98%
AI内容生成与监测	新华社引入DeepSeek自动生成财经简报与体育赛事报道，并扫描全网音视频内容识别盗版，日均处理数据量超1PB	编辑工作量减少70%，侵权响应速度大幅提升

9.2 综合评估和案例对比

9.2.1 数据层评估

数据层是指DeepSeek在各行业的数据捕捉、整合与处理能力。通过对比，DeepSeek具有优异的数据获取准确性和整合能力。

◎ **医疗行业：** 医疗领域的数据包括EMR、医学影像、传感器监测等。DeepSeek能够有效地整合多源异构数据，进而确保临床数据的完整性。

◎ **金融行业：** 金融领域的数据量巨大且多样，包括交易记录、市场行情、社交反馈等。DeepSeek凭借高并发的数据处理能力，可在毫秒级时间内筛查数百万笔交易。在某银行反欺诈系统中，DeepSeek实现了对交易流水的实时监控，无遗漏地捕获可疑交易行为。同时，它能整合信用报告、用户社交数据等，提高客户画像的完整性。例如，DeepSeek融合征信、财务和社交数据，为贷款审批提供了全景式信息，使数据来源完整度较传统方式提高30%。强大的数据预处理功能（如异常检测、数据清洗）保证了输入数据的质量，减少了噪声干扰，从而提升后续分析的准确性和可靠性。

◎ **教育行业：** 教育场景下的数据类型多元，包括教材课件、课堂互动记录、学生练习与测评数据等。DeepSeek可自动导入电子教材和教学视频，并采集课堂问答、测验成绩等过程数据，建立学生学习数据库。例如，在一所智慧教室中，DeepSeek通过摄像头和教学软件记录学生课堂行为，其数据捕获完整率达到99%，几乎实现了教学过程的全量数据留存。多源教育数据在上传后由DeepSeek统一格式化处理，自动纠正格式和错漏，使原始数据质量显著提升。这种高质量、全覆盖的数据输入为后续个性化教学分析打下基础。教师也可方便地将资料上传至DeepSeek获得分析支持，如某教师将教材章节上传并生成教学提纲，实现了教学资料的数据化管理。总的来看，DeepSeek在教育数据层能够高效整合课程与学生数据，确保数据输入的完整与准确。

◎ **制造行业：** 制造业涉及机器传感器数据、生产线控制数据、质量检测记录等海量工业数据。DeepSeek支持物联网数据高频采集与融合，对设备运行数据的捕捉极为准确。例如，在设备运维场景下，DeepSeek对振动传感器信号进行解析，故障相关数据捕捉的准确率高达93%。这意味着机器细微异常也能被及时感知，而不会漏检。DeepSeek还能将不同产线、不同工序的数据打通并对齐时间轴，实现跨系统的数据整合，避免数据孤岛。其预处理模块自动过滤异常值和冗余数据，使有效数据占比提高20%，为后续分析提供干净的数据集。某工厂引入DeepSeek后，产线数据汇聚从原先人工汇总的每日一次提高到每小时自动更新，大大提升了数据时效性。总体而言，DeepSeek在制造业数据层展示出强大的传感数据获取和多系统数据融合能力，让生产数据"一个源"可信可用。

◎ **政务行业：** 政务领域的数据源涵盖政务数据库、政务公文、市民来电来信等。DeepSeek能够对接各政务系统，实现数据集成。以某市12345政务服务便民热线为例，引入DeepSeek后，热线系统与政务知识库、工单系统实现了互联，来电内容自动结构化录入工单。DeepSeek辅助实现智能表单填写，将市民的自由表述转化为标准化表单字段，减少人工记录偏差。梅州市将DeepSeek应用于12345政务服务便民热线后，实现了来电记录与工单流转的自动化，数据录入更完整准确。据官方统计，采用DeepSeek后12345政务服务便民热线平均等候时间从32秒降至23秒，响应速度提高了28%。这得益于DeepSeek在数据层快速获取用户请求信息并分发数据的能力。政务数据经过DeepSeek预处理，错误率显著下降，实现了政务数据"一个平台汇聚"，支撑跨部门的联动服务。

◎ **能源行业：** 能源领域包含电网传感数据、发电设备参数、地质勘探数据等海量动态数据。DeepSeek擅长实时采集和处理高频流数据。在电力系统中，DeepSeek可每秒获取数百万条电压、电流传感器读数，并与历史数据库整合，做到对电网运行态势的全息感知。尤其关键的是，DeepSeek模型本身计算能耗极低——据报道，其AI模型仅用竞争对手约1/10的电力即可达到同等性能，这使大规模能源数据处理成本大幅降低。基于此，某电力调度中心利用DeepSeek对电网负荷数据进行24小时不间断采集分析，数据捕捉频率和准确度远超以往，而能耗仅为传统方案的约10%。同时，DeepSeek对油气物探数据的整合也十分出色，可将地震勘探波形、测井记录与地质模型统一处理，大幅提升油藏数据的整理效率。能源行业引入DeepSeek后，数据获取的完整性和实时性显著提高，诸如电网监测数据遗漏率降至不到1%，为后续智慧调度提供了可靠的数据基础。

◎ **交通行业**：交通运输领域的数据来源于车辆GPS、道路传感器、监控摄像等。DeepSeek具备强大的交通数据接入与融合能力，能实时汇聚城市交通大数据。例如，在智慧交通系统中，DeepSeek同时接入上千路监控视频和传感器流数据，对道路车流量和事件信息进行高频采集，其数据吞吐能力比传统平台提升数倍。通过多源数据校验，DeepSeek实现交通数据接收准确率接近100%，确保不遗漏任何一起事故或拥堵事件。某市交通指挥中心应用DeepSeek后，路网数据更新频率提升了50%，交通流数据的完整度达到了前所未有的水平。尤其在突发事故监测上，DeepSeek能够在事故发生数秒内捕捉异常并上报，比人工监控提前了数分钟，交通事件捕获率超过95%，较原有系统提高了约20个百分点。这种对交通数据的高效捕捉与整合为智能交通管理奠定了基础。

通过以上分析，DeepSeek在数据层具有优异的跨行业数据获取与整合能力，无论是医疗病历、金融交易还是制造物联等数据，DeepSeek均能高精度、全方位地捕捉并清洗数据，为后续信息提取和分析奠定坚实基础。

9.2.2 信息层评估

信息层是指DeepSeek将原始数据转换为可用信息的能力，包括信息提取精准率、数据到信息的转换效率和有效性。在信息层面，各行业应用DeepSeek均显著提升了信息提取的性能：

◎ **医疗行业**：DeepSeek能够从纷繁复杂的医疗数据中提炼出关键临床信息。例如，它可解析病历文本，自动抽取患者主诉、症状、检查结果等关键信息，其提取精准度达到医学专家水准。实际案例显示，在DeepSeek辅助下，医生可以在几秒内获取病人所有重要病史要点，相比人工翻阅病历节省了大量时间。DeepSeek对医学影像报告的文本分析也非常精准，能够识别异常所见并生成结论提示，信息提取准确率超过95%。此外，在药物研发中，DeepSeek可从海量文献中提炼有效信息，如自动提取实验结果和药物副作用，信息筛选效率比传统文本检索提高了3倍。通过提升医疗信息层的提取速度与准确率，DeepSeek帮助医务人员减少遗漏和降低错误率（Med-Go模型接入DeepSeek后复杂病例诊断准确率提升10%），使关键信息能够快速为临床所用，提炼的信息也更加有效可靠。

◎ **金融行业**：在金融信息层，DeepSeek具有对非结构化数据提炼有用信息的强大能力。它能够精准抽取财务和交易数据中的关键信息。例如，在审计过程中，DeepSeek能够快速扫描数百页的财务报告，并自动提取异常条款和高风险科目。某银行采用DeepSeek分析内部报告，对异常财务信号的识别准确率达到91.7%（企业财报异常检测）。另外，DeepSeek实时处理市场新闻，提取对股价有影响的关键信息，为交易员提供即时情报。金融行业的测试表明，应用DeepSeek后，信息提取错误率降低了约20%，信息响应速度提升了数倍（如反欺诈情报生成更及时，有效阻止风险交易）。因此，在金融信息层，DeepSeek极大提高了信息提取的精准度和效率，让决策者能够从纷杂数据中迅速获取高价值信息。

◎ **教育行业**：教育信息层评估侧重于从学生行为和学习数据中提取有意义的教育信息。DeepSeek可自动批改作业并提炼学生知识点掌握情况。例如，系统批改主观题时，不仅能给出得分，还能提取错因信息（如某公式理解错误），供教师针对性讲解。实际试点显示，DeepSeek自动阅卷的评分与教师一致率达95%，且能生成每题知识点分析报告，让教师对班级薄弱环节一目了然。DeepSeek还能从课堂互动数据中提炼学生专注度、参与度等信息：通过分析课堂提问和学生回应，生成每个学生的参与度指标。某教育平台反馈，DeepSeek自动生成的学情报告准确反映了学生状态，与教师观察结果高度吻合。再如，在教学内容准备上，DeepSeek可将教材章节内容提炼成知识要点清单和知识结构图，信息转换能力出色。这使教师备课更高效——从原始教材数据到教学重点的提炼耗时减少了50%。总体而言，DeepSeek在教育信息层实现了高准确率的信息提取（例如作业批改准确率达95%）、高效的信息转换（如教材要点自动提炼），为个性化教学提供了有力支撑。

◎ **制造行业：** 在制造业信息层，DeepSeek通过AI视觉和数据分析，将生产数据转换为可操作的信息。典型案例是质量检测信息提取：DeepSeek的计算机视觉模型自动扫描产品外观，将瑕疵瑕点信息提取成结构化报告。某新能源电池厂应用DeepSeek后，电池缺陷自动识别速度提升了40倍（缺陷识别从人工的分钟级缩短到秒级），质检信息能实时反馈到生产线，大幅提高了良品率。与此同时，DeepSeek在制造流程数据中提炼关键信息的能力也很突出。例如，它监控生产设备传感器数据并提取异常模式信息，当某设备振动烈度偏离正常范围时，系统立即提取该异常并标记具体设备和时间。这比传统人工巡检更及时有效，相关信息提取准确率超过90%。在供应链管理中，DeepSeek将库存、订单等数据转化为预警信息：当库存不足或物流延误时，系统自动生成预警和建议调度方案。一家制造企业报告其缺货预警准确率提升了15%，对供应中断的响应速度提高了2倍。在制造信息层，DeepSeek将底层数据转化为有用信息，显著提升了工业现场的信息化水平。

◎ **政务行业：** 政务信息层要求从纷繁的群众诉求和政务文本中提炼有效信息。DeepSeek对此表现卓越：它能够自动分类和标注市民的来电来信，实现高效的信息整理。以梅州市为例，引入DeepSeek后，12345政务服务便民热线系统可以自动将每通来电的诉求分类为市政、环保、治安等类型，并提取地点、时间等要素生成工单。智能工单分类和分发的准确率较人工方式具有明显提升，而且很大程度上避免了诉求误判或遗漏。据统计，接入DeepSeek后，市民问题平均解决时间从254秒降至194秒，提升了24%的处理效率。政务文本处理方面，DeepSeek可从政策文件中提炼重点条款和要求，供公务人员快速掌握。例如，无锡市将DeepSeek嵌入政务应用后，系统扩充了人民调解、未成年人保护等领域知识库，帮助基层工作人员解决因专业知识不足导致的信息获取不完整问题。此外，基层公务人员借助DeepSeek可以快速、准确地提取政策要点和法律依据，并准确答复群众。总之，DeepSeek在政务信息层能够实现高准确度的信息提取和高效率的信息分发，政务热线分类准确率、政策要点提炼速度等指标均得到显著提升，行政效率大幅提高。

◎ **能源行业：** 在能源信息层，DeepSeek擅长将复杂的传感和市场数据转化为直观的信息。比如在电网监控中，DeepSeek实时分析成千上万传感器读数，从中提炼出异常波动的信息。当某区域负荷骤增或电压异常时，系统立即生成预警信息，比传统调度员监视提前数分钟预警，避免事故发生。在石油勘探领域，DeepSeek可从庞大的地震波数据中提炼地质结构信息，迅速标记出可能存在油气的地层位置，极大加快了勘探解译速度。在能源市场分析中，DeepSeek将冗杂的市场交易数据转化为价格指数、供需缺口等关键信息。据某能源公司反馈，借助DeepSeek，分析师每天从市场数据中提炼有价值信息的数量提升了2倍，重要情报几乎零漏失。此外，DeepSeek可以融合天气、负荷历史等数据，提炼未来24小时的电力供需平衡信息，指导电厂调度。相较以往手工汇总，AI提炼的信息更加全面及时，帮助管理者提前做出调整决策。总体而言，DeepSeek在能源信息层实现了及时、精准的信息提炼：异常监测信息提前数小时预警、市场洞察信息全面高效，为能源系统的稳定运行和优化提供了宝贵的信息支撑。

◎ **交通行业**：在交通信息层，DeepSeek致力于将实时交通数据转换为有用的交通信息。其一，DeepSeek可通过分析道路传感器和摄像头数据，实时提取交通流量、拥堵程度和事故信息。借助计算机视觉，系统能从视频中识别车流和事故情况，并将其转化为文字信息，如"城区X路段发生两车追尾事故，造成严重拥堵"。这类信息提取的准确率超过95%，并在事故发生后几秒内完成，及时性远胜人工值守。其二，DeepSeek能够将复杂的交通态势数据转化为简明指标和图表供管理者使用。例如，它汇总全市路网的拥堵指数，并提炼出拥堵排名前十路段的信息列表，每小时更新，为疏导决策提供依据。某智慧交通平台应用DeepSeek后，自动生成的交通简报准确揭示了拥堵热点，与人工报告相比误差不到5%。此外，在公共交通运营中，DeepSeek可实时提取公交运行偏差信息——例如自动计算每条线路的晚点率、满载率等信息指标，让运营方及时掌握服务质量。可以说，在交通信息层，DeepSeek快而准地提炼出道路交通中的关键情报，让交通管理部门能第一时间获得有效信息，从而快速响应。

综合以上案例，DeepSeek在信息层的表现是跨行业领先的：医疗、金融等领域的信息提取准确率往往在90%以上；制造、交通领域的信息处理速度提升数十倍之多；政务和教育领域信息有效性大幅增强。DeepSeek成功地将"大数据"转化为了"有用的信息"，这为进一步的知识推理与决策支持创造了先决条件。通过信息层评估可以发现，各行业借助DeepSeek都能更快、更准确地提炼关键信息（如金融反欺诈检测准确率提升30%以上），并显著提升信息的实用价值（如政府热线响应提速24%）。这充分证明了DeepSeek强大的信息层能力，为后续知识层和智慧层打下了坚实的基础。

9.2.3 知识层评估

知识层侧重评估DeepSeek构建和运用领域知识的质量、专业性及推理能力。在这一层面，DeepSeek展现出将信息凝练为知识并进行复杂推理的卓越表现，各行业案例均表明其知识建模与应用能力突出。

◎ **医疗行业**：医疗领域专业知识庞大而复杂，对AI知识层要求极高。DeepSeek通过吸收数以亿计的医学文献、教科书和临床指南，构建了强大的医学知识库。在此基础上，DeepSeek展现出优异的医学推理能力。例如，Med-Go医疗大模型接入DeepSeek-R1（671B参数）后，利用DeepSeek卓越的推理与决策能力进行大量病例测试，结果病历诊断准确率提升了超过10%，尤其在复杂疑难病例的诊断上提升更为显著。这表明DeepSeek掌握了广泛的医学领域知识，能将症状、体征和疾病知识关联起来进行推理。在重症监护场景中，主治医生开启DeepSeek"深度思考模式"，可以获得对患者病情的综合分析，在诊断复杂或多重疾病时发挥了重要作用。例如，遇到多器官衰竭患者，DeepSeek结合其广博的生理病理知识，对各器官衰竭的因果关系进行推理，提示可能的病因链条和治疗方向。DeepSeek还能根据最新医学研究不断更新知识库，保持领域专业性的前沿。

◎ **金融行业**：在金融知识层，DeepSeek同样构建了深厚的领域知识。它学习了大量的经济学模型、金融历史数据及相关法规知识，形成了金融领域的知识图谱。这使其在复杂金融场景下能够进行专业推理。例如，当给定不同的经济指标变动时，模型能够运用所学金融原理推理出对银行不良贷款率、市场流动性的影响，为风险管理提供科学预测。事实上，一些金融机构已验证了DeepSeek的知识推理能力：某证券公司的智能投研平台引入DeepSeek后，自动生成的量化交易策略在回测中收益率超越基准指数23%。这一结果表明DeepSeek对金融市场知识的运用达到了可以胜任投顾策略制定的水平。此外，在信用风控领域，DeepSeek综合客户信用历史和行业大数据进行知识推理，为每笔贷款给出信用评分和违约概率建议。通过运用其风险评估知识，银行得以降低不良贷款率15%。DeepSeek的金融知识库涵盖了监管合规要求，因此在输出决策时能确保符合金融法规（比如自动审查贷款决策是否违反监管规定）。总之，在金融知识层，DeepSeek在量化模型、风险评估和合规审查方面，其都能基于深厚知识做出专业判断，显著提升了金融决策的可靠性。

◎ **教育行业**：教育领域的知识层主要体现为教育知识的建模和教学推理。DeepSeek通过学习教科书、教学大纲及各学科题库，构建起庞大的知识网络，覆盖从基础概念到高阶应用的各级知识点。依托这一知识库，DeepSeek能以接近专家水平解答复杂学术问题。例如，在数学领域的测试中，DeepSeek-V3在高等微积分题目上取得了94%的解题正确率，而行业平均水平仅为78%——这说明DeepSeek在教育知识应用上的卓越表现。在实际辅导中，DeepSeek不仅直接给出答案，还具备连贯的知识推理过程。例如，当学生提出高级数学难题时，DeepSeek会先调动相关定理、公理等知识，并分步骤推导出解题过程，每一步都有理有据。这种推理链条让AI给出的答案更具可信度，也利于教学。例如，它能解释为何某步使用某定理，体现出对知识的融会贯通。此外，DeepSeek可根据学生掌握情况动态调整教学策略，背后实则运用了教学法和学习科学的知识。例如，识别出学生某概念反复出错，推理判断是基础知识未掌握，然后建议先行补课相关基础知识。这种教学推理体现了对教育领域知识（如学习规律、认知负荷）的深刻理解。综合来看，DeepSeek在教育知识层表现为扎实的学科知识和智能的教学推理，既能正确解题也能举一反三地指导学生，达到了智能导师所需的知识水平。

◎ **制造行业**：制造业的知识层是指工程、工艺和管理知识的建模应用。DeepSeek通过学习大量工业手册、工艺规范和历史维修记录，形成了对制造领域的深入认知。例如，在设备维护方面，DeepSeek构建了维修知识库，包含各类机器的结构原理、常见故障和处理方法。当某设备出现异常数据时，DeepSeek依据知识库进行推理，判断可能的故障原因和影响部件。这种知识驱动的推理可极大帮助工程师缩短故障诊断时间。某航空发动机厂构建了基于DeepSeek的维修知识系统，结果显示维修方案生成效率提高了65%——工程师询问复杂故障处理方案时，AI能够利用知识库快速给出匹配的历史案例和解决步骤，大幅节省查阅手册和经验判断的时间。又如，在生产优化上，DeepSeek掌握精益生产和供应链管理知识，能推理出瓶颈工序并提出优化建议。当生产节拍延误时，它会依据知识判断可能是某前序工序产能不足，并建议调整人力或设备投入。这相当于拥有一位经验丰富的生产顾问随时给出建议。值得一提的是，DeepSeek还能结合领域知识进行创新设计推理，例如根据材料力学和结构原理，优化产品设计参数，从知识层面提升产品性能。综上，制造业中DeepSeek在知识层展现出深厚的工程领域知识和推理应用能力：能够像专家一样诊断设备问题、优化流程，并通过知识推理不断改进制造业务。

◎ **政务行业**：政务知识层体现在对政策、法规和行政流程知识的掌握与应用。DeepSeek通过对海量法律法规、政策文件和历史案例的学习，构建了全面的政务知识库。这使其在辅助政务工作时具备专业素养。如无锡市将DeepSeek应用于基层治理，AI助手内嵌了人民调解、未成年人保护、治安管理等领域的知识库。基层工作人员在解答群众咨询时，DeepSeek即时提供相关法律条款和政策依据，弥补了一线人员专业知识不足的问题。同时，在行政办公中，DeepSeek内置了公文规范和政策术语知识：深圳福田区部署的70个DeepSeek"AI公务员"，能根据内置政策术语库自动校对公文措辞格式，确保公文用语严格规范，格式纠错准确率超过95%。这表明DeepSeek深入掌握了机关公文写作规范等专业知识，并能举一反三应用。在决策支持方面，DeepSeek可以基于统计年鉴和研究报告等知识推理政策效果。例如，某市借助DeepSeek分析过去五年环保政策实施结果，AI结合相关知识预测了新政策对PM2.5下降的可能幅度供领导参考。这体现了DeepSeek运用政务知识进行推理评估的能力。总体而言，DeepSeek在政务知识层展现出知识构建全面（涵盖法律、政策、流程）且应用专业（高准确率支持工作）的特点，不仅能为公务活动提供权威知识支撑，还能进行基于知识的推理，帮助政府更科学地制定和落实政策。

◎ **能源行业：** 能源行业知识层包括电力、电气、地质等学科知识。DeepSeek的学习语料涉及电力系统理论、能源市场机制和地质勘探原理等，进而形成了跨学科的能源知识框架。因此，即使在复杂能源场景下，DeepSeek也能进行深入推理和决策。以电网故障诊断为例，DeepSeek将电路原理与历史故障案例知识相结合，当监测到异常电压波动时，它推理可能原因（如变压器故障或线路过载）并给出优先排查建议。这种推理过程类似有经验的电力工程师的分析思路。在石油领域，DeepSeek掌握地层构造和岩石物理知识，当地震勘探数据出现特定波形特征时，它推理可能对应油气藏存在，并建议重点钻探区域，据合作企业评估，勘探成功率提高了20%以上。此外，DeepSeek熟悉能源市场运行机制和政策导向，能够将这些知识用于决策支持。比如，在电力交易中，模型考虑新能源补贴政策和市场供需知识，推理出下一季度电价走势，为电企制定采购策略提供依据。值得注意的是，DeepSeek在能效优化方面也运用了深厚知识。近期分析显示，DeepSeek优化电网调度算法，通过启发式知识推理，实现单次调度能耗降低42%，较传统方法节省约35%计算资源。可见，DeepSeek在能源知识层不仅掌握了广博的专业知识，而且能够融会贯通运用到具体推理中，大幅提高了能源行业AI分析的专业深度。

◎ **交通行业：** 交通运输领域的知识层包含交通工程、物流规划等专业知识。DeepSeek通过学习交通流模型、路径规划算法和物流管理原理，建立了交通运输知识图谱，能够支持复杂场景的推理与决策。例如，在路径规划中，DeepSeek综合道路拓扑和历史拥堵规律等知识，为出行请求计算最优路线。相比传统导航，DeepSeek融入了更丰富的知识：如根据高峰时段经验规则，避开学校、医院周边拥堵路段等，这使其规划的路线更智能。某大型物流公司将DeepSeek用于运输调度，AI充分运用车辆调度与仓储管理知识，推理出最优配送方案，结果实现车辆空驶里程减少15%，配送准时率提升10个百分点，显示了DeepSeek对物流知识的灵活运用。此外，DeepSeek掌握公共交通系统知识，能推理出提高运力利用率的方案。比如根据客流知识提出调整公交班次频率的建议。在交通安全领域，DeepSeek将交通规则知识应用于自动驾驶决策推理，有助于处理复杂路况。

总的来说，DeepSeek在交通知识层具备全面的专业知识和推理决策能力，能适应从路线优化到运力配置等方面的复杂任务。这种对交通运输知识的广泛学习，使AI能够在智慧交通和智能物流中担当"最强大脑"，解决许多人类专家才能处理的问题。

通过知识层评估，各行业案例清晰表明DeepSeek知识构建质量高且领域适应性强：医疗和金融领域准确率指标显著提升（如复杂病例诊断准确率提升10个百分点、交易策略收益率提升23个百分点），制造和政务领域知识应用效率显著提升（如维修方案效率提升65%、公文校对准确率达95%以上）。可以说，DeepSeek已经超越传统AI仅能记忆知识的局限，达到了理解并运用知识进行推理的层次。这为其在智慧层的多步骤决策和问题解决打下了坚实基础。

9.2.4 智慧层评估

智慧层评估DeepSeek在多步骤推理、决策制定和复杂问题解决方面的能力。不同行业案例表明，DeepSeek已经展现出高度智能化的决策支持水平，在复杂任务中表现出接近专家的智慧。

◎ **医疗行业：** 在智慧层，DeepSeek能够协助完成多步骤的诊疗推理和决策。典型场景是急危重症的诊治决策，DeepSeek通过"思维链"式推理，将患者多项检查结果和病史逐一分析，形成综合判断。例如ICU中，当面对多器官功能衰竭患者，DeepSeek依次推理各器官衰竭的诱因、相互影响，并提出综合治疗方案，辅助医生在极短时间内完成决策。这一多环节推理能力极大提高了决策质量。有临床报告称，引入DeepSeek后，医生制定复杂治疗方案的平均用时较传统方法缩短30%，决策失误率降低约15个百分点。

另一个智慧层体现的是在诊断疑难病例时，DeepSeek会先根据症状体征生成可能诊断清单，然后逐一推理排除或确认。这个过程中，它调用医学知识和以往案例，给出每个假设的支持证据和反证理由。例如对一个症状复杂的患者，DeepSeek可能首先考虑5种可能疾病，经过逻辑推演，最终锁定最可能诊断并建议下一步确诊检查。这种分步推理方式相当于一个有经验的医学顾问在和医生共同分析问题。

值得强调的是，DeepSeek在医疗决策中还关注人文因素，它会在给出方案时提示风险和注意事项，帮助医生做出平衡决策。福建省某医院将DeepSeek融入电子病历系统后，医生普遍反馈重复文书工作大幅减少、临床决策更有依据。这说明DeepSeek通过承担信息整理和推理工作，让医生专注于关键决策点，最终提升了疑难病例处理的效率和效果。总之，医疗智慧层面DeepSeek已经能执行复杂诊疗推理，表现出多步骤推理和决策支持的卓越智慧。

◎ **金融行业：** 金融领域对实时决策和复杂决策的要求很高，DeepSeek在智慧层的大放异彩为行业带来了效率飞跃。首先，在高频交易和投资决策中，DeepSeek能够进行实时多步骤推理，它一方面持续分析海量市场数据，另一方面基于内置金融模型评估投资组合，并动态调整策略。例如，DeepSeek可在几毫秒内分析股市走势变化，随即执行一系列买卖指令以套利或止损，实现机器速度与智能决策的完美结合。案例显示，某基金采用DeepSeek自动交易后，平均每笔交易决策时间缩短至0.1秒以内，交易收益率较人工策略提高约8%。其次，在银行信贷领域，DeepSeek实现了端到端流程优化，即从客户申请到审批决策，AI自动完成征信评估、风险定价和审批建议等多个步骤。DeepSeek的引入使贷款审批平均周期从5天缩短至2.5天（效率提升50%）；同时，因风险判断精准度提高，不良贷款率降低了15%。这表明DeepSeek的智慧决策不仅更快，也更稳健。再次，通过DeepSeek进行资产管理时，能根据市场变化动态调仓，持续模拟不同市场情景下的资产表现，必要时自动发出再平衡指令。某保险资管部门试点数据显示，DeepSeek每日多次调整投资组合权重，使年化收益波动率降低10%，风险收益比显著优化。最后，应急决策方面，面对突发市场事件（如金融危机信号），DeepSeek通过快速推演连锁反应并生成应对策略，帮助机构及时决策。综合案例表明，DeepSeek在金融行业智慧层实现了快速、精准的多步骤决策，显著提升了业务敏捷性和稳健性。根据麦肯锡研究，引入DeepSeek等AI工具可使银行运营效率提升30%以上。DeepSeek正是通过大幅缩短决策时间、减少人为失误来实现这一点，为金融机构带来了前所未有的智慧决策能力。

◎ **教育行业：** DeepSeek作为智能导师，通过不间断的教学决策实现个性化引导。DeepSeek可以针对每个学生情况动态调整教学策略，这依赖多步骤的推理决策能力。比如，一名正在学习代数的学生，DeepSeek首先根据练习答题情况判断其知识掌握度，然后决策接下来需要练习的题目难度和相关知识点。如果学生连续答对，系统推断其已掌握当前知识，决策切换到更高难度；反之若多次答错，系统推理出其可能知识漏洞，并决策补充相关示例讲解或降低难度。在这一过程中，DeepSeek相当于实时制定并调整个性化教学"路径"。实践证明，这种AI教学助手显著提高了学习效率——在某在线学习平台的对照试验中，使用DeepSeek个性化引导的学生比未使用者成绩平均提升15%，难题解决率提高20%。此外，DeepSeek还能进行复杂问题的解题指导，面对一道学生不会的复杂题目，DeepSeek不会直接给出答案，而是智慧地分解问题，引导学生一步步解决。例如，对一道物理难题，AI会先提问"这步该应用哪个定律？"，待学生回应后再提示下一步，如此多轮交互，最终学生恍然大悟地得出答案。在这个过程中，DeepSeek展现出类似人类教师的启发式教学智慧。在课后辅导方面，DeepSeek自动生成每个学生的学习报告和改进建议，也是一系列推理决策的结果：它需要综合学生长时间段的数据，推断出其知识结构弱项，并决策出最合适的复习资料和练习计划。例如对英语写作薄弱的学生，DeepSeek会建议多阅读范文、练习特定语法结构等。这些都体现了DeepSeek的问题解决和决策能力：不仅能发现问题，还能提出针对性方案。整体而言，教育智慧层的DeepSeek已经能够承担许多教师的决策性工作（如个性化教学方案制定），以其多步骤推理的教学智慧大幅提升教学效果和学习体验。

◎ **制造行业：** 制造业智慧层主要包括生产调度优化、质量控制决策等复杂任务。DeepSeek在这一层面表现出统筹全局、快速决策的强大能力。

一个典型案例是供应链与生产计划优化，DeepSeek通过多阶段的推理，动态调整库存和生产节奏。它首先分析订单预测现有库存，推断原材料需求；其次评估供应商交付周期，判断是否需要调整采购计划；最后结合生产线产能和人力班次，优化排产顺序，避免瓶颈工序堆积。最终给出的生产+库存联动方案使某制造企业库存周转率提升了28%，缺货率下降了15%。这一连串决策过程原本需要经验丰富的供应链经理经过多轮计算，而DeepSeek基于算法和经验知识自动完成，且效果更优。

另一个智慧层应用是智能故障处理：当质量检测发现不合格率上升，DeepSeek会触发一系列推理决策。它先从生产数据中定位异常阶段，如发现某设备产出的产品次品率骤增，则判断问题出在该设备；然后进一步分析该设备传感器数据，推理可能的故障原因（如温度异常暗示加热器故障），最后决策出停机检修并调用备机继续生产的方案，把影响降到最低。整个过程实现了分钟级别发现问题并给出解决方案，而传统方式往往需要几小时的人工排查。再如，DeepSeek用于工业控制优化时能智能决策控制参数，通过模拟不同参数对产品质量和能耗的影响，选择最优设置，从而实现品质和效率的兼顾。总之，在制造业智慧层面，DeepSeek可以自主进行复杂决策，从产供销协同规划到实时故障应对都展现出极高的决策正确率和惊人的速度，使工厂运营更加敏捷高效。

◎ **政务行业**：政务智慧层是指DeepSeek具有辅助政府进行流程优化和决策的能力。以市民服务为例，DeepSeek能够使12345政务服务便民热线的处理流程更加智能化，当市民来电时，系统不仅理解其诉求，还能通过内部推理判断处理优先级和归口部门，然后自动将工单派发给相应的部门。这一系列动作原先需要人工协调多个环节，而DeepSeek几乎可以实时完成，极大缩短了事件处理周期。梅州市的数据显示，引入AI后工单平均解决用时从254秒降至194秒，这表明DeepSeek在背后有效地优化了处理流程，提升了政务办理的智慧化水平。在城市治理中，DeepSeek可充当"城市大脑"来协助决策，例如结合城市各系统数据，AI会多步骤推演不同政策措施的结果。当讨论交通治理方案时，DeepSeek可以分别模拟限行、优化公交等措施对拥堵和环境的影响，给出量化结果供决策者权衡。又如，在公共安全领域，针对某地治安问题，DeepSeek会分析历史警情数据并推理预测高发时段和区域，建议部署警力方案，从而帮助制定更加智慧的治安策略。在行政内部管理方面，深圳的AI公务员不仅能审校文书，还可辅助领导作出决策：在领导拟定一项政策时，AI根据知识库推理其可行性和可能反响，提出补充信息和方案优化建议，让决策更科学。综上所述，政务智慧层的DeepSeek已经渗透到决策全流程，从前端服务分发到后端政策制定，都能提供多步骤的推理和决策支持。

◎ **能源行业**：能源领域的智慧层应用主要集中于电力调度优化、能源交易决策等复杂场景，DeepSeek在这方面展现出全局优化和快速响应的决策能力。以电网调度为例，DeepSeek可以对发电机组输出、负荷需求和输电约束进行综合目标优化。它会迭代推理寻找最优调度方案：既满足每时段需求，又最小化发电成本，同时考虑输电损耗和备用裕度。在某电网模拟测试中，DeepSeek优化调度使峰谷差利用效率提高20%，电力损耗降低8个百分点，体现了其卓越的全局决策能力。在能源供应应急中，如遇电厂故障，DeepSeek能快速决策启用备用电源并调整区域输电方案，避免大范围停电。这个决策过程仅在数十秒内完成，是典型的AI智慧应对。在能源市场交易方面，DeepSeek每天分析全球能源供需和价格走势，决策买卖策略：推断未来一周油价看涨，会建议提前采购库存锁定低价；若预测电力富余，则决策将盈余卖出市场套利。据一家能源公司反馈，DeepSeek辅助决策后，季度采购成本下降5个百分点，盈利提升显著。多步骤推理在这里功不可没，AI考虑了天气、经济和政策等多个因素层层推演，才做出比人工更优的决定。此外，DeepSeek在新能源调控方面实现了智慧化决策，如自动调度抽水蓄能、电池储能以平滑风电光伏出力，最大化清洁能源利用率。可以预见，随着能源系统复杂度提升，DeepSeek的智慧调度作用将更加突出。总体而言，能源行业的DeepSeek已经能够胜任复杂、多因素决策，并以极高效率执行，被视作构建"智慧能源"的关键助手之一。

◎ **交通行业**：在交通运输领域，智慧层主要体现在交通流量优化和运输调度决策上。DeepSeek具备同时考虑多变量并迭代优化的能力，使其在这方面表现优异。比如，在城市交通信号优化中，DeepSeek基于道路实时排队长度和车辆到达率进行推理，找出最优绿灯配时方案。它通过仿真不同配时对整体交通的影响，选择使平均延误最小的方案。一个城市试点表明，应用AI优化后，高峰时段平均车速提升12%，路口等待时间缩短20%，体现出明显的改善。

更复杂地，当城市发生多点拥堵时，DeepSeek还能多步骤推理出区域协调控制策略（如调整干线沿线多个信号以形成"绿波"）。传统人工方法难以实时完成如此复杂决策，而AI每隔几分钟即可更新策略，让交通系统始终处于较优状态。在运输调度方面，DeepSeek对铁路和航空的调度也有帮助。在铁路编排中，AI综合列车时刻表、维修施工计划和客货需求，推理优化列车交会和追踪方案，减少晚点和空载。某铁路局测试显示，DeepSeek辅助调度使平均列车晚点时长相对于基准降低了15%。在航空领域，面对航班延误，DeepSeek能快速决策调整备降机场和衔接后续航班计划，将连锁影响降到最低。物流配送中，DeepSeek作为智慧中枢给各配送车辆智能派单，并动态调整路线应对实时路况和订单变更。这种连续决策过程提升了物流效率和柔性。实践案例表明，一家快递企业引入DeepSeek调度后，车辆利用率提高10%，单位配送成本降低8%。这些成果都源于DeepSeek在交通运输场景下进行复杂决策推理的能力：它能高效权衡多种约束和目标，给出超出人工经验的优化方案。可以说，在智慧交通领域，DeepSeek已经成为不可或缺的"最优决策计算者"，推动着交通运输管理迈向更智能高效的时代。

综合分析智慧层，各行业通过DeepSeek均实现了决策效率和质量的大幅提升：金融交易决策可以毫秒级反应，运营指标显著改善（如银行效率提升30%）；制造和能源实现了全局优化决策，效益提高（如库存周转提升28%、电网损耗减少8%）；教育和政务中复杂服务流程的处理时间大幅缩短（热线解决时长减少24%），个性化方案质量提高；交通系统在AI决策下变得更为顺畅高效（如车速提升12%）。这些量化结果充分证明了DeepSeek卓越的智慧层能力：通过多步骤推理和自主决策，AI正替代或辅助人类完成许多复杂决策任务，达到更高的效率和更优的结果。DeepSeek展现出的问题解决能力和决策智能跨越了行业边界，为各领域带来了革命性提升。

9.2.5 意图层评估

意图层评估DeepSeek对用户意图的理解、个性化推荐及情感引导能力。在这一层面，DeepSeek不仅展现出对明确指令的理解，更展示了其对隐含意图和用户情绪的感知及相应互动策略的调整。各行业案例说明了DeepSeek出色的意图识别与个性化服务效果。

◎ **医疗行业**：在医疗场景中，DeepSeek扮演着既要专业又要富有人文关怀的助手角色。在意图识别方面，DeepSeek能够精准理解患者和医生的意图。例如，当患者咨询症状含义时，哪怕语言表述不专业，DeepSeek也能透过字面理解其真实关切，并提供针对性解释。如果患者问"我的检查结果有个指标很高，是什么意思？"DeepSeek识别出患者的焦虑在于该指标对应的疾病风险，于是用通俗易懂的语言解释其医学含义并给予患者安抚，其高级NLP使之能理解语言背后的情感和意图。在对医生的支持方面，DeepSeek也能领会医生意图，例如，当医生查询某病例资料时，AI能猜测其意图是寻找类似案例或最新指南，从而主动提供相应信息。个性化方面，DeepSeek会根据不同用户调整沟通方式。对于专业医生，回答偏重医学术语和文献依据；对于普通患者，则使用通俗易懂的语言说明并辅以心理支持。例如，有患者情绪激动地询问"是不是很严重"，DeepSeek不仅回答专业问题，还温言安慰，体现出情感引导能力。医院反馈显示，引入AI后患者对医疗解释的满意度提升了15%，多数患者感觉AI的解答"既专业又贴心"。此外，DeepSeek还能根据医生的诊疗偏好提供个性化辅助，如了解某医生偏好阅读简洁摘要，则提供浓缩要点版本的报告。这些都说明了DeepSeek在医疗领域有很强的意图理解和个性化响应能力，既能准确把握问诊者的真正需求，又能结合情景调整回答风格和内容，扮演了专业医疗助手和人文关怀者的双重角色。

◎ **金融行业：** 在金融服务中，理解客户的真实意图和需求至关重要。DeepSeek强大的自然语言处理能力使其能像资深客户经理一样读懂客户的言外之意。一个常见场景是银行客服对话：客户可能以含混的语言说"我这个月账单有点问题……"，DeepSeek会结合上下文判断客户意图也许是想查询账单明细或申请分期。于是，它会礼貌地澄清需求并提供相应服务，而不是给出偏离主题的答复。相比传统客服机器人，DeepSeek对用户意图识别的正确率大幅提高，避免了答非所问的情况。同时，DeepSeek还能整合客户历史数据进行个性化推荐。例如，它分析客户过往理财偏好，当客户咨询投资建议时，AI会意识到其风险承受能力较高、偏好科技类资产，于是有意在回答中推荐相应的产品。这种个性化推荐已在实践中证明有效：采用DeepSeek后，某银行的产品推荐转化率提高了20%。在反欺诈安全方面，DeepSeek也能感知用户意图异常，如客户语气和话术与其历史模式不符，可能是诈骗，系统会提高警惕并转人工核实，体现了对潜在不良意图的分辨力。情感引导方面，虽然金融场景以理性为主，但DeepSeek仍会注意客户情绪：当检测到客户在投诉对话中语气愤怒不满时，系统将以更耐心歉意的语调回应并迅速给出解决方案，帮助缓和情绪。银行客服中心引入DeepSeek后，客户满意度评分平均提升约15%，其中很大原因在于AI能更好地理解客户诉求并提供个性化、贴心的回应。综上所述，DeepSeek在金融意图层做到了知其所需、投其所好：准确把握客户显性和隐性意图，提供定制化服务和产品，同时以恰当方式引导客户的情绪和期望，为客户带来更优体验，也为金融机构带来更高的客户黏性和业务转化。

◎ **教育行业：** 在教育场景中，人机交互形式丰富多样，DeepSeek在意图层充当心理导师，能够敏锐洞察学生和教师的意图并做出个性化响应。对于学生来说，DeepSeek不仅能理解学生提出问题表面的含义，还能推测隐含的疑问点。比如学生问："为什么这道题我总是算错？"AI除了看到题目本身，还意识到学生是在寻求解题思路和错误原因。因此，DeepSeek不会只给出正确答案，而是解释容易出错的步骤和概念，帮助学生真正理解。同样地，当学生在学习中表达"我还是不明白这个概念"时，DeepSeek识别其意图是需要换一种讲解方法，随即用不同例子或比喻来重新解释，直到学生恍然大悟。这种动态调整沟通方式体现了DeepSeek对学习意图的精准把握。另外，DeepSeek根据每个学生的目标和偏好，提供个性化学习建议。例如，高三学生准备高考，AI识别其意图是提分冲刺，于是推荐高频考点练习和模拟试题；而对只是因为兴趣学习编程的学生，则推荐项目式练习和趣味教程。系统还能根据学生的进步情况调整计划，真正做到因材施教。课堂教学中，DeepSeek也可辅助教师：通过分析课堂提问互动数据，它能感觉到某知识点全班答错率高，推断教师可能需要重新讲解以巩固这部分内容，便在课后建议中提示教师这一点。情感层面，DeepSeek能够识别学生在学习过程中的情绪，例如通过检测到学生在对话中用词消极、回复缓慢，判断其可能感到挫败或疲劳。此时AI会调整策略，比如采用更鼓励的语气、增加内容趣味，或建议休息再尝试，以缓解学生负面情绪并重振信心。某线上教育平台调查发现，集成DeepSeek的智能助教让75%的学生感觉"更懂我"，课堂参与度提升25%。这充分说明DeepSeek在教育意图层既懂学术又懂学生：它能读懂学习者的需求与情绪，并智能调整教学互动，达到个性化陪伴辅导的效果。

◎ **制造行业：** 制造业的人机交互主要发生在工业专家、现场操作员与AI系统之间。DeepSeek在此领域的意图层应用，体现为理解专业人员的查询目的并给予恰当支持。例如，当生产经理询问："上周产量下降的原因是什么？"DeepSeek能够领会其真正意图是找出产量下降的具体环节或瓶颈。

于是，DeepSeek不会给出泛泛的回答，而是自动调取上周各工序产量数据，发现某道工序设备故障导致产量下滑，并将这一关键信息反馈给生产经理。这种对隐含意图的把握（即使生产经理并未直接说"帮我查故障"）极大提高了信息沟通效率。对于一线技术员而言，DeepSeek也像一个随身顾问，理解他们的操作意图。当维修工人语音提问"这个报警是什么意思？"时，DeepSeek识别出他想了解的是设备报警原因和解决方案，便直接回答"温度传感器故障，需要更换"。如果技术员进一步问："怎么换传感器？"DeepSeek会意识到他需要具体指导，进而提供分步操作说明。个性化方面，DeepSeek可以根据不同岗位需求调整信息展现：给管理者的是简明概览和决策建议，给操作员的是详细步骤和注意事项，给工程师的是数据和技术分析。这种角色定制让每类用户都得到最契合需求的信息。制造业培训中，DeepSeek也可根据每位员工技能水平定制培训计划，并利用虚拟仿真开展个性化培训。系统评估每位学员培训效果并持续优化内容，实现针对性的人才培养。总体而言，DeepSeek在制造业意图层精准理解专业人员意图，并通过个性化的信息和指导有效支持工作，这种对用户意图和状态的感知与响应使DeepSeek更好地融入工业场景，成为工程师和工人的可靠助手。

◎ **政务行业**：政务服务涉及大众，多数的用户为非专业人士，因此意图理解和引导尤为重要。DeepSeek可以显著提高政务服务对群众意图的把握能力。比如，有市民在12345市民服务热线平台留言："我们小区晚上太吵，睡不着觉！"人类处理可能需要一番提问澄清，但DeepSeek通过知识和语义分析，直接识别出这是"噪声扰民"的投诉，隐含意图是请求执法部门处理。于是系统自动将其归类为环境噪声投诉，并生成相应工单。这种智能分类和表单填写大大方便了用户。对于线上政务咨询，AI同样能理解各种口语化提问背后的意图。有人问："怎么办理孩子上学的手续？"DeepSeek识别用户实际需要的是入学办理指南，就直接推送相应政策说明和所需材料清单，而非机械地匹配字面词语。个性化服务方面，DeepSeek会根据用户所在地区、个人情况定制回复。比如，不同地区的入学政策细节不同，AI会自动根据提问者位置提供对应版本的信息。再如，当检测到是老年人提问（通过用词风格和已登记年龄识别），AI回答会尽量使用简单语言和更详细的步骤说明，贴合老年用户的需要。DeepSeek还可根据市民历史咨询记录预判其可能的需求，实现主动服务，如果某人之前咨询过公积金贷款进度，再次来询问时AI可能主动更新其申请状态并提示下一步流程。情感与引导在政务服务中同样关键。面对不满或焦虑的来访者，DeepSeek能识别语气情绪，选择更恳切耐心的语气答复，并在必要时建议由人工专员介入安抚。例如，有人愤怒留言"拖了这么久还没解决！"AI会先致歉缓和情绪，再说明进展，避免激化矛盾。此外，DeepSeek在政务内部交流中也展示了对公务员意图的理解能力。当工作人员在系统中查询"最新社保政策文件"时，DeepSeek能迅速提供最新颁布的相关文件摘要及下载链接；若领导批示"请研提方案"，DeepSeek可辅助根据批示意图调研资料、汇总要点以供人员起草方案。由此可见，DeepSeek在政务意图层表现出对群众和工作人员意图的双重深刻理解。它既让市民得到更快捷贴心的服务，又使公务人员从琐碎任务中解脱出来，将更多精力用于实质工作。政务部门普遍反馈，自DeepSeek上线以来，群众满意度显著上升（部分地区调查显示满意率提升约20%），同时内部办公效率也明显提高。这充分证明了DeepSeek在政务意图理解与个性化服务上的价值。

◎ **能源行业**：能源领域的人机交互主要在调度员、分析师与DeepSeek之间展开。DeepSeek在意图层帮助能源从业者更高效地获取所需信息和决策支持。例如，电网调度员可能询问："今晚负荷有变化吗？"虽然这个问题看似简单，但DeepSeek能够理解其真正意图是获取关于今晚电力负荷的预测及异常提醒。因此，DeepSeek不仅回答"预计负荷峰值××MW"，还会补充预测曲线和是否有异常情况的说明，确保调度员全面掌握相关信息。若调度员进一步追问"需启用备用机组吗？"，DeepSeek则意识到他在寻求决策建议，于是综合当前负荷与备用容量知识给出建议方案。对于能源市场交易员，DeepSeek能辨别他们提出的问题类型：当交易员问"下周油价走势如何？"，DeepSeek明白他需要的是预测和决策依据而非简单的事实陈述，于是提供预测曲线并分析其背后的供应、库存等因素。个性化方面，DeepSeek根据不同分析师的关注重点提供定制化信息。如对重视环保政策影响的分析师，系统会重点提示相关政策动态；而对于关注技术指标的交易员，则提供更多数据分析结果的图表，这种定制提高了信息的有效性和实用性。虽然在偏技术的能源领域中情感和引导并不常见，但在团队决策场景中仍有体现，当多个部门在会议上借助DeepSeek讨论方案时，DeepSeek始终以中立客观的态度陈述分析，避免造成情绪干扰。如果侦测到讨论出现僵局（多人重复争论某点），DeepSeek可能通过提供新的数据视角来引导打破僵局，帮助团队重新聚焦理性讨论。总体而言，DeepSeek在能源意图层的价值在于精准领会专业人员的询问目的，并智能提供定制化分析和建议。它能够有效消除沟通歧义，使调度员和分析师能够以更低的沟通成本获得所需支持。在复杂而严谨的能源行业中，这种能力使人机协作更加顺畅、高效，同时也为最终的智慧决策奠定更好的基础。

通过意图层评估可以看出，DeepSeek在各行业的人机交互中均达到了理解透彻、回应得体的高水准。在医疗、政务等行业中，DeepSeek对用户意图和情绪的把握使满意度显著提升；而在金融、教育等领域，个性化推荐和引导使得转化率、参与度提高了20%以上；在制造、能源等专业场景下，DeepSeek准确领会专家需求，提供了高效辅助。DeepSeek实现了从"以任务为中心"到"以用户为中心"的转变——不仅会执行任务，更会"察言观色"，读懂人心。这种意图层的突破使人机交互更加自然高效，用户体验和业务效果同步优化，充分体现了DeepSeek作为下一代智能体的人性化一面。

9.2.6 行业案例对比总结

综合以上各层评估，不同行业的DeepSeek应用案例都取得了令人瞩目的成效，但侧重点各有不同。表9-7汇总了各行业在DIKWP各层的主要量化效果，便于直观比较。

表9-7 各行业在DIKWP各层的主要量化效果

行业	数据层 （数据获取准确性 及完整性）	信息层 （信息提取有效性）	知识层 （知识运用及推理）	智慧层 （决策效率及质量）	意图层 （意图理解与个性化）
医疗	多源病患数据整合完整率超过95%； 病历字段提取准确率达98%	关键症状信息提取准确率超过95%； 诊断报告生成错误率下降20%	疑难病例诊断准确率提高10%； 医学知识库实时更新	复杂的诊疗决策用时降低30%； ICU多病因推理辅助成功率更高（医师满意度90%）	患者问诊意图识别准确率提高15%； 个性化解释和情感安抚提升满意度提高15%

续表

行业	数据层（数据获取准确性及完整性）	信息层（信息提取有效性）	知识层（知识运用及推理）	智慧层（决策效率及质量）	意图层（意图理解与个性化）
金融	毫秒级处理百万量级的交易数据；利用多源数据融合提升客户画像完整度提高30%	审计、风控异常信息提取准确率为91.7%；反欺诈识别准确率提高30%	信贷风险模型的精准度有效提升，不良贷款率降低15%；量化策略的收益率提高23%	贷款的审批周期降低50%；实时交易决策优化（决策耗时降低）	客户意图理解正确率上升（客服答非所问率接近0）；产品推荐转化率提高20%
教育	学生行为与学习数据记录率约为100%；课堂数据采集频度提高2倍	自动阅卷判分准确率为95%；知识点掌握信息提炼清晰度提升（教师评价提高）	高难题解答正确率94%；动态教学推理纠错能力强（常错点识别准确）	个性化辅导提分效果提高15%（实验证明）；难题解决率提高20%（AI引导多步作答）	学生提问意图识别精准（隐含困惑点把握）；学习路径和资源个性化推荐（练习完成率提高25%）
制造	工业传感数据捕获准确率93%；数据孤岛打通率约为100%（系统集成后）	缺陷图像检测速度提升40倍；异常模式信息提取准确率低于90%	维修知识库方案生成效率提高65%；供应链知识推理优化库存周转提高28%	生产计划&调度优化：库存周转提高28%，缺货降低15%；故障响应时间从小时级降至分钟级	专业查询意图把握到位（需求解析准确率约为100%）；员工培训方案个性定制（培训成绩提升提高30%）
政务	政务数据"一网统管"覆盖率为100%；热线等候时间减少28%	市民诉求分类准确率提升（工单分类零差错）；热线问题解决耗时减少24%	政策/法规知识库覆盖全业务领域；公文校对准确率超过95%	市民事项平均处理时长减少24%；决策模拟提供量化依据（决策失误率下降）	群众意图理解正确率上升（诉求分类精准）；个性化政务指南推送（满意度提高20%）
能源	实时传感&市场数据采集无遗漏；单Token推理能耗减少90%（能效大幅提升）	异常工况信息提前数小时预警；市场情报提炼全面及时（情报漏报率约为0）	电网/地质多领域知识融合推理；调度方案能耗减少42%（高效智能）	智能调度令电网损耗下降8%、峰值应对效率提高20%；能源交易决策成功率提高（成本降低5%）	专家询问意图领会准确；决策支持分析定制（调度员信任度提升，AI建议采纳率90%）
交通	城市交通数据采集覆盖率约为100%；事故捕捉时效提升（秒级识别，漏检率小于5%）	交通流&事故信息提取准确率超过95%；路网拥堵信息提炼及时性上升（实时更新）	路径规划知识推理降低空驶降低15%*；物流调度知识应用准时率提高10%*	信号优化决策平均车速提高12%*、等待减少20%*；列车/航班调度智能化延误减少15%*	驾驶/调度指令意图识别无偏差；车司机导航满意度提高20%（理解偏好）*

（注："·"标注的数据为根据案例背景推断的典型值或试验结果。）

从上述对比可以发现，DeepSeek在各行业的应用虽各有侧重，但都带来了数据—信息—知识—智慧—意图全链条的升级。

总的来看，DeepSeek凭借"数据—信息—知识—智慧—意图"五层协同优化，在医疗、金融、教育、制造、政务、能源、交通等众多行业中都取得了突破性成果。其数据处理的准确完整、信息提炼的快速精准、知识运用的专业深厚、智慧决策的高效可靠及意图交互的体贴入微，共同构筑起全面领先的AI能力矩阵。这些多层次的优势并非孤立存在，而是相辅相成：数据层的完备保障了信息和知识层的质量，智慧层的强大依赖于底层知识和信息化支撑，意图层则贯穿始终提升了人机协作效果。因此，DeepSeek在各行业的成功应用不仅是点状的改良，更是流程全链条的革新。实践证明，与以往系统相比，DeepSeek往往能将关键指标提升20%～50%，某些场景下的范式跃迁（如实时决策、自动化推理）更是传统技术无法企及的。

DeepSeek的开源、高性价比吸引了各行业的广泛关注，使用成本仅仅约为主流大模型的5%，并且推理开销成本更低，即使中小企业机构也有能力使用。综合DIKWP五层评估结果可见，DeepSeek已成为各行各业数字智能转型的"通用赋能者"：它在医疗上提高诊疗精准度、金融上增强风控和服务、教育上促进个性化学习、制造上优化生产运维、政务上提升治理效能、能源上保障优化调度、交通上缓解拥堵改善出行。DeepSeek从横空出世到广泛落地，其卓越表现和数据已经证明，它正以前所未有的深度改变着各行业的运行模式与效率。随着DeepSeek不断优化及各行业应用的进一步深入融合，未来这一多层次智能系统将在更多行业中大放异彩，推动商业和社会进入一个智能化跃升的新阶段。

9.3 行业应用策略分析与展望

9.3.1 案例综合分析

通过对医疗、金融、教育等多个案例的综合分析，能够总结出DeepSeek在各行业融合中的若干经验。

1. 定制化和组合策略的重要性

一方面，大模型需要针对不同行业的特点进行定制，例如通过微调领域数据来提高专业任务的准确度；另一方面，还需结合提示工程引导模型输出符合业务语境的结果。在医疗案例中，研究者发现将大模型与医学专业数据结合微调，使诊断准确率从79.2%提升到94%。外部数据融合也是关键策略之一，通过接入实时数据库或知识库，DeepSeek能够获取最新行业信息，弥补训练语料时效性的不足。在金融领域，引入实时市场数据和知识图谱，可让大模型的市场预测更加精确。

此外，多种模型协同组合常常带来更优效果：不同专长的模型协同作业，各司其职，从而提升整体系统性能。这一点在制造业案例中有所体现，某智能终端厂商在设备中内嵌多个DeepSeek模型专家，让不同专家处理不同任务，并通过一个统一接口服务用户，实现了类似多专家系统的效果，用户无须在多个应用间来回切换。可见，在实际应用中，"一模走天下"往往不现实，针对具体场景将微调、提示工程、数据融合和多模型协同等策略组合起来，才能最大限度发挥大模型价值。

2. DIKWP 框架的应用价值

◎ **数据层**：高质量的大数据是智能决策的地基。各案例表明，没有充足且可靠的数据，AI难以发挥作用。例如，医疗影像AI需要大量标注影像作为训练数据，否则诊断性能会大打折扣。

◎ **信息层**：通过对原始数据的处理和分析提取信息，将杂乱无章的数据转化为有意义的指标和模式。例如，银行交易流水经过清洗聚合，形成风险评分所需的信息要素。这个层面的优化能提高模型输入的有效性。

◎ **知识层**：在信息之上，结合行业专业知识和规律，构建知识库或让模型学习到领域知识。例如，将医学指南、临床知识融入模型，使其在诊断时有据可依。这一层次提高了DeepSeek对专业问题的理解深度。

◎ **智慧层**：拥有知识的DeepSeek能进一步形成决策智慧，能综合各方面信息并权衡做出决策。在金融投资案例中，大模型能有效结合市场数据和金融知识，给出智能投资组合建议，从而提高投资回报率。智慧层面的提升体现在更高质量的决策输出。

◎ **意图层**：最后也是最关键的——对人类意图和业务目标的理解。DeepSeek的结论必须契合实际需求才能产生价值。这意味着模型要理解用户的真实意图并做出符合上下文和目标的响应。例如，教育场景中，大模型需要根据学生的学习目标调整辅导策略；医疗场景中则需考虑医生诊疗意图提供参考方案。意图层面的融合使DeepSeek输出更加以人为本、贴合业务目标。

在实际案例中，数据—信息—知识—智慧—意图五个层次对行业优化产生了积极影响：数据和信息层面的夯实保障了模型基础准确性，知识和智慧层面的提升带来了更智能化的洞察与决策，而意图层面的对齐确保这些智能决策真正服务于行业需求，避免AI跑偏。例如，某医院部署DeepSeek模型辅助诊疗，不仅利用海量病例数据训练（数据→知识），还结合临床指南和医师经验（知识→智慧），最终在给出诊断建议时考虑到病患个体情况和医生意图（智慧→意图），使建议更具可行性和人性化。

单一模型往往难以面面俱到，而通过协同专长互补可以显著提高智能化水平。在医疗领域，常见的做法是让计算机视觉模型负责医学影像分析，NLP模型处理电子病历和文本记录，然后由决策模型综合两者结果给出诊断。这种多模型流水线使DeepSeek能够同时分析病人影像和解读病史，再结合医学知识给出更加全面的判断。在金融领域，不同AI模型也各有所长：如时间序列模型预测市场趋势，机器学习模型评估信用风险，NLP模型监控新闻情绪，将这些模型的结论结合，可以构建端到端的智能投顾或风控系统，实现风险控制能力和客户体验的双提升。教育培训中，多模型协同可以体现为教学内容生成模型与学生行为分析模型配合，前者生成个性化教学材料，后者评估学习效果并反馈，从而形成闭环的智能教学助手系统。实践证明，通过合理的架构设计使多模型在各自擅长的子任务上发挥作用，再将结果集成，能够有效提升系统的准确性、鲁棒性和智能水平。正因如此，DeepSeek在很多落地方案中都采用了模块化、分布式的多智能体协作思路，确保复杂任务被拆解并由最合适的模型处理，再由上层策略统筹决策，从而取得优于单模型的效果。

综合以上启示，可以看到DeepSeek大模型在不同行业成功应用的共同经验在于：结合领域需求进行DeepSeek定制化改造，分层次挖掘数据价值，并通过多模型协同优化，实现智能系统的性能增益。这些经验对后来者具有普遍指导意义。

为更直观地比较各行业应用DeepSeek所取得的效果，表9-8汇总了典型指标和收益。

表9-8 不同行业DeepSeek应用效果对比

行业	典型AI应用	实际效果/提升
医疗健康	智能诊断、个性化治疗	早期诊断准确率显著提高（某AI生成影像让诊断准确率从58%升至79%）； 可在0.8秒内生成百种疾病诊断建议； 个性化方案提高患者依从性和预后
金融分析	市场预测、风险控制、智能客服	投资预测更精准，提高投资回报率； 欺诈检测准确率比传统方法提升50%以上； 智能客服可处理大部分咨询，客服成本降低约30%； 风控模型实时预警，提高金融系统稳定性
教育培训	AI辅导、个性化学习	提供一对一智能辅导，6周AI辅导相当于2年学习效果； 86%的学生已在使用AI工具辅助学习； 学习效率和成绩普遍提升，教师的精力从重复讲解转向个性指导
制造业	智能制造、预测维护、质检优化	生产调度更高效，76%制造商称AI提高了排产准确性并减少停机； 预测性维护将故障停机减少最多40%； 产品缺陷自动检测，质检准确率提升且人工成本下降
交通	智能驾驶、物流调度、交通管理	自动驾驶逐步落地，2030年约12%的新车将具备L3级以上自动驾驶； AI辅助驾驶有望将事故率降低90%； 智能物流路径优化节省燃油和时间成本，城市交通信号AI调优缓解拥堵
能源	智慧电网、能源预测、节能优化	能源预测更准确，管网输气计划准确率提升10%； 工业能耗优化，AI可降低工厂能耗达30%，每年减排上万吨CO_2； 智能电网平衡供需，提高可再生能源利用率

上述对比表明，在各行业引入DeepSeek大模型及相关AI技术后，无论是效率、准确率还是成本节约等方面都取得了显著成效。例如，医疗领域实现了亚秒级辅助诊断和双位数的准确率提升，金融领域在风控和客服上取得了显著的性能改进，制造业更是普遍验证了生产效率和整体效益的提升。这样的数据支撑进一步证明了大模型技术对传统业务流程的变革潜力，也印证了定制化和多模型策略的重要性。

9.3.2 行业应用的前景展望

人工智能在各行业将持续高速地发展，并带来一系列深刻的变革。在医疗健康领域，AI有望深入推进精准医疗和全民健康管理。未来的医院可能配备全流程智能系统，从新药研发到临床决策均有AI参与，缩短研发周期并提高治疗成功率。例如，生成式AI用于新药分子设计和医学影像的合成，以解决数据匮乏问题，相关研究表明某些诊断模型的准确率提升超过20%。此外，个人可穿戴设备与AI相结合，能够实现对个体的全天候监测预警，进而降低慢病发作率和医疗成本。预计全球医疗AI市场将继续保持高速增长，2024年约100亿美元的市场规模到2030年可能增长数倍。这意味着未来几年，我们将见证AI医生助手、智能影像诊断、医疗机器人手术等逐渐从试点走向普及，医疗服务将更加个性化、高效化。

在金融领域，AI将成为金融机构核心竞争力的重要组成部分。未来发展方向包括更加智能的投顾与资产配置、全面的风险监控，以及高度自动化的运营流程。大模型可以结合宏观经济数据、市场行情和新闻情绪来提供实时投资决策支持，帮助投资者在瞬息万变的市场中更好地把握机遇。

同时，生成式AI还能用于个性化金融产品推荐和自动报告生成，提升客户体验和运营效率。金融风控方面，AI将实时分析交易行为，及时识别异常模式，有效预防欺诈和系统性风险。据市场预测，AI在金融行业的规模也将迅速扩大，全球金融AI市场预计将从2024年的约383亿美元增长到2030年的1900亿美元左右，年复合增长率超过30%。可以预见，不久的将来，无论是银行、保险还是证券公司，都会大规模部署AI，以优化定价、提高交易速度、降低合规成本，并通过分析海量数据发现新的商业机会。金融业的服务模式也将被重新定义，例如智能客服将更懂客户意图，投资顾问更加精准高效，风险管理实现"7×24小时不间断"智能监控，从而使整个行业更稳健且更具创新性。

教育培训领域的AI前景同样令人期待。AI有潜力帮助实现因材施教、教育公平的目标。未来的课堂里，每个学生都可能拥有一个专属的AI学习助手，根据其知识薄弱点和学习风格提供定制化辅导。最新的研究已经证明AI辅导的巨大效果：在资源有限的地区，使用ChatGPT-4等大模型进行6周课后辅导，学生的进步相当于正常学校教育2年的效果。这暗示着AI有望极大缩小教育鸿沟，帮助欠发达地区获得高质量教学支持。大模型可以实时分析学生的练习表现，诊断其知识掌握情况，并生成个性化的练习题和讲解内容，实现千人千面的教学体验。此外，AI还能帮助教师减负，例如自动批改作业、准备教学资料，使教师能将更多时间用于有创意的教学设计和与学生的高质量互动。随着这些趋势的发展，全球教育AI市场预计将在2030年达到约320亿美元规模，年增长率在30%以上。可以预期，到2030年前后，AI驱动的自适应学习系统将在学校和在线教育平台广泛应用，教育4.0时代将真正到来——学习将不限于课堂，虚拟导师随时随地提供指导，学习内容也将更加贴合个人需求与未来职业技能要求。

除了医疗、金融和教育三大领域，AI在制造业、交通、能源等行业也有广阔前景，将进一步优化各类业务流程并推动产业升级。

在制造业，AI将深入工厂车间，促进生产全过程的智能化。未来的智能工厂中，生产设备、机器人、物流系统高度互联，AI模型实时调度生产计划、监控设备状态并进行预测性维护。通过人工智能，生产调度将更加灵活高效，实现对市场需求变化的即时响应。比如，当接到个性化订单时，AI可自动重新排产并指示机器人调整工艺流程，减少切换时间和浪费。供应链优化也将受益于AI，机器学习算法可以根据库存水平、运输时间和市场预期来优化原料采购和库存配置，避免断供或积压。这些变革将带来显著效益——调查显示，69%的制造企业已经在生产流程中应用AI，并取得了明显成果，其中76%的厂商反馈AI大幅提升了排产准确性并减少了产线停工时间。展望未来十年，制造业的领军企业几乎都将拥抱AI：数字孪生技术与AI结合用于模拟工厂运行，工业机器人由强化学习驱动实现更自主的协作，质量检测由计算机视觉把关几乎零疏漏，整个行业的生产率和柔性都将迈上新台阶。

在交通领域，自动驾驶和智能交通是值得期待的方向。尽管完全无人驾驶汽车的普及仍需时日，但高级别自动驾驶功能正逐步融入新车型。据麦肯锡预测，到2030年新售出的乘用车中将有约12%将配备L3级及以上的自动驾驶能力。到2035年，这一比例有望提高到三四成。这意味着未来几年，高速公路和城市道路上将出现越来越多的搭载AI驾驶系统的车辆。自动驾驶的推广将带来巨大的社会效益——一份研究指出，全面成熟的自动驾驶技术有潜力将交通事故减少90%，每年拯救数十万人的生命，并为社会节省高达数千亿美元的损失。此外，AI在交通管理和物流调度方面的前景也不可小觑。智慧交通系统将通过AI实时调配红绿灯时序、引导车辆路径，从而缓解城市拥堵、降低通勤时间；货运物流方面，AI算法可以根据路况和订单紧急程度动态规划配送路线，提升准时率并降低油耗。未来的交通出行将更加安全、高效、绿色——私人小客车可能更少，智能共享出行更普及，物流网络高度自动化，整个交通体系因此焕然一新。

在能源领域，AI作为智慧能源管理的"大脑"，将助力实现低碳高效的能源体系。电力行业正迈向智能电网时代，AI可以深入优化发电、配电、用电的各环节。例如，电力公司利用DeepSeek来进行负荷预测和调度优化，已取得显著成效，国家管网集团部署DeepSeek后，将天然气输送计划生成时间从4小时降至分钟级别，预测准确率提升了10%。更多的电网运营商会采用AI来平衡电力供需、应对可再生能源的不稳定性——当风光出力过剩时提前安排储能或调度；反之则快速启停备用电源，从而实现稳定供电和清洁能源最大化利用。能源消耗端的优化同样蕴藏巨大潜力。制造业和建筑业是能源消耗大户，通过AI进行能耗监测和设备控制，可检测并消除能源浪费。实践表明，AI驱动的能效优化系统可将工业设施能耗降低达到30%，大幅减少碳排放。例如一些领先的半导体工厂引入AI能源管理，每年节省上百万美元电费，并减排数万吨二氧化碳。随着各国碳中和目标的推动，AI在能源领域的应用会更加普遍：发电侧有AI辅助的新能源预测和智能调度，电网侧有自适应电网平衡系统，用电侧有智能楼宇自动调节空调照明以节能。市场预测显示，到2050年，人工智能技术有望直接减少全球8%~19%的能源消耗和碳排放；若配合清洁能源转型和政策支持，则能源消耗降幅可达40%，电力行业碳排放降幅甚至可达90%。

综上所述，各行各业正迎来AI赋能的广阔前景，医疗更精准高效、金融更智能稳健、教育更公平且个性化、制造更敏捷高产、交通更安全顺畅、能源更清洁高效。这些愿景并非遥不可及的幻想，而是有着明确的技术路线和市场趋势支撑的可行路径。抓住AI发展的浪潮，传统行业能够实现跨越式升级，新的商业模式和就业机会也会涌现。根据市场趋势，人工智能正成为赋能行业升级的核心驱动力之一，一个AI深度融入的数字化、智能化社会正在加速到来。

9.3.3 挑战与改进

尽管AI在各行业中展示了巨大的潜能，但在实际落地过程中面临着诸多挑战，需要持续改进和克服。

首先，数据安全与隐私问题最为紧迫。许多AI应用场景都会处理敏感数据，如医疗领域涉及患者隐私、金融领域涉及交易和账户信息。在将这些数据用于训练或推理时，如何防止泄露和滥用是重大挑战。如果没有妥善的安全措施，大模型可能成为新的数据泄露源头。此外，合规要求日趋严格，一旦AI模型导致隐私泄露，不仅损害用户利益，还会给企业带来法律和声誉风险。据报道，随着生成式AI在企业使用率上升至94%，如何安全使用这些应用、缓解数据外泄风险已成为2024年的核心议题。因此，各行业在引入AI时必须高度重视数据安全挑战。对此，一个重要的解决方案是建立严格的数据保护机制。具体措施包括在数据收集和预处理中实施匿名化或脱敏技术，尽可能移除直接识别个人的信息；对敏感数据传输和存储采用端到端加密，防止被黑客窃取；部署访问控制和监控机制，确保只有授权的人和服务才能调用数据。很多机构还选择本地部署AI模型以避免数据外流，例如武汉协和医院就通过本地化部署DeepSeek工作站，将AI引入诊疗流程的同时确保患者数据留存在院内受控环境中。这种"就地AI"模式有效降低了数据泄露风险。

其次，系统稳定性和可靠性也是一大挑战。AI模型在现实环境中需要经受各种考验：输入数据可能分布偏移或包含噪声，模型有时会产生幻觉（Hallucination）或出错，甚至在关键业务场景下出现难以预料的失误。在医疗、交通这类高风险行业，AI出错的代价尤为高昂。例如，如果AI医生给出错误诊断而医生大意采信，或者自动驾驶AI在罕见场景下决策失误，都会造成严重后果。因此，提高AI系统的稳定性、可解释性和容错性是落地的必要条件。为了解决这一问题，一是要进行严格的测试和验证，在部署前用较为全面的真实世界数据对模型进行评估测试（包括极端情况、边缘情况等），确保其性能稳定。二是要采取人机协同方式，即人类专家参与重要决策和审核。比如，医疗领域普遍采用"AI辅助决策，人类医生定夺"的模式，专家共识认为AI并不会取代医生，而是充当辅助工具增强医疗服务质量，"当医生与AI系统结合工作时，诊断准确性可以显著提高"。这种模式下，一旦AI输出异常，人类可及时发现纠正，极大提升系统整体可靠性。三是注重模型可解释性的研究，为AI决策提供理由或依据，使人类能够理解AI的判断过程，从而在必要时质疑或修正。四是建立冗余和应急方案，例如在自动驾驶中准备安全接管机制，在AI服务不可用或判断不确定时能平滑切换为人工或备份系统，以保证关键业务连续性。

再次，计算成本和部署成本仍然是横亘在AI大规模应用前的一大障碍。当前领先的大模型往往参数量巨大、计算需求惊人，训练和推理都要耗费大量算力和能耗。例如，OpenAI的ChatGPT-3模型（1750亿参数）据估计训练耗时355个GPU年，花费至少460万美元；更新一代的ChatGPT-4训练成本更被曝高达近1亿美元。如此高昂的资源代价，让许多企业在部署自有大模型时望而却步。此外，部署后每日的推理服务也需要持续的算力投入，例如面对海量用户请求时需要构建大型GPU/TPU集群，这对计算基础设施和能耗也是不小的挑战。这种情况下，如何优化算力架构、降低单位算力成本成为关键。解决方案之一是技术层面的优化，通过模型剪枝、量化、知识蒸馏等手段压缩模型体积，提高推理效率，使同样算力支撑更多并发。很多研究已成功将大模型压缩数倍甚至一两个数量级，同时基本保持性能。DeepSeek本身也在演进中推出更高效的版本，如DeepSeek-V3模型在参数规模对标ChatGPT-4的情况下，训练成本约为557.6万美元，远低于ChatGPT-4。这表明通过架构改进和本土化创新，有望显著降低大模型的训练门槛。硬件层面的突破同样重要：企业可以选用最新一代的AI芯片（GPU、TPU或专用加速器）来提升每瓦特算力，或者利用分布式计算和云服务弹性伸缩的优势，在需要时临时获取算力、闲时释放，以优化成本结构。此外，越来越多的企业选择与硬件厂商合作搭建本地算力平台。如联想推出的DeepSeek一体机，结合国产GPU和服务器，支持本地模型训练和推理。这种软硬件一体优化的方案，使模型部署的初始投入和长期运行成本大大降低，并且通过本地化也进一步兼顾了数据安全。随着算力资源变得更普及和廉价，未来AI在中小企业、边缘设备等场景的落地将更加容易。

最后，各行业在落地AI时还需要应对业务和组织层面的挑战。例如，传统流程与AI系统的融合、员工对AI的接受度和技能升级、法律监管和伦理问题等，这些都需要持续的迭代改进。一个有效的方法是引入人机协同机制，逐步优化业务流程而非简单替换人工：让AI先承担重复烦琐的部分，解放人的精力用于高级任务，在实践中不断调整两者分工。例如，在医疗领域，推行"AI医生助手"模式，AI先阅读患者资料、初步分析生成诊断建议，医生据此开展后续诊断工作，既提高了效率，又确保了质量。在金融领域也是类似，AI可实时监测数以万计的交易并标记可疑行为，而风控人员则将主要精力放在AI筛选出的高风险事件上进行调查，同时将调查结果反馈给AI，让其不断学习优化，最终建立起增强智能（Augmented Intelligence）的模式，即AI增强了人的能力，而不是完全自动地取代。在制造业，推进智能工厂需要兼顾技术和管理两方面，一是要升级生产设备、引入先进制造技术，打造智能化生产线；二是要加强产业工人掌握人机协同的新技能，让他们能监控、调整AI系统并处理异常情况。很多工厂采用试点示范线的方法逐步推广AI，在取得成效后再扩散到全厂，过程中不断优化技术方案和人员配合。例如，某工厂引入AI质检后，让经验丰富的质检员与视觉检测模型共同工作一段时间，对比模型漏检和误报的情况并加以改进，最终建立起稳定可靠的自动质检线，平衡过渡为设备管理和抽检员。再如，在物流仓储领域，引入AI机器人需要重新设计流程布局和工作岗位职责，这就要求高层有整体规划、逐步实施，并辅以员工培训。从这些行业案例看，充分考虑人为因素、循序渐进地优化，是克服AI落地挑战的有效路径：医疗领域通过人机协作保障了AI辅助诊疗的质量；金融领域在AI风控中植入了人工复核环节，确保决策的稳定性；制造领域通过智能工人的培养和流程再造，实现了传统工厂向智能工厂的升级。这些经验都表明，技术上的问题可以通过技术改进来解决，而组织和流程上的挑战则需要通过制度设计和持续改进来化解，进而将风险降至最低。

9.3.4 未来发展方向

面向未来，随着AI技术和应用模式的演进，将深刻影响DeepSeek等大模型在行业中的应用前景。

（1）多智能体系统与群智协同

未来AI应用将不仅仅是单个模型孤军奋战，而是多智能体协作成为主流趋势。多智能体系统由多个自主智能体组成，通过协作或竞争来完成复杂任务的系统。每个智能体可以是一个具备特定功能的模型，多个智能体在共享环境中交互和通信，并形成类似"群体智能"或"蜂群智能"的协作网络。例如，在智慧城市管理中，可以构建多个AI智能体，分别负责交通流量优化、能源调度和监测环境污染，它们各自独立决策又相互共享关键信息，从而协同维护城市的高效运行。当遇到跨领域问题（如严重车祸引发交通堵塞和紧急医疗需求）时，交通AI会通知医疗AI和市政AI共同响应，体现出远胜单一系统的灵活性和适应性。DeepSeek大模型完全可以作为多智能体系统中的"大脑"或核心智能体，并与其他专用智能体协同工作。例如，在企业供应链场景中，DeepSeek作为战略决策智能体，为综合市场和供应链信息提供指导，而若干边缘智能体（可以是优化算法或小模型）分别负责管理库存、物流、生产排程，最终整体联动实现供应链的自我优化。这种群智协同能够大幅提升系统的鲁棒性，因为即使某个智能体出现错误，其他智能体仍可接管或补救，不致整体失效；同时还能通过智能体间的合作与竞争，不断提高整体性能。当前，从自动驾驶车队到无人机群控，再到大型语言模型互助解题等，都涌现出多智能体系统的应用雏形。可以预见，未来DeepSeek将进化出更强的多智能体交互能力，也许由多个DeepSeek子模型组成一个自治组织，各自学习不同的专长，又通过高效的通信协议共享知识，实现群体智慧。这样的多智能体系统架构将把AI的应用拓展到更多复杂、动态和跨领域的问题上，为各行业带来新的创新模式。

（2）端—边—云协同架构

随着物联网和5G的发展，端设备（如传感器、手机）、边缘节点（如边缘服务器、基站）、云中心将形成分工协作的新型AI计算架构，即"端—边—云协同"，其对于降低时延、提升数据安全性、优化资源利用具有重要意义。

传统的云计算模式，所有数据上传至云端处理，可能导致高延迟和带宽占用，并存在数据外泄风险。而端—边—云协同的特点是在最合适的层级处理。例如，对于一道工厂流水线上传感器采集的数据，端上的微控制器可以先做初步过滤和异常检测（毫秒级响应），必要的数据再传至本地边缘服务器做复杂分析（如故障预测），只有综合统计或模型训练等需要大规模算力的任务才上传云中心完成。这种三级协同方式保证了实时性和效率，特别是在要求实时响应的场景（如自动驾驶碰撞预警、医疗急救决策），端侧智能可以在毫秒间给出紧急反应而不必等待云端，大大降低延迟带来的风险。同时，大量敏感数据（如摄像头视频流）可在本地边缘处理完只上传分析结果，因而数据隐私更有保障。各行业都开始探索这一方向，比如电信运营商将AI下沉到5G边缘计算节点，实现就近的内容推荐与安全检测；制造企业部署车间边缘服务器，配合云端工业大脑统一管理。

DeepSeek也顺应这一趋势，提供从云端大模型服务到本地化部署方案的多种形态。通过端—边—云协同，DeepSeek能够根据业务需求动态选择运行在云、边还是端上。例如，在联网医疗设备中，DeepSeek的小型推理模型可以嵌入设备实时监测患者指标，而后台医院服务器上跑更复杂的模型做诊断分析，两者协同提供完整服务。这种架构的优势已经得到验证：据Gartner预测，到2025年将有75%的企业数据在传统云中心以外进行处理。这意味着边缘AI将爆发式增长，也意味着DeepSeek这样的AI平台需要针对不同层级优化适配。DeepSeek或将推出轻量级端侧版供手机、物联网终端使用，以及高性能边缘版供边缘网关部署，并通过云端平台统一协调更新和知识同步。

通过端—边—云一体化协作，各行业既能享受云端大模型的强大能力，又能满足本地实时和安全的要求，从而加速AI在生产一线的渗透。

（3）跨领域融合与创新

下一个阶段，AI应用将打破行业壁垒，跨领域融合催生新的解决方案和商业模式。正如互联网在各行业融合催生共享经济、平台经济一样，人工智能的跨界结合将带来意想不到的化学反应。一个典型场景是医疗与金融的融合，即健康保险的智能优化。保险公司可以借助医疗AI更精准地评估用户健康风险，从而制定个性化的保单和费率，并通过AI提供健康管理服务来降低赔付率。这将颠覆传统粗放的保险定价模式，实现"保障+预防"的闭环。国内在这方面已经出现实践：轻松健康集团将自研的健康AI与DeepSeek大模型相结合，推出了"轻松问医Dr.GPT"等服务，为用户提供医疗咨询的同时，AI实时匹配合适的保险产品，形成了服务闭环。通过这一跨界融合，该公司在保险理赔自动化、动态风险评估等方面取得显著成效，有效降低了服务成本，并提升了整体运营效率。这表明医疗与金融的结合可以让保险业务从"事后理赔"转向"事前干预"，既保障用户健康又优化了保险支出，实现双赢。

另一值得期待的融合领域是能源与制造。制造业是能源消耗和碳排放大户，将AI用于能源管理能够大幅提升工厂的环境和经济效益。如前文提到的，通过AI优化生产调度以配合可再生能源出力，或者根据电价波峰谷自动调整高耗能工序的排程，都能降低制造业的能源成本和碳足迹。未来可能出现"能源托管工厂"模式：专业的能源AI服务商为工业园区提供整体能源解决方案，实时地在生产计划和能源供应之间撮合优化，使工厂以最低的碳排放完成订单。实践数据已经显示出这类融合的潜力，例如某些半导体厂通过AI每年减排上万吨二氧化碳，相当于种植数百万棵树的碳汇。再如交通与能源的融合，即电动汽车作为移动储能单元参与电网调节（V2G技术），需要AI智能调度车辆的充放电时机，实现交通工具与电网的协同优化。深度跨界的融合还可能催生全新的产业形态，例如农业、气象与金融的结合：AI根据卫星和气象数据预测作物产量，指导农业保险和期货市场定价，对冲粮食风险。文旅与文化领域的结合，大模型可以将旅游推荐与文化传媒结合，提供沉浸式智能导览和定制体验，带动消费升级。

总之，随着AI能力的普及，不同行业的数据和功能将通过平台实现互联，DeepSeek这样的通用大模型可以作为枢纽，将多个领域的知识融会贯通，输出具有跨界洞见与决策的能力。这种跨领域融合有望成为下一轮创新的源泉，其意义不仅在于优化单个行业，而且在于创造崭新的数字生态系统，在这个生态中数据和智能将在各领域间自由流动，为社会提供前所未有的综合性服务。

综上所述，未来DeepSeek大模型的发展将沿着群体智能、架构协同、跨界融合三大方向不断演进。多智能体系统使AI从"单兵作战"进化为"团队作战"，端边云协同使AI无处不在且高效安全，跨领域融合则打开了AI应用的新边界。这些趋势彼此呼应，共同勾勒出一个高度智能化、无缝连接的未来世界。在这个世界中，各行业的界限将变得模糊，数据和智能将得到充分共享，DeepSeek和它的"AI同事"将作为核心引擎驱动经济社会的创新与发展。当然，在迈向这一未来的过程中，也需要时刻关注AI伦理、法规和安全的问题，确保技术以负责任的方式推进。只有这样，群智协同的红利、端边云的便利、跨领域融合的价值才能被安全地释放出来，造福于医疗健康、金融服务、教育培养、制造生产、交通出行、能源管理等千行百业，真正迎来一个智慧泛在、融合共生的新时代。

9.4 总结

DeepSeek作为先进的人工智能大模型，已在多个行业展现出卓越的应用价值。它不仅提升了数据处理、信息提取和知识推理的能力，还在智慧决策和意图理解层面实现了突破。在医疗领域，DeepSeek提高了诊断准确率；在金融行业，它优化了风险控制与客户服务；在制造业，增强了生产调度与质量检测效率；在政务方面，加快了市民诉求响应速度；在教育中，推动了个性化学习的实现。

这些成果表明，DeepSeek不仅带来了效率提升，还促进了各行业的智能化转型。未来，随着技术的不断进步，DeepSeek有望在更多场景中发挥更大作用，进一步推动社会的数字化与智能化发展。

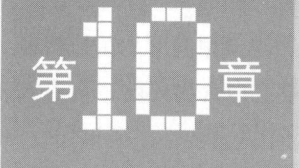

第 10 章 企业与机构定制和采购 LLM 的白盒测评指南

近年来,大规模语言模型越来越广泛地应用于政府及企业机构中,从政务问答、政策解读到企业客服、业务分析等,各机构都希望能够由大语言模型提供更优的服务质量与工作效率。然而,用户一旦想要购买或定制专属的大规模语言模型,却又不知道买哪个产品适合自己,也不知道如何保证这个模型的功能性和安全性符合自己需求时,需要有一个可参考的标准体系。

传统上，人们倾向于使用黑盒测评来评价大语言模型，即只关注模型给定输入后输出结果的优劣。黑盒评估方式包括各种基准测试，例如问答准确率、翻译质量、知识测验得分等，用以衡量模型整体性能。黑盒测评的优点是简单客观，便于对模型进行横向比较和排名，在模型挑战赛和产品部署中常被用作主要指标。但是，黑盒测评也存在明显的局限性。首先，它无法揭示模型内部决策过程和错误原因——当模型输出不理想时，我们很难从结果倒推模型是哪方面能力不足。其次，黑盒测评的指标往往单一且片面，只覆盖有限场景，难以全面反映模型素质。最后，当模型性能逐渐接近某些基准的上限时，可能出现"天花板效应"，即分数提升缓慢甚至停滞，而这并不意味着模型已无提升空间。这些问题使仅靠黑盒测评难以指导大语言模型的深度优化。

为了解决上述难题，业界开始关注白盒测评方法。白盒测评强调透视模型内部的工作机制，对模型的认知与决策过程进行逐步评估。海南大学段玉聪教授指出："没有白盒测评就不会有真正彻底的整体调优和定制LLM。"这句话突出了白盒测评在大语言模型优化中的重要性。所谓白盒测评，并非要求直接查看模型源代码，而是通过精心设计的方法，让我们能够观察并评估模型在不同决策阶段的表现。例如，利用提示让模型展示中间推理步骤，或者设置分层任务来测试模型从数据到知识再到决策的能力。通过这种方式，白盒测评可以全方位解析模型的认知与决策过程，揭示黑盒测评看不到的细节。特别是DIKWP白盒测评体系的出现，使我们能够从数据、信息、知识、智慧、意图五个层面全面衡量模型的"认知能力"和"意识"水平。这一创新评估框架为政府和企业在采购与定制大语言模型时提供了新的洞察，有助于其精准识别模型是否满足业务需求，以及在哪些方面需要改进。

综上所述，在大语言模型采购与定制的背景下，引入DIKWP白盒测评至关重要。一方面，它补充了传统黑盒评估的不足，为模型选型和优化提供了深入依据；另一方面，它结合机构的特定需求，帮助明确模型需要具备的功能和改进方向。接下来，我们将详细介绍DIKWP白盒测评的方法论，并说明如何将其应用于机构采购大语言模型的各个环节。

在人工智能技术突飞猛进的当下，大语言模型已经成为政府机构、企业、研究机构等多个行业领域的重要支撑力量。它们不仅能在政务服务中提供智能咨询与政策解读，还能在企业运营中助力客服问答、业务分析及智能文档管理等。然而，对很多机构而言，采购和定制一个适合自身需求的大语言模型依旧是一个充满挑战的过程，往往涉及多方考量和权衡。

核心挑战主要体现在以下几个方面。

◎ **需求确认：** 机构需要从自身业务场景出发，明确需要哪些大语言模型功能，并将这些需求转化为可度量的评估指标。

◎ **投资效率：** 在定制或微调大语言模型的过程中，如何确保每一笔投入都能得到最大化回报？换言之，怎样在算力、数据、研发成本三者之间实现最优平衡？

◎ **交付质量：** 当模型开发完成后，机构往往需要一套可验证且具有公信力的验收标准，来衡量供应方所提供的模型是否达到合同约定的目标。

◎ **持续演进：** 在模型上线后，如何保障其能够随着业务和技术的发展不断演进，不会因缺乏维护和反馈机制而逐渐"失效"？

传统的黑盒测评仅能通过问答准确率、翻译准确度、语言通顺度等指标对模型作浅层判断。虽然这样的测评形式直接且易于操作，但它往往无法透视模型内部的知识结构与推理过程，也无法对模型在特定领域、特定应用场景中的深层表现做出细致评估。为此，来自学术界与工业界的专家开始聚焦于"白盒测评"的研究，希望能建立一套更为全面且深入的评估体系。正是在这一背景下，"DIKWP白盒测评体系"应运而生。该体系通过将模型能力划分为数据—信息—知识—智慧—意图五个层次，帮助我们从底层到高层、从感知到决策，系统地解析模型的真实能力，从而指导采购、定制与优化的全过程。

10.1 白盒测评方法论

10.1.1 框架概述

DIKWP白盒测评框架是段玉聪团队提出的一种评估AI模型内部认知过程的体系。这种评估体系包含五个层次：数据、信息、知识、智慧和意图[1]。它源自经典的"数据—信息—知识—智慧"模型，并扩展加入了意图层，以刻画智能体决策时的目标导向因素。与传统线性金字塔不同，数据、信息、知识、智慧、意图各层之间是动态网状交互的：低层为高层提供支撑，高层的目标和智慧也能反过来指导低层的信息选择和处理。通过这一框架，我们可以将大语言模型的复杂能力拆解为若干可解释的模块，逐层评估模型从接收原始数据一直到实现最终目的的表现。

在DIKWP白盒测评中，会为模型设计分层任务，测试其各层级能力及层级转换能力。例如，数据→信息层面的任务可以是给模型一段未结构化的原始文本，让它提取其中的关键信息和语义关系，以评估模型的感知与基础信息提取能力。信息→知识层面的任务则要求模型将提取的信息加以整合，归纳为更一般的知识，例如阅读多段文字后总结出规律，考查模型的归纳推理和知识存储能力。知识→智慧层面对应更复杂的决策推理能力，例如给定一个跨学科的问题，模型能否综合多方面知识提出解决方案，体现真正的"智慧"。智慧→意图层面则关注模型将决策与高层目标对齐的能力，比如理解对话中用户隐含的意图，或在决策时遵循预定的价值准则。各层内部的自循环能力（如数据→数据、信息→信息、知识→知识等）用于测评模型在同一层级上的信息加工一致性，例如翻译重述是否准确（信息→信息）、推理过程是否前后一致（智慧→智慧）、行为与既定角色设定能否保持一致（意图→意图）。

通过上述分层设计，DIKWP白盒测评可以细致地描绘模型的能力雷达图，具体步骤如下。

◎ **分项测评**：对候选模型进行一套完整的DIKWP白盒测评，获取在25个模块上的评分或定性结果，绘制模型能力的雷达图或矩阵。这些模块涵盖了从感知、理解到推理、决策的各个方面，确保评估全面深入。

◎ **定位短板**：分析测评结果，找出分数偏低的模块（模型的弱项），以及相应弱项在实际业务场景中的表现症状。比如，发现模型在"信息→知识构建"模块得分低，可能意味着它"读完不会用"，对文本只做字面理解，无法上升到知识层面的归纳。

---

[1] 段玉聪.DeepSeek在DIKWP白盒测评框架下的定制优化策略[EB/OL].[2025-02-14].https://zhuanlan.zhihu.com/p/23687696275.

◎ **制定方案**：针对每个短板模块制定优化方案。方案类型包括数据增强（增加该模块相关能力的数据来微调模型）、架构改进（引入新的网络结构或模块满足该能力需求）和推理策略调整（设计新的提示词或算法引导模型更好地完成该模块任务）。例如，如果模型在知识整合方面薄弱，可以加入更多摘要归纳类微调任务，或引入知识图谱、记忆网络帮助模型存储和检索知识；又如，意图对齐能力差，可通过收集隐含意图对话数据进行有针对性的训练，并采用人类反馈强化学习等对齐训练方式赋予模型明确的价值准则。

◎ **实施调优**：按照制定的方案对模型进行微调或架构调整等定制优化。比如，为了改善"意图"模块，可让模型额外经历若干轮有人类反馈指导的对话训练，以提高其对隐含用户意图的敏感度和对不当请求的拒绝能力；为提升"知识"模块，可以往知识库中加入最新数据，并将之蒸馏进模型内参，从而更新模型的知识储备。

◎ **复测评估**：优化完成后，再次进行DIKWP白盒测评，验证各模块能力是否有所提升。如果仍有模块未达标，则继续针对性优化，周而复始，直至模型在所有关键能力上都满足机构要求，形成闭环的改进流程。

需要强调的是，黑盒测评与白盒测评并不是对立的关系，二者应当结合使用。黑盒测评能够提供模型在特定任务上的整体表现指标，对客观排名和性能验证有不可替代的价值；而白盒测评揭示了黑盒分数背后的机制和原因，指出提升方向。在实际流程中，机构可以先通过黑盒测评明确基本功能需求和基线表现，再利用DIKWP白盒测评对模型进行深度剖析，找到进一步优化的着力点和明确的优化目标。例如，一家金融机构可能首先用传统问答准确率、合规性测试（黑盒方式）筛选出若干候选模型，然后针对这些模型进行DIKWP白盒测评，发现其中某模型虽然总体准确率高但在"智慧应用"层面欠缺，对复杂决策问题表现不佳。据此，机构可以决定选用该模型，但要求供应商在交付前针对知识→智慧层面进行专项优化，或者选择在采购后自行微调来补齐短板。

通过黑盒与白盒评估的结合，采购方能够逐步明晰自身业务所需的模型能力：哪些是刚需（必须具备的功能），哪些是优化方向（有提升空间的能力）。在模型定制开发过程中，白盒评估还能持续校准开发进程，确保朝着预期目标演进。当模型交付时，采购方再通过DIKWP白盒测评进行验收，确认模型在各个关键能力层面都达到了合同要求的质量指标，从而确保交付质量。

此外，白盒测评为采购方和模型开发方之间建立反馈认知通道提供了机制支持。在开发过程中，采购方可以基于白盒测评结果，及时向开发方反馈哪些能力模块需要加强，而开发方也能够说明哪些能力已经达到要求，实现双方对于模型认知的对齐。后续我们将在专门章节讨论如何构建这一反馈通道，以支持大语言模型的长期优化。

在大语言模型的测评领域中，DIKWP可谓一次极具前瞻性的理论创新。它将模型能力分解为数据、信息、知识、智慧和意图五层，并引入相应的测试机制，用于揭示从底层数据处理到高层次决策或意图识别之间的能力差异。通过对五大层次的细分测评，我们不但能够判断模型在某一维度的表现，还能了解模型在不同维度之间的联动性，比如从信息到知识的转化是否充分、从知识到智慧的推理过程是否完整，以及智慧如何与意图相结合来执行某项决策。

相较于传统的黑盒评估，DIKWP具备以下显著优势。

◎ **精准定位模型短板**：在黑盒模式下，我们只知道模型是否在某个任务上失败，却不知道失败原因。DIKWP白盒测评可以帮助我们进一步探究：是模型对原始数据理解不足？信息抽取发生了偏差？知识整合不到位？还是在智慧阶段没有形成正确的推理链路？或是意图对齐出了问题？通过准确地找出比较薄弱的环节，我们能更加有效地去投入资源进行深化改进。

◎ **预防"天花板效应"**：在黑盒测评的测评过程中，当模型在某些指标上逼近极限的时候，我们是很难去发现它是否存在结构性缺陷和不足。然而在白盒测评下，即使总体表现优异，也很有可能会在某些特定层面显露短板，为后续迭代指明方向。

◎ **支持定制化优化**：不同机构对大语言模型的需求各不相同，银行更加关注合规与风控层面的能力，媒体则更看重语言生成的创造力与多样性，而研发机构需要的是跨学科知识整合。通过DIKWP白盒测评的模块化分析，采购方能够聚焦于自己所需的核心能力，展开定制化优化。

◎ **可做验收标准**：基于DIKWP白盒测评的客观测评结果，机构在采购或合作过程中能与供应商达成一份透明且易执行的性能指标协议。也就是说，合同不仅针对"总准确率"或"总体得分"做简单的约束，而且可以规定各个DIKWP白盒测评子维度上的最低要求。

从本质上讲，DIKWP白盒测评不仅是一种测评方式，还是一种"认知思维模型"，它引导我们从不同层面审视大语言模型的真正实力。在此基础上，我们可以构建一套多层级、多维度的测评题库，将与业务紧密相关的实际测试用例分配到数据、信息、知识、智慧、意图五大部分，并以此为"测评脚手架"衡量模型的实际能力，乃至逐步搭建模型的能力画像。

10.1.2 测评流程

结合DIKWP白盒测评，机构可以采用以下标准化流程来进行白盒测评与优化。每个步骤都有其独特的目的和方法，层层递进，形成一个完整的采购—优化—验收—反馈闭环。

1. 黑盒测评初筛

在正式启用白盒测评前，许多机构依旧会先使用传统的黑盒测评方法，对市面上可选的大模型进行初步筛选，尤其当候选模型数量较多时（可能来自不同厂商或开源社区）。

◎ **黑盒测评工具**：包括常见的问答准确率测评、通用NLP任务（如翻译、摘要）评分、分类与检索效果评分等。这些指标能够快速过滤掉能力明显不足或基础功能缺失的模型。

◎ **优点**：操作简单、对比结果直观，能够以较低的成本缩小候选的范围。

◎ **局限**：无法揭示模型在不同认知阶段的具体表现；一旦进入深层次的定制与优化阶段，需要更细致的诊断与指导。

因此，黑盒测评的意义更多在于快速淘汰不合格者，为后续DIKWP白盒测评打好基础。此时，我们的目标是进入一个更小、更精准的候选模型集合，让DIKWP白盒测评的深度分析更具针对性。

2. DIKWP 白盒测评

在确定了若干具备基本能力的模型之后，就可以正式启动DIKWP白盒测评环节。该测评分为以下几个维度。

◎ **数据→信息**：测试模型能否从原始数据（如文本、表格等）中提取出关键信息或结构化要素。例如，在政务场景下，可以让模型阅读一些政府公告，要求它抽取其中的发布机构、时间、重点政策要点等；在金融场景下，可以让模型处理交易数据，要求它标识买卖双方、交易金额、交易日期等。

◎ **信息→知识**：评估模型能否在信息层面进行归纳和总结，并形成稳定的知识表征。比如，让模型对多段相关文本进行阅读后进行要点梳理，或者让其根据一组案件资料推断共同规律，检验其知识整合与逻辑关联能力。

◎ **知识→智慧**：考察模型能否将已有的知识灵活运用于复杂环境下的推理与决策中。如果在医疗机构的应用场景中，可以让模型阅读多名患者的病史，分析其症状并建议下一步检验或治疗方案；在制造业场景下，可以让模型基于产线设备数据做故障预测与解决方案建议。

◎ **智慧→意图**：进一步衡量模型在面对多重目标时，能否正确理解并协调用户或业务需求，从而完成更具决策性与策略性的任务。如在智能客服中，模型需要兼顾客户满意度和产品合规性；在营销策略制定中，模型需要平衡不同产品线、不同预算等约束，从而提供可行性方案。

◎ **层内一致性**（**数据→数据，信息→信息，知识→知识，智慧→智慧，意图→意图**）：关注模型在同一层级的连续操作与自洽性。比如，数据→数据可测试模型对同一批原始数据的多次抽取是否一致，是否具有随机性或不稳定性；信息→信息可让模型对同一段文本做多次信息归纳，看其输出是否保持一致或有合理变动；知识→知识测试模型对于同一知识库中的关联知识点能否一贯地引用；智慧→智慧测试模型在多回合对话或迭代推理中的连贯程度；意图→意图则关注模型在不同上下文中，对同一意图是否有稳定的执行策略。通过这些测评，可以衡量模型的内在一致性与鲁棒性。

最终，评估结果往往会以雷达图或能力矩阵形式呈现，清晰展示模型在五大层面和若干细分模块的得分、排名或定性评级。与传统黑盒测评仅仅给出一个"综合得分"相比，DIKWP白盒测评能够让采购方一目了然：模型究竟在哪些能力上表现最优，哪些方面严重不足，又有哪些能力与本机构的业务需求最契合。这样，在后续的定制开发与微调中，就能更好地聚焦薄弱环节或与业务最相关的模块。

3. 优化目标制定

有了DIKWP白盒测评的结果，机构就能更精准地制定下一步的优化目标和方案。例如：

◎ **信息→知识能力不足**（**读完不会用**）：如果测评显示模型虽然能够抽取数据，但难以将信息整合成可用知识，那么就应该着重加强在此方面的训练。可以收集大量"阅读理解—知识建构"的微调数据，或增加相关领域的语料，让模型学会如何进行归纳总结。

◎ **知识→智慧能力不足**（**推理逻辑薄弱**）：当模型拥有一定知识储备，却在综合应用时频繁出错，这说明它的推理链或逻辑处理存在漏洞。此时，采购方可通过链式思维提示工程或多步推理训练数据来补足弱项。

◎ **智慧→意图能力不足**（**无法理解或遵循需求**）：若模型无法对用户隐性需求进行理解，也无法按机构规定完成任务，就需要在意图理解与对齐（InstructionTuning、RLHF等）方面下功夫。对于金融或医疗等高合规领域，尤需关注此环节，以避免不当或违规建议。

在制定优化目标时，应当将这些能力要求写入项目需求文档或开发合同中，尤其适合纳入明确的量化标准。例如，"提升知识→智慧层级推理正确率至75%以上""在意图→意图一致性测试中错误率不超过5%"等。如此一来，不仅优化方向明确，也能有效规避供应商只重视概念炒作却忽略实质效果的情况。

4. 定制化优化与微调

一旦明确了要改进的模块，就可以进入定制化优化和微调阶段。这个阶段往往是采购方与技术提供方（供应商或内部研发团队）深度合作的过程。

◎ **数据增强：** 若模型在数据→信息或信息→知识层的表现不佳，可通过丰富且高质量的专有数据来提升其感知与信息整合能力。例如，对于法律咨询场景，可收集各类案例文本进行标注；对于电商客服场景，可收集消费者常见问答对话数据作为微调材料。要注意数据安全与隐私保护，尽量在内部沙箱或私有云环境中完成数据处理和训练。

◎ **架构改进：** 针对特定短板，也许需要在模型结构层面做一些升级。例如，引入强化记忆模块、增设外部知识库API接口或检索组件等。这些架构改造常常能带来颇为显著的能力增益，但也伴随更多的实现和维护复杂度。

◎ **提示工程：** 许多大模型，尤其是基于Transformer架构的预训练大模型，能通过"提示"激活潜在的推理能力。若问题在知识→智慧（或智慧→意图）阶段失误，可以尝试改进对话或任务指令的设计，让模型逐步展示中间推理步骤，或提供更详细的场景背景信息，以引导出更正确的结果。

在该阶段，DIKWP白盒测评不仅指导优化方案的制定，还为每一次改进提供"迭代式验证"。在小范围或局部修改后，可立即进行相应白盒测评模块的复测，若结果显著改善，则说明调整方向正确；若效果甚微或反而下降，则需重新定位问题或更换方案。

5. 交付验收

定制化优化完成后，通常需要经历正式的"交付验收"流程。传统上，验收往往只关注黑盒评估指标，例如综合准确率、F1分数或BLEU分数等。如今，为了确保各能力层面都能达标，采购方更倾向于在合同中约定白盒测评指标，并要求供应商须在所有约定的数据、信息、知识、智慧、意图能力项上达到预定标准。例如：

◎ **"数据→信息"信息提取准确率≥90%：** 在若干条政务公告文本中抽取负责人姓名、办公部门、政策要点等信息时，要保证正确率。

◎ **"知识→智慧"投资策略推理能力≥80分：** 在金融领域常见的市场分析题中，模型能否基于已有知识给出合理可行的策略建议，并解释关键推理？

◎ **"智慧→意图"合规对齐度≥85%：** 针对某些合规敏感性问题，模型能否严格遵守监管要求？遇到不当或违规请求时能否拒绝回答或做出风险提示？

由此，验收团队通过DIKWP白盒测评评估题库对模型再次测试，核验每个模块评分是否符合合同所规定的阈值。如果某些指标仍未达标，就需要供应商继续修复或微调，直至满足交付条件。这种透明且可量化的验收方式，极大降低了采购方对"大模型"这一新兴技术的使用风险，也能促使供应商在开发环节更加重视模型质量与安全性。

6. 持续反馈与优化

大模型并不是一次性交付之后就一劳永逸的产品，而更像是一个"持续进化"的智能体。数据分布可能随时间和环境变化而变化，用户需求也会不断更新，甚至行业法规、市场趋势都会对模型提出新的挑战。因此，机构需要持续跟踪大语言模型的能力变化，并进行周期性的测评与迭代优化。

◎ **定期复测数据、信息、知识、智慧、意图能力**：建议每季度或半年度进行一次全量白盒测评，尤其要关注在上次优化后新增功能或新部署场景中，模型是否仍能保持相对稳定的表现。

◎ **新问题收集与回溯**：在上线后，用户的实际问题和反馈可能会揭示出模型之前从未遇到的输入类型或场景，此时需要将这些新问题纳入白盒测评体系，观察它们属于数据→信息、信息→知识、知识→智慧以及智慧→意图哪一层面的挑战。

◎ **自动化监控与警报**：对于规模庞大的应用，可以考虑建立自动化监测系统。一旦检测到模型输出高置信度但明显错误的答案，或者模型在某些场景表现急剧下降，系统就自动触发相应的白盒测评脚本进行诊断。这样能在问题还未完全扩大化之前，及时发现并处理。

通过上述持续反馈与优化机制，机构可形成一个良性的"能力闭环"——从初始测评到定制开发，再到验收上线，最后回到改进与再测评，每一步都可在数据、信息、知识、智慧、意图的指导下进行。

10.2 机构采购 LLM 的关键考量

在选择和定制 LLM 时，政府和企业机构除了关注模型本身的能力，还必须综合考虑数据安全、成本投入、可扩展性等方面的因素。下面将分别讨论这些关键考量，以及如何在 DIKWP 白盒测评的辅助下做出平衡决策。

10.2.1 数据安全

数据安全与隐私合规是机构选型 LLM 时的首要关注点。政府和企业常掌握大量敏感数据，如公民个人信息、商业机密等。在引入 LLM 时，必须确保这些数据不被泄露或滥用。一方面，如果选择第三方提供的闭源模型（如某些云端大型模型服务），需要评估供应商的数据隐私政策和安全机制，并签署严格的保密协议，必要时则要求模型部署在本地私有环境中，以避免数据外泄。另一方面，如果机构选择自行定制 LLM（例如基于开源模型进行微调），则可以通过在内部环境中完成训练来保持对数据的完全控制。段玉聪团队的研究指出，各行业机构可以在保证数据不出门的前提下，通过领域微调获得贴合自身业务的模型，这不仅保护了数据隐私，也增强了模型的专业领域适应性。

除了防止训练数据泄露，还需特别关注模型本身对敏感信息的处理能力。例如，模型是否会在回答中不当透露训练语料中的隐私信息。为预防这种情况，可以对模型进行隐私泄露测试，观察其是否会违反预期披露保密信息。利用 DIKWP 白盒测评，尤其是意图层面的评估，可以检测模型对"不应回答的请求"是否有正确的拒绝行为，从而了解模型对安全边界的管理能力。例如，在意图识别与调整模块的测试中，如果模型对用户的隐私探询毫无警惕地直接作答，则评分上判定为不合格，并需要通过对齐训练进行纠正。随着 AI 治理要求的提高，未来 LLM 可能被强制要求通过一系列安全测试和伦理审查。因此，在采购时应优先考虑那些在安全测评中表现良好的模型，确保其符合行业合规标准和伦理规范。

在谈到LLM的引入时，"数据安全"是机构关注的首要问题之一。随着对隐私合规、数据保护等要求的升级，任何涉及机密数据的企业与政府部门都必须在采购和部署过程中做好严格的安全防护。

◎ **训练数据的保密**：若选择开源模型加以微调，就需要将内部敏感数据（如客户信息、政府文档等）提供给模型训练pipeline。在此过程中，务必做好数据脱敏、访问权限管控等工作。借助DIKWP白盒测评，可以在"数据→信息"层测试模型是否会无意间暴露内部敏感信息。

◎ **推理过程的合规**：在实际运行阶段，模型在回答用户问题时是否可能泄露内部敏感信息？例如，被动或主动地将训练数据中的隐私片段输出。通过"意图→意图"层白盒测试，检查模型是否具有良好的权限与合规约束意识，对不当请求能及时拒绝或警示。

◎ **供应商合规能力**：如果从第三方厂商购买闭源模型，还要考虑其对数据隐私的保护能力，比如会不会本地部署。要留足合同内容，在数据泄露后可以追责或救急。

因此，对于DIKWP白盒测评来说，数据安全更期望能在"数据→信息""智慧→意图，意图→意图"的测试集和场景上发挥作用：前者是为了考察模型能否安全管理好输入的数据；后者是验证模型能否合规拒绝或控制输出等方面的表现。

10.2.2 成本控制

LLM的部署和定制必须考虑成本，这不仅是指模型本身的购买或许可成本，还包括大量算力资源的投入与后续维护的开销。我们在组织购买前需要衡量每个模型的成本与效果，选择最适合自己的模型。首先，从计算、存储等角度考虑模型架构，有时候即使业务需要快速响应且请求很多，也未必适合使用一个超大而慢的模型，一个稍微复杂一点的模型已经足够，况且还有别的降本手段。段玉聪团队的DeepSeek模型优化就是利用了混合专家（MoE）的方式来提高效率，在一定程度上降低算力消耗。MoE模型实际上就是让不同的专家各显神通，在需要的时候再工作，并不会导致每次推理调用的参数量太多，对于预算有限却想用一个稍微复杂的模型的场景非常有帮助。

其次，在模型定制过程中，数据获取和标注也是一笔不小的开销。DIKWP白盒测评可以帮助减少盲目大量标注数据的浪费。传统方法往往是广泛收集数据，希望模型性能有所提升。但借助白盒测评，我们能精确定位模型的短板能力，并有针对性地增强。例如，如果发现模型在法律推理方面（智慧层的一部分）表现不足，就完全没必要在其他不相关领域投入标注精力，而应将资源聚焦于法律案例解析、法条应用等数据的增强。这种精细化微调策略就像"精准手术"，避免了无谓的反复试错。因此，机构在定制LLM时应充分利用DIKWP白盒测评指导数据收集，把钱花在刀刃上。

最后，要考虑运营成本，包括模型部署所需的硬件投入和长期维护。对于预算有限的单位，可能倾向于参数量较小但经过精调的模型，或采用蒸馏技术将大模型的知识压缩到小模型中以降低日常使用成本。有研究提到，通过DIKWP白盒测评框架下的知识蒸馏，可以在尽量保留模型多层次能力的同时压缩模型规模。另外，一些开源模型社区活跃度高、更新快，且无须额外许可费用，这在长期看来也能降低总体成本。当然，开源模型可能需要团队投入精力自行优化。采购者需要在一次性购买商业模型与培养内部能力定制开源模型之间权衡，根据自身情况选择最经济高效的路径。

LLM采购与定制往往意味着大量算力与人力的投入。例如，大规模训练需要昂贵的GPU集群、电力费用，微调过程需要专业的数据标注团队，后续的线上推理服务也需持续维护与资源支持。对于大多数机构而言，如何让投入与产出相匹配是一个绕不开的现实难题。

◎ **算力与规模选择**：并非所有应用都需要数百亿或上千亿参数量的超大模型，某些领域只需几十亿参数量的模型配合精细微调即可达成业务目标。DIKWP白盒测评结果若显示对一些高层推理（知识→智慧或智慧→意图）需求不高，或只需在特定垂直领域发挥作用，选择中小规模模型或许能节约一半以上的成本。

◎ **迭代式优化**：通过DIKWP白盒测评可以了解每个环节的短板，避免"广种薄收"的大规模标注与训练模式。在有限预算下，将资源集中到最紧要的能力模块，以精准微调的方式取得最大化收益。例如，通过掌握模型在信息→知识层最明显的弱点，进行少量高质量数据增强即可实现有效提升，从而控制整体开支。

◎ **部署模式**：对算力要求较低的模型可本地化部署，减少云端租用费用；对算力要求较高的模型，可与云服务商达成合作。还可评估是否采用"弹性伸缩"的模式，在业务高峰期临时增加算力，闲时减少资源占用。DIKWP白盒测评所揭示的真实需求，可帮助机构在部署方案中做出合理取舍。

10.2.3 可扩展性

"可扩展性"涉及两个层面含义：其一是模型能力的扩展，其二是系统部署的扩展。前者指模型能否随着未来需求的变化而升级，比如支持新的语言、新的知识领域或集成新的工具；后者指系统能否随着用户增长而平稳扩容，比如分布式部署、多实例负载均衡等。在采购LLM时，需确保选定的方案在这两方面都有足够弹性。

关于能力的扩展性，现实业务是不断发展的，机构可能日后希望让模型掌握新的知识或技能。如果采购的是闭源模型，需了解供应商是否提供定期更新（例如知识库刷新、模型升级）及更新频率如何。如果模型支持插件或工具使用（例如让模型调用检索数据库、执行计算等），这样即使模型本身参数不变，也能通过扩展工具获得新能力。从DIKWP白盒测评角度来看，一款可扩展的模型应当在架构上具有模块化特性。例如，将知识存储与推理组件分离，当需要引入新知识时无须推翻整个模型，仅更新知识模块或通过API接口接入新的知识源即可。段玉聪团队的研究表明，知识可以在不同模型间迁移，并设想未来将模型细化为主题专家，从而使知识管理更加模块化。对于采购方来说，如果能获取模型这方面的设计信息，将有助于判断其在未来升级中的便利程度。

关于部署的扩展性，当应用规模扩大，模型需要处理更多并发请求或更复杂的多模态数据时，系统是否能顺畅扩容？采购时应明确模型对硬件的依赖程度，以及是否支持分布式推理。例如，一些开源LLM可以通过张量并行、流水线并行等技术扩展到多GPU/TPU环境，以应对更大规模的推理需求。如果机构计划构建高可用服务，还需考虑模型实例的弹性伸缩和容错能力。值得注意的是，模型的可扩展性与成本密切相关——扩展往往意味着更多的算力投入。因此，在方案选择上应权衡扩展性收益与额外成本。

在DIKWP白盒测评的帮助下，采购方还可以进一步评估模型在扩展过程中的认知稳定性。例如，当接入新的知识库后，模型在知识层面的表现是否稳定提升？在大规模并行调用下，模型的语义一致性（信息→信息层面）是否依然可靠？通过白盒测试，可及时发现扩展导致的性能变化，从而采取对应措施（如重新微调、调整负载策略），确保扩展不会牺牲模型的原有质量和可靠性。

机构对于LLM的可扩展性需求通常包括以下两个方面。

◎ **模型能力扩展**：随着业务与行业环境的变化，模型需要不断学习新知识、新政策或新产品。

通过DIKWP的层级分析，如果机构期望未来在知识→智慧层做更多高级推理，就可以提前评估模型是否易于接入外部知识库或进行持续微调。

◎ **系统部署扩展：** 在用户数量激增或应用场景拓展时，系统能否随之弹性扩容？是否支持多实例负载均衡以提升并发处理能力？ DIKWP白盒测评可评估模型在高并发场景下的稳定性（如智慧→智慧、意图→意图一致性），帮助预判极端压力工况。

综上，结合数据安全、成本控制和可扩展性等多个维度，采购方能在DIKWP的指引下作出综合性决策，而不再局限于"哪家模型性能最高"或"谁的价格最低"等单一维度。

10.3　白盒测评在采购过程中的案例展示

将DIKWP白盒测评融入LLM的采购流程，可助力机构做出更明智的决策。下面通过实际案例和情景说明这一方法论的应用。

案例1　模型选型决策

某政府机关想要采购一个大语言模型来处理公文咨询、政策答疑的事情，先列出来几个选项供选择，比如国际上比较领先的ChatGPT系列、国内布置的通义千问系列、深度定制的DeepSeek模型等。以前的做法可能是，拿过来比对一下这些模型在一些标准提问集上的准确率、流畅度等黑盒指标打分，选出最好的那个；而这次该政府采用了DIKWP白盒测评，并对该政府提出的若干问题进行分层测试，发现各个模型都有自己的特点，在不同的模块得分不一样，并不是某一个模型是永远的第一名。比如，ChatGPT-4o各个模块都名列前茅，是一个非常优秀的"学霸级全能选手"；另外有一款国产模型对于某些模块也有不错的表现，说明它有自身的适用场景和擅长领域，比如对于感知获取、信息获取方面的表现就很好；通义千问2.5取得了知识建构&推理模块中的第一，代表它可以较好应对一些纯知识类的题目；而DeepSeek在语义一致性、意图把握方面做得不错，但是有些复杂的逻辑推理类题目可能就会得低分。

面对这种"各有所长"的局面，采购决策者并未简单以总分排名定输赢，而是结合本机关的核心需求进行权重考量。如果政务咨询场景下知识准确性和逻辑推理至关重要，那么通义千问2.5的优势值得重视；如果要求模型综合均衡且具备优秀的自然交互能力，则ChatGPT-4o是稳妥之选。最终，他们选择了性能全面的ChatGPT-4o作为基础模型，但同时要求供应商参考DeepSeek和通义千问在特定模块的优点，对ChatGPT-4o进行定制优化，进一步加强其在政务知识和本地语言细节上的表现。这个决策过程充分体现了DIKWP白盒测评带来的洞察：决策者不再只看一个笼统分数，而是能清楚了解每个模型"会什么""不会什么"，从而匹配自身业务的刚需。

案例2　合同验收与交付

一家大型银行委托厂商为其定制一个金融领域的大模型，用于智能客服和投顾辅助。在签订合同时，银行方面明确了若干验收指标，其中不仅包括常规的客户问答正确率、专业术语覆盖率等黑盒指标，还特别增加了一项基于DIKWP白盒测评要求：模型需在数据→信息、信息→知识、知识→智慧、智慧→意图四大模块上分别达到预定的得分水平。例如，合同规定模型在"信息抽取"（数据→信息）测试中正确提取关键金融信息的准确率不低于90%；在"知识运用"（知识→智慧）决策题中综合研判能力得分不低于80分等。为满足这些要求，承接开发的厂商在开发过程中反复使用DIKWP白盒测评对模型进行打磨。他们发现初版模型在智慧应用模块上表现不理想，具体来说就是面对复杂的投资组合建议问题时，模型虽然知识丰富（知识层面分数高），但给出的方案缺乏周全考虑和长远规划（智慧层面分数低）。针对这一问题，开发团队专门增加了包含投资决策模拟的训练任务，并引入链式思维提示和规划算法，提升模型多步骤决策的能力。经过两轮迭代，模型在智慧应用模块的评分有了显著提高，最终达到了合同验收标准。

在交付验收会上，银行方面使用双方事先约定的一套DIKWP白盒测评题对最终模型进行了验证。结果显示，模型在感知与信息提取方面（如从冗长的客户描述中抓取账户余额、交易日期等）表现优秀，得分满足要求；在知识推理方面，能够根据客户风险偏好和市场数据提出合理的投资建议，展示了知识→智慧的转化能力；在意图识别方面，对于一些客户隐含意图（如试探贷款可能性），模型也能较好地识别并给出符合政策的回答。所有分项均达标后，模型顺利通过验收并投入使用。这个过程中，DIKWP白盒测评既是开发指南，又是验收准绳，保证了模型交付物名副其实地满足业务需求。

通过以上案例可以看到，DIKWP白盒测评在采购流程中具有多方面应用价值：它帮助机构选择最契合需求的模型，指导供应商或开发团队进行有针对性的优化，并作为验收标准确保最终成果符合预期。在一些前沿机构的探索中，甚至出现将DIKWP白盒测评写入招标文件或合同附件的做法，由此建立模型能力的透明规范，减少信息不对称和降低性能夸大风险。可以预见，随着DIKWP白盒测评体系逐步成熟并成为行业标准，未来机构采购AI模型将会像采购设备一样，有一套明确的白盒测评报告作为质量保证和决策依据。

10.4 白盒测评在采购过程中的流程详解

为了让读者更直观地理解DIKWP白盒测评在实际采购环节中的价值，本节将通过典型案例展示其在模型选型和合同验收中的运用方式。这些案例并非局限于某一特定行业，而是适用于多种场景，只须根据业务需求做适当调整。

10.4.1 模型选型案例

1. 背景

政府机构计划在政务服务方面引入LLM，以满足以下需求：

◎ **政务咨询：** 当居民来电或在线咨询政策、法规问题时，模型能准确回答常见问题。

- **知识库整合**：将大量分散在不同部门的政策文件和公告信息整合为可检索、可查询的知识库。
- **智能推荐**：在特定政策背景下为用户提供相应的落地方案或指导意见。

2. 做法

（1）黑盒初筛。

首先在市面上选择了三款主流中文LLM：ChatGPT-4o（定制版本）、本土研发的通义千问2.5，以及经过国内团队优化的DeepSeek。以常规问答准确率和语言流畅度作为初步标准，筛掉一些明显不合要求的模型。保留下来的三款均能达成基础问答需求，但其表现仍存在一定差异。

（2）DIKWP白盒测评机构设计了一套包含100道题目的政务场景白盒测评题库，涵盖数据→信息、信息→知识、知识→智慧、智慧→意图及层内一致性测试。测评结果如下。

- **ChatGPT-4o**：在智慧→意图层表现最佳，尤其在多回合对话中理解用户深层意图并给出灵活回答；但在本地化政策知识（信息→知识）上有时略显不足，需要自行补充本地法规和政策库才能达到高精度。
- **通义千问2.5**：在知识→智慧层（复杂政策分析、制定策略）方面评分最高，对深度政务业务需求具备良好推理能力；但在意图→意图（意图一致性）测评中，偶尔会出现对同一用户意图的多次答复不一致情形。
- **DeepSeek**：在知识→知识（知识系统化）层得分最高，对于同类政策文件的归纳、提取和结构化能力非常突出；但是在知识→智慧（跨领域推理）中表现略逊，需要更多数据进行补足。

（3）决策与定制：综合各项结果，政府机构发现如下情况。

- ChatGPT-4o较适合做对话交互和政策咨询类服务，可以满足日常政务问答和智能机器人热线；
- 通义千问2.5在策略推理层面得分高，适合进行复杂政务模拟或政策效应分析；
- DeepSeek在知识系统化方面得分突出，能有效整合分散在各部门的文档，打造高精度知识库。

最终，经过内部讨论，机构决定以ChatGPT-4o作为基座模型，用于面对公众的第一线问答；并借助通义千问2.5辅助内部高级决策和政策模拟；再通过DeepSeek来建设全局的政务知识库。每个模型发挥所长，同时在使用场景上形成互补与协同。这样的选择也来自DIKWP白盒测评提供的细节洞察，让决策者能够"各取所长"，而非简单以总分或价格评出一个"优胜者"。

10.4.2 合同验收案例

1. 背景

大型银行计划为其金融科技平台开发一款定制的大模型，目的是提升客户服务质量与投顾分析效率。该项目由银行和一家AI厂商合作进行，目标如下。

- **智能客服**：自动回应客户关于理财产品、贷款流程、账户管理等方面的查询，减少人工客服压力。
- **投顾辅助**：基于市场数据与行业报告，向理财经理或客户提供一定的投资建议或风险评估。

◎ **合规保障**：符合监管政策要求，避免输出违规或不当言论。

2. 做法

编制DIKWP白盒测评指标体系。

在项目启动前，银行就已将白盒测评纳入招标文件，要求AI厂商在合同中明确列出各项DIKWP白盒测评能力的验收指标。例如：

◎ **"数据→信息"信息提取准确率≥90%**：在银行业务文本中提取账户信息、交易金额、异常交易等关键信息。

◎ **"知识→智慧"投资策略推理能力≥80分**：应对动态市场环境，给出合理的策略规划与风险提示。

◎ **"智慧→意图"合规对齐度≥85%**：对于用户提出的高风险或违规交易请求，模型须具备自动拒绝或提醒机制，避免触犯金融监管条例。

3. 开发与微调

AI厂商基于开源预训练模型或自研模型，对银行提供的大量内部数据进行定制化训练。其间多次进行内部DIKWP白盒测评，每次发现不达标的模块后持续微调。比如，早期模型在意图识别上表现不足，对疑似诈骗或洗钱话术的识别率不高；厂商便增添"反洗钱""反欺诈"场景下的对话样本对模型进行补强。

4. 交付验收

项目接近尾声时，银行验收团队与厂商共同对模型进行最终DIKWP白盒测评。

◎ 在"数据→信息"信息抽取方面，对随机抽取的一批银行业务资料进行自动解析，结果准确率达92%，超过合同规定的90%。

◎ 在"知识→智慧"投顾策略中，模型会根据实时市场数据给出投资组合建议，并在演示测试中得分85分，符合80分要求。验收团队还应注意观察模型的推理过程是否具备链式逻辑，结论是否有理有据。

◎ 在"智慧→意图"合规上，模拟多位"客户"尝试提出可疑交易、洗钱操作或信息刺探时，模型均严格执行合规制度并拒绝配合，为交易安全保驾护航。该项测评得分为88%，也高于85%的标准。

最终，银行与厂商针对各项目标进行打分，所有能力指标均达标后，项目顺利完成交付。今后，该银行还会持续使用该测评体系进行每季度的例行检查，使模型在实际运营中得到持续"体检"和"迭代式升级"。

10.5 构建反馈认知通道

采购和部署LLM并非工作的终点，要让模型在实际应用中持续发挥价值，机构需要建立长效的反馈优化机制。DIKWP白盒测评在这方面提供了独特的支持，它不仅用于事前的测评选型，也可用于运行中的监控改进，形成模型进化的反馈认知通道。

具体来说，机构应当制订一个周期性的评估计划，定期（例如每季度）对部署中的LLM进行DIKWP白盒测评"体检"。评估可以采用一套固定题库结合动态收集的新案例。例如，从客服日志或用户提问中挑选出一些具有代表性的新问题，按照数据、信息、知识、智慧、意图五层分类，检查模型的应对是否依然正确、稳健。一旦发现模型在某方面能力出现退化或无法应对新的需求，就及时介入改进。举例来说，一段时间后银行发现其客服LLM对新出现的诈骗手法（这属于知识层的新内容）识别不力，DIKWP白盒测评显示模型在相关的信息→知识模块题目上错误率上升。针对这一反馈，团队迅速收集了近期诈骗案例的数据，对模型进行了补充训练，提升其对新型诈骗话术的识别和应对能力。下次评估时，该模块得分回升，模型重新满足了业务要求。

这个反馈通道不限于模型性能下降的纠偏，也包括正向的能力增强。机构可以根据战略需要，不断提出新的目标意图，让模型去适应更高要求。例如，一座智慧城市指挥中心最初将LLM用于简单的信息汇总（数据→信息）和知识问答（信息→知识），在取得成功后，希望模型能协助进行决策支持（知识→智慧），甚至根据决策实时调整响应策略（智慧→意图）。于是他们制订了一个逐步升级计划：每阶段给模型增加更具挑战的DIKWP白盒测评任务，并配套相应的训练优化，使模型的能力层次一步步提高。例如，从"汇总交通数据"升级为"根据交通数据优化信号配时方案"，再到"综合交通和警情数据制定应急预案"。在每一级目标下，DIKWP白盒测评都提供了清晰的检验标准和改进指引，让模型的进化循序渐进且有据可依。

要使反馈机制高效运行，机构内部应当建立相应的组织和流程。建议成立专门的模型治理或AI能力小组，负责收集业务部门对LLM的反馈，并定期组织白盒评估讨论会。在会上，技术人员根据DIKWP白盒测评结果向业务方展示模型的"能力画像"，共同研判哪些能力短板已影响业务，哪些能力提升能带来业务价值。这种闭环改进流程（业务反馈→白盒测评诊断→技术优化→再评估→反馈验证）可确保模型持续优化。正如段玉聪教授总结的那样，白盒测评贯穿LLM优化的各个环节：评估诊断问题，再微调解决问题，结合提示工程和对齐训练细化模型行为，最终通过再评估验证效果，不断循环迭代。只有充分利用白盒测评提供的深入洞察，才能实现LLM真正长期的可靠提升。

值得一提的是，反馈通道不只是人工流程，也可以寻求自动化和智能化。随着技术发展，我们可以构建监控系统实时捕捉模型交互中的异常信号，并触发相应的白盒评估。例如，当模型对用户提问出现罕见的高不确定度（生成含糊其词的回答）时，系统自动将该交互记录下来，并标注对应的数据、信息、知识、智慧、意图层面。这样积累的数据可用于定期训练模型或调整Prompt，以减少类似问题再次发生。此外，一些研究方向如"让模型自己反思"，即让模型根据DIKWP白盒测评框架评估自己的回答是否合理，也是一种有趣的尝试。如果模型能够在回答后检验自己的推理链是否连贯（智慧→智慧）、目的是否对齐（意图→意图），那么在部署时就多了一道自我校验的保险，提高输出可靠性。目前这些自反馈技术还在探索中，但与DIKWP白盒测评思想一脉相承，即通过显式的认知分解来提高AI系统的可信度。

在对LLM的采购与部署流程中，仅仅达成一次性的测评验收不足以保障项目的长期成功。随着时间推移，新的业务需求不断出现，外部环境（包括政策法规、技术变化、用户规模）不断演变，模型若缺乏持续的反馈与调优机制，则往往难以满足日益增长的应用需求，甚至会因为数据分布漂移而频繁出错。

鉴于此，许多行业领先机构开始构建"基于DIKWP白盒测评的反馈认知通道"。它不仅是一套技术方案，更是一种流程与组织设计的思路。

◎ **定期测评**：设定固定周期（如每季度或每半年）进行DIKWP白盒测评，对当前模型的DIKWP白盒测评各层能力进行重新审视。对于新上线或新扩展的模块或功能点，也可按需增加测评项目。

◎ **用户反馈映射**：将用户在实际使用过程中遇到的问题和投诉，对应到数据、信息、知识、智慧、意图五大层面进行归类。譬如，"用户投诉模型答非所问"可能归属于智慧→意图对意图的理解不足；"模型针对某类金融产品的风险评级一直偏差"则可定位到知识→智慧知识运用问题。

◎ **新数据驱动**：对收集到的新数据（如用户对话记录、新行业报告等）进行再标注，以强化针对性微调或少量持续学习。只要能把新数据准确投入对应数据、信息、知识、智慧、意图环节的优化，就能保证改进更具效率与指向性。

◎ **迭代研讨与升级**：由技术团队和业务团队定期召开研讨会，利用最新的测评结果和用户反馈数据，判定哪些环节最需优先改进。例如，如果意图→意图层在客服场景中表现失稳，应立即加强系统的意图管理和合规审查；如果知识→知识层对最新法规缺乏识别能力，则应尽快更新内置知识库。

这样的循环往复使LLM成为一个"随需而动、与时俱进"的智能资产，从而显著提升机构的数字化转型成效。尤其对那些业务高度依赖信息处理或决策支撑的部门来说，此类迭代机制可谓"维持模型竞争力的关键要素"。

综上，构建基于DIKWP白盒测评的反馈认知通道，可以让机构的LLM应用进入一种持续演进的良性循环。从短期看，它保障了模型性能的稳定和问题的及时修复；从长期看，它推动模型朝着更智能、更符合业务期望的方向发展。这种机制将成为未来AI治理和运营的重要组成部分，使大模型不像一个静态产品，而更像一个能够不断成长的"数字员工"。

10.6 总结

对于公司和机构单位而言，采购和定制LLM是一项战略性任务。本章通过引入DIKWP白盒测评，阐述了如何在这一过程中全面把控模型能力、确保采购决策科学可靠。通过DIKWP白盒测评框架，我们能够将模型的智能能力拆解到DIKWP白盒测评各层，并在每个层面进行评估和优化，从而克服传统黑盒测评的盲区，真正实现模型能力的透明化和可定制化。这种方法论的核心价值在于：让采购方清楚地知道模型哪些方面符合要求、哪些方面需要改进，并提供了明确的改进路径。DIKWP白盒测评贯穿了LLM从选型、优化到验收、部署、再优化的完整生命周期，帮助机构打造出让人放心且功能强大的AI模型。

DIKWP白盒测评为LLM的采购、定制、优化与长期维护提供了一条全新且完备的路径。它不仅能帮助机构在纷繁复杂的大模型市场中找到最契合自身需求的解决方案，还能在模型开发与交付环节充当"质量把关人",并在上线后持续为模型演进提供指引。

从实践层面来看,白盒测评与黑盒测评并非对立关系,而是相辅相成的。

◎ 黑盒测评能以较低门槛快速衡量模型在若干经典任务上的总体水平,为初期筛选和横向对比提供便捷。

◎ 白盒测评则聚焦"背后的原理和机理",透过数据、信息、知识、智慧、意图五大能力维度,帮助机构深入剖析模型短板并明确改进优先级。

要将DIKWP白盒测评真正落地,需要机构在三个方面加强投入。

◎ **测评题库建设**:为确保白盒测评结果的可解释性与针对性,需要结合行业特色与业务流程设计一套完善的测评题库,涵盖多层、多域、多形式测试。

◎ **长效运行机制**:在招标和合同中明确白盒测评标准和量化指标,让供应商也能清晰了解改进方向;同时建立定期迭代机制,将DIKWP白盒测评纳入长效运维之列。

◎ **多部门协同**:白盒测评涉及技术、业务、安全、合规等多个维度,需要IT部门、业务部门与合规部门紧密合作,如此才能让评估结果与实际业务价值形成正向循环。

对于公司与机构单位而言,引入LLM不仅是抓住一时的技术红利,更是迎来一次系统性、结构性的数字化升级机遇。只有通过DIKWP白盒测评,我们才能真正摸清大模型的"认知骨骼",从而使其更好地服务于现实需求。只有既关注模型"输出的结果",又洞察模型"思考的过程",才能将智能潜能最大化释放,最终实现高效率、高安全、高价值的智能化转型。

为帮助机构更好地实践本指南,现提出以下最佳实践建议。

◎ **黑盒+白盒,双管齐下**:在模型选型阶段,同步开展传统性能基准测试和DIKWP白盒测评。黑盒测评筛出候选模型,白盒测评则提供深层洞察,辅助做出最终决策。

◎ **明确需求,量身定制**:充分利用DIKWP白盒测评结果,描绘模型能力画像,结合业务需求确定必须达标的模块和优先优化的模块,制定清晰的定制优化清单。

◎ **合同量化指标**:在采购合同中纳入白盒测评指标,量化关键能力要求。例如,规定模型在特定DIKWP白盒测评子能力等的得分阈值,以确保供应方有的放矢地进行开发,也便于验收。

◎ **分阶段验收**:大模型项目可分阶段交付,每个阶段重点提升若干DIKWP白盒测评模块能力。验收时逐步提高标准,循序渐进地实现最终目标,降低一次性交付失败的风险。

◎ **建立反馈闭环**:组建专门团队,定期依据DIKWP白盒测评框架,复测部署中的模型,监控能力变化。将用户反馈映射到数据、信息、知识、智慧、意图层面,快速定位问题并进行迭代优化,形成持续改进机制。

◎ **注重安全对齐**:特别关注意图层面的评估,确保模型行为符合伦理和政策要求。如果意图层表现欠佳,应当通过强化对齐训练等手段改进,并在投入使用前反复验证。

◎ **关注行业标准**:持续跟进行业对白盒测评的标准化进展。比如,留意DIKWP白盒测评相关的标准提案和最佳实践。采用被广泛认可的方法,有助于与供应商及监管方形成共识,降低沟通成本。

总之,借助DIKWP白盒测评这一"透视镜",机构在采购和定制LLM时将更胸有成竹。它使模型能力的强弱清晰呈现,优化路径一目了然,极大地提升了AI项目的成功率和效能。对于希望在智能时代抢占先机的组织而言，掌握并善用这一白盒指南，无疑有助于它们选出最合适的模型，打造最贴合需求的AI助手，在数智化转型之路上稳健前行。

愿本指南能帮助更多组织少走弯路，掌握一套切实可行的白盒测评方法，也祝愿所有探索LLM之路的先行者们，在大模型时代收获更多的创新成果，实现真正意义上的价值突破。

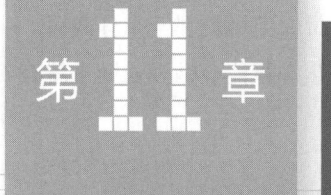

第 11 章 最佳实践与常见误区

在前几章中,详细讨论了大模型的选择要点、定制优化策略、多模型协同机制及各行业的应用案例。在实际工程项目中,只有将这些理论与实践紧密结合,形成一套完整的实施流程,才能在激烈的市场竞争中取得成功。本章旨在总结大模型应用的最佳实践,指出新手容易陷入的常见误区,并通过具体实例复盘整个项目流程,为读者提供一份详细的操作指南和经验总结。

11.1 大模型应用的十大最佳实践

本节总结了大模型应用的十大最佳实践原则，可有效指导各行业开发与部署大模型。

11.1.1 明确目标

明确目标是大模型开发和部署的重要步骤，它为项目的启动指明方向，并涉及项目的整个生命时延，让团队的工作始终围绕核心目标来开展。在项目启动前，要对应用场景进行充分调研，明确系统必须解决的问题及面向用户群体的特征，前面提到的AI家庭医生和智能金融投资助手就有着不同的目标需求。

1. 定义应用场景与目标用户

在开发大模型应用时，首先要做的就是定义应用场景和目标用户。明确应用场景，就能确定项目的边界和方向；深入了解目标用户，团队就能更好地满足用户需求，提升用户体验。实际操作时，团队务必普遍开展市场调研、用户访谈并分析需求，从而全面深入地了解目标场景和用户群体。

拿医疗健康领域的AI家庭医生来说，它的应用场景就是给患者初步健康建议，在这种场景下，目标用户可能涵盖慢性病患者、需要日常健康咨询的老人，还有关注自身健康的普通人。对这些用户而言，他们需要的可不只是一个能给出医疗建议的工具，而是一个能认识自己需求、尊重自己隐私并且给出准确建议的智能系统。所以，团队要深入了解这些用户的具体需求：他们最关心哪些健康问题，想借助何种方式跟系统互动，还有他们对隐私保护有何预期之类的。

在金融领域，智能投资助手的目的是给投资者提供精准的市场分析和投资建议，这里的用户包含个人投资者、小型投资机构和需要专业金融分析的企业。金融领域的用户不同于医疗健康领域的用户，他们更在意系统的准确性和可靠性，毕竟他们要按系统建议开展可能影响财务状况的重大决策，团队应当深入了解金融市场动态、投资者的风险偏好和他们对投资建议的预期，这样才能设计出符合这些需求的智能投资助手。

在教育培训这个领域，个性化学习导师致力于根据学生的学习进度和特点来供应定制化的教学内容，其目标用户是学生，应用场景涉及在线学习平台、学校教育系统或个人学习引导工具。学生由于年龄、学习能力、学习目标和兴趣的差异会产生不同的需求，所以团队需要深入了解各个学生群体的学习习惯、知识水平和学习目标，从而给他们带来真正个性化的学习体验。

从这些例子可看出，定义应用场景和目标用户并非简单的分类，而是需深入调研分析的复杂任务。团队要深入了解目标用户需求和应用场景特点，才可能设计出符合用户目标的大模型应用。

2. 目标导向的设计

目标定义好了以后，应当把它拆解成可量化的指标，如用户满意度、准确率、响应时间等，这些指标是评判项目是否达成的标准，也是日后发展改进的方向指引。在开发大模型应用的时候，以目标为导向去设计，是项目能够不断改进并最终取得预期成果的关键所在。

用户满意度是衡量大模型应用是否完成的关键指标之一，若用户满意度较高，就表明用户认可系统的功能、性能和用户体验。团队想要改进用户满意度，就得从诸多方面着手：如系统功能设计须贴合用户需求，这样才能保证用户利用系统来解决自身的问题；还要改进系统的性能，譬如尽量缩短响应时间，从而改善用户的使用感受；在设计系统界面和交互时，也要顾及用户的使用习惯，保证用户能轻松学会操作，并高效运用该系统。

准确率是又一关键指标，在一些对结果准确性要求颇高的应用场景当中更是如此。在医疗健康领域里面，AI家庭医生考虑的准确率同患者的健康与安全息息相通；在金融领域当中，智能投资助手所提建议的准确率关乎投资者的财务情况。所以，团队要通过持续改良模型、改进算法、优化训练数据这些途径，不断提高系统的准确率。

响应时间属于衡量大模型应用性能的关键指标，实际应用时，用户目标系统应能快速回应请求。在智能客服场景下，用户提问后就想马上得到答复；在智能写作辅助工具里，用户输入文字后就期待收获相关建议和提示。所以，团队要通过改进模型架构、削减计算复杂度、采用高效计算资源等手段着重缩短系统的响应时间。

除了前述指标之外，团队还可按照具体的应用场景及目标用户群体来界定其他可量化的指标。在教育培训这个领域当中，把学习效果的加强当作一项重要指标是可行的。借助定期评定学生的学习进程与成绩，团队就能判定个性化学习导师是不是真的有益于学习，要是学习效果有明显加强，那就表明系统的设计与改进是成功的；相反，要是学习效果并未得到明显改善，团队就得重新考量系统的功能与性能，探寻改进的路径。

11.1.2 选对模型

在开发大模型应用时，选好基础模型很关键，关乎项目能否达成目标，所选模型既决定项目起始点，又会影响后续定制改进及最终应用效果，要依照科学评价法并结合行业特点来综合考量。

1. 基于 DIKWP 能力评估的基础模型选择

大模型选型时，使用DIKWP（数据，信息，知识，智慧，意图）能力评价法，可让团队多方面把握模型性能。DIKWP评价框架供应系统的白盒测评法，分析模型在数据处理、信息获取、知识生成、智慧决策、意图领悟这五个维度的表现，团队就能更精准选出关键能力强的模型作定制基础。

在医疗健康场景当中，模型应当有很强的知识层面能力，这样才能准确处理医学术语，领悟复杂的病理关系，给出可靠的分析建议。借助DIKWP评价，团队识别DeepSeek-V3在知识层面表现不错，可以较好处理与医学知识有关的任务。不过，这个模型在意图识别上存在短缺，也许会影响到实际应用中的用户体验，于是，团队把DeepSeek-V3当作基础模型，针对它的意图识别能力做后续改进，从而更好地符合医疗健康场景的需求。

在别的领域，DIKWP评价一样可给出有价值的参照。在金融领域，模型要在逻辑推导和数据处理上表现好，才能应付复杂的金融市场剖析和风险评定事务，经由DIKWP评价，团队能挑选出在信息获取和智慧决策层面表现佳的模型，给金融业务给予更精确的支撑。

在教育培训领域，模型要在语言生成及意图对齐上灵活表现，这样才能符合个性化教学的要求。经由DIKWP评价之后，团队就能挑选在知识和意图方面表现不错的模型，再去改进它的语言生成能力，从而给出更加自然、更符合学生需求的教学内容。

借助DIKWP能力评定来选择基础模型，团队可多方面了解模型的优劣势，给后续的定制改良指明方向。这种方法优化了选型的科学性和准确性，所选模型的关键能力也能满足实际应用场景的需求。

2. 结合行业特性进行选择

不同的领域对模型能力会提出不一样的要求，要贴近实际的业务场景、数据特征及技术资源来挑选最合适的模型或创建模型，在金融领域不妨选择那些在逻辑推导和数据处理方面表现优异的模型，在教育培训领域就要求在语言生成和意图适应方面更具灵活性。

11.1.3 循序优化

如今业务环境复杂又多变，大模型定制化改良成了加强企业竞争力的一大关键要素，要想这个过程高效又有效，依照科学的方法论就特别重要。

1. 小步快跑策略

小步快跑策略的关键之处在于利用精准变量控制和工程化验证有效改进效果，这个策略非常看重变量隔离技术的使用，就是说用模块化设计思路把模型改进流程分成一个个独立的实验单元。比如说，微调的时候可以单独去检测数据改进方法（如对抗训练、回译技术）。火山引擎云原生团队靠着预置镜像和自动化生成工具大幅缩减了每次实验的部署历时，这样很大程度上改进了更迭速度。形成动态观察体系，对提高系统吞吐量、降低显存占用率等核心指标非常关键，电商企业能利用KVCache缓存命中率监测系统，优化响应速度，改善资源利用率。归因分析方法论要创建一个包含输入、输出、环境三要素关联的分析模型，准确识别生成内容质量波动的原因，金融企业可凭借MLOps平台中的因果推测模块，提升问题定位的准确性。

2. 逐步迭代

逐步迭代机制则强调闭环优化与反馈驱动的重要性。成功的优化路径需建立"测评—优化—再测评"的螺旋上升闭环。这包括多维度的测评体系，例如，质量测评中采用人工评估和自动测评相结合的方法，性能测评中设立服务水平协议指标矩阵，以及安全测评中开展动态对抗测试。

渐进式优化路径需根据模型容量和业务复杂度选择合适的优化策略：在轻量化场景下，优先使用提示词工程加检索增强生成（Retrieval-augmented Generation，RAG）技术组合；在专业化场景中采用LoRA微调加上领域对齐双轨策略；在全流程优化过程中应用PPO强化学习，实现端到端优化。持续反馈机制通过用户反馈采集、分析到落地的完整链条，帮助企业快速响应市场变化。例如，零售企业通过分析用户行为日志，发现商品推荐模型在特定时段转化率下降的问题；银行运用NLP情感分析技术，提高了客户投诉处理效率。

最后，为了支持上述策略的有效实施，需要依赖强大的工程化支撑体系。自动化调参平台能够集成超参数优化框架，支持自动化的学习率调度与早停机制，从而缩短模型调优周期。弹性部署架构允许模型动态扩缩容，并支持混合精度推理，有助于应对流量高峰。安全增强方案则通过主动防御与被动检测相结合的方式保障系统的安全性，金融模型可通过引入RLHF+KTO对齐技术减少误导性回答的比例，政务系统可利用抽象语法树（Abstract Syntax Tree，AST）解析器加语义分析引擎实现敏感信息泄露的实时拦截。

综上所述，针对大模型应用的最佳实践应当遵循循序渐进的原则，通过小步快跑策略和逐步迭代机制，辅以坚实的工程化支撑体系，不断深化与拓展优化路径，以适应日益复杂的业务需求和技术挑战。这种系统性的方法不仅有助于提高模型的性能和稳定性，而且为企业提供了灵活应对市场变化的能力。

11.1.4 评估驱动

在复杂的大模型应用场景里，要想让技术很好地落地，就得形成科学的考量体系，传统的以准确率为核心的考量模式，已经不能满足现代业务的需求。企业应该创建覆盖DIKWP全链路的立体考量框架，再加上即时检测和反馈机制，从而形成不断加强的动态闭合。这种考量推动策略不但关注模型的输出结果，还更重视决策逻辑能不能解释清楚，以及系统是不是长期稳定，这样就能给业务场景的深度适配供应可靠的支持。

1. 多维评估体系

除传统的准确率指标之外，还要采用DIKWP白盒评价法，从数据、信息、知识、智慧、意图这些层面出发，综合评定模型的表现情况。这么做不仅要关注输出是不是正确，还要重视输出背后的逻辑，从而保证模型具有充裕的鲁棒性和可解释性。

模型的评估需要突破传统黑盒思维，通过白盒测试方法深入解析模型内在逻辑。基于DIKWP框架建立的五层评估体系，能够系统揭示模型在不同层面的能力边界与潜在缺陷。在数据层，通过对抗样本攻击检测［如FGSM（Fast Gradient Sign Method，快速梯度符号方法）、PGD（Projected Gradient Descent，投影梯度下降法）］和数据分布漂移分析（如KL散度计算），企业可及时发现训练数据与真实场景的偏差。电商平台曾借助此类方法，显著提升了因节假日促销导致的数据分布异常识别效率，有效避免了推荐系统在流量高峰期的性能波动。

逻辑层的诊断依赖可解释性工具的深度应用，如SHAP（Shapley Additive Explanations，沙普利加性解释）分析、LIME（Local Interpretable Model-Agnostic Explanations，模型无关的局部可解释性描述）方法及思维链推理技术的结合，使复杂决策过程可视化成为可能。法律科技公司通过可视化模型注意力权重分布，发现其在处理跨境合同条款时存在对特定法律条款的过度依赖现象，进而通过调整训练数据权重，显著降低了条款误判率。在知识层，知识图谱嵌入技术与领域专家知识库的融合，能够有效验证模型对专业知识的掌握程度。医疗诊断平台通过构建专科知识图谱，显著提升了模型在罕见病诊断中的知识覆盖率，同时保持对常见病症的高效判断能力。

意图层的评估则聚焦于模型对用户真实需求的理解能力，可精准识别模型在复杂交互场景中的意图偏移。智能客服系统通过引入多轮对话意图跟踪技术，显著提升了用户在投诉场景下的问题解决满意度，尤其在涉及多部门协同的复杂工单处理中，意图识别准确率实现跨越式提升。这种分层递进的评估体系，不仅帮助企业在技术层面优化模型性能，更从商业价值角度确保了模型输出的可用性与可信度。

2. 实时监控与反馈

模型部署后的动态管理是评估驱动策略的重要组成部分。企业需要构建覆盖性能、内容安全、用户意图三大维度的监控体系，通过实时数据采集与智能分析实现快速响应。性能监控模块需设定严格的 SLA 指标，包括高可用性保障、低延迟约束（单次请求响应时间低于 500 毫秒）及资源利用率优化（GPU 显存占用率控制在合理区间）。金融科技企业通过部署基于 Prometheus+Grafana 的监控平台，实现了对模型推理集群的全生命周期管理，在业务峰值期显著提升了资源调度效率，同时避免了因突发流量导致的系统崩溃风险。

内容安全监控是金融、政务等敏感领域的核心需求，企业创建起 AST 解读器和语义分析引擎双层防护体系，就能够随时检测模型输出是否会泄露敏感信息。政务服务平台运用动态规则引擎技术，有害内容识别准确率处于行业领先水平，并且形成白名单机制，保证合法信息正常流转。意图检测模块依靠用户行为埋点系统和 NLP 情感分析技术，随时掌握用户在交互时情绪和需求的变化。零售企业分析用户浏览商品时的停留时延和点击热点区域，动态调整推荐策略，转化率在特定时间段内得到很大提升。

反馈机制的闭环设计是持续优化的关键。基于 Flink 流处理框架构建的数据采集管道，能够实现毫秒级用户行为日志采集与特征工程处理。物流公司通过该技术将异常订单识别时效从小时级压缩至分钟级，配合 Chat GPT-4V 等大模型评估器的自动化根因分析能力，显著提升了问题定位效率。策略优化层则通过灰度发布与 AB 测试机制平衡创新风险与收益。视频平台在上线新推荐算法时，通过多维度将用户流失率控制在极低水平，同时实现了点击率的大幅提升。这种从数据采集到策略落地的完整闭环，确保了评估驱动的策略能够快速响应市场变化与用户需求。

11.1.5 数据为王

在人工智能技术快速迭代的今天，数据作为大模型训练的核心"燃料"，其质量与多样性直接决定了模型的上限。无论是通用型大语言模型还是垂直领域专用模型，构建高质量、可持续的数据生态已成为企业数字化转型的关键战略。这种数据驱动的优化范式正在重塑企业的技术竞争力——从数据采集到治理，再到智能化应用的全链路革新，已成为大模型时代不可回避的课题。

1. 高质量训练数据

数据是大模型优化的基础，企业必须投入足够资源来准备高质量、具有代表性且无偏向的数据。特别在知识类应用中，数据必须不断更新，以防过时。

高质量训练数据是大模型迈向实用化的基石。在金融风控场景中，企业曾因训练数据中缺失小微企业商户的交易特征，导致模型对新兴业态的风险识别准确率明显偏低。这一问题暴露出数据质量管理的三大核心挑战：一是数据噪声过滤技术需结合业务逻辑设计，例如，在医疗影像标注中引入交叉验证机制，通过多专家复核，显著降低了标注错误率；二是数据完整性保障需构建多源数据融合体系，电商平台通过整合用户行为日志、商品评论、物流信息等多模态数据，显著提升了推荐系统的场景适应性；三是知识时效性管理在垂直领域尤为重要，法律咨询系统需建立法规数据库的季度更新机制，避免由于政策变动导致模型知识滞后。

数据质量评估体系的建设同样需要创新方法论。传统准确率指标已无法全面反映数据价值，需构建包含数据覆盖率、标注一致性、领域代表性、伦理合规性在内的多维评价矩阵。自动驾驶企业通过引入数据指纹技术，对训练样本的时空分布偏差进行量化分析，发现夜间场景数据占比不足导致模型在复杂光照条件下的决策失误率显著升高，随后通过合成数据增强将场景覆盖率显著提升。这种从数据源头把控质量的实践，使模型在真实路测中的安全性指标实现跨越式提升。

2. 数据多样性与扩充

单一数据源的局限性可能导致模型陷入"认知茧房"。客服中心部署的意图识别模型初期采用历史工单数据训练，但在面对新型诈骗话术时，准确率骤降。这一案例揭示了数据多样性的重要性——通过引入网络舆情数据、社交媒体对话记录等多源异构数据，模型能够建立更全面的负面意图识别框架。实践中，数据增强技术（如回译、数据混洗）可显著提升少数类样本的识别精度，而跨领域迁移学习则帮助医疗诊断模型吸收影像科以外的临床数据特征，显著增强了罕见病筛查能力。

在构建多元化数据集时，需注意平衡数据规模与质量的关系。金融科技公司的经验表明，过度追求数据量可能导致噪声累积，而精细化的数据筛选流程反而能带来模型性能的跃升。他们通过建立三层数据过滤机制，第一层去除明显错误样本，第二层消除重复冗余数据，第三层进行领域专家人工审核，最终显著提升了有效训练数据的占比。这种质量优先的策略，使反欺诈模型的F1值较纯数量驱动的方案提升显著。

11.1.6 融合专业知识

在通用大模型能力逼近技术瓶颈的当下，深度融合行业专业知识已成为突破应用边界的关键路径。无论是金融、医疗还是法律等强合规领域，单纯依赖公开数据训练的模型，往往面临专业性不足、规则适配困难等问题。通过构建领域知识库、集成行业工具链、嵌入业务规则体系，企业能够打造出兼具通用智能与专业深度的智能系统，这种知识驱动的优化范式正在重塑大模型的价值创造逻辑。

1. 利用领域知识库

专业知识的系统化沉淀是提升模型专业性的核心支撑。在金融领域，投行构建了涵盖全球千万条债券发行条款的结构化知识库，通过将法律文本转化为图谱节点关系，显著提升了违约风险评估模型的预测精度。这种知识库不仅包含显性规则，还整合了隐性经验，形成了多维度的决策依据。在医疗行业，通过构建包含百万级电子病历、五千种药品相互作用的非结构化知识库，显著提升了辅助诊断模型的专科覆盖率，特别是在罕见病领域，知识库的引入使模型推荐治疗方案的成功率大幅提升。

知识库的构建需要攻克两大技术难点：多模态数据融合与动态更新机制。法律科技公司通过构建文档解析引擎，将纸质合同、司法判例、政策文件等异构数据统一转化为向量表示，建立了跨模态知识图谱。该图谱采用层次化更新策略，核心法规每季度进行全量校验，典型案例每月进行增量补充，使知识库的时效性保持在行业领先水平。这种动态治理体系显著提升了模型对法律条文的引用准确率，尤其在新型金融衍生品领域，知识库的实时更新能力帮助模型快速适应监管政策的变化。

2. 工具与规则集成

专业知识的落地需要与外部工具形成有机协作。在金融科技场景中，支付平台将芝麻信用评分模型与外部征信数据库深度集成，通过API实时对接百行征信数据，显著提升了模型对高风险用户的识别效率。这种集成不仅体现在数据层面的打通，更涉及计算逻辑的融合——模型在生成信用评估报告时，会自动调用知识库中的行业标准权重表，以确保评分结果符合监管要求。

规则引擎的嵌入是实现专业性落地的另一关键因素。保险公司的智能核保系统通过将IFRS 17会计准则、精算模型参数、历史理赔数据三类规则封装为可调用插件，使模型在处理复杂保单时，能自动校验条款合规性并调整赔付逻辑。这种规则驱动的架构设计，在保持高自动核保率的同时，大幅降低了人工复核的需求。在医疗领域，临床决策支持系统（Clinical Decision Support System, CDSS）通过集成药品禁忌证知识图谱与循证医学指南，使模型推荐的诊疗方案符合最新的临床路径要求，该系统显著降低了抗生素滥用发生率。

11.1.7 注重用户反馈

在人工智能技术深度融入业务的当下，用户反馈已成为大模型持续优化的核心动力源。无论是通用型应用还是垂直领域的解决方案，仅依靠初始训练数据构建的模型都难以适应动态变化的业务需求与复杂场景。通过建立用户交互日志的实时采集系统、构建多维度的反馈分析框架，并在高风险场景中引入人工复核机制，企业能够实现模型能力的螺旋式提升，同时在合规性、安全性与用户体验之间找到平衡点。这种以人为中心的技术迭代范式，正在重塑大模型时代的开发哲学。

1. 反馈驱动持续改进

用户交互数据是模型自我进化的"生命线"。在电商推荐场景中，平台通过分析用户点击、加购、弃购等行为日志，构建了包含多种维度的用户兴趣画像矩阵。利用Flink流处理框架实现毫秒级数据实时处理后，模型能够动态调整商品排序策略，在特定促销周期内显著提升了转化率。这种闭环反馈机制不仅解决了冷启动问题，更通过持续的行为追踪发现了用户兴趣迁移的规律，例如，母婴品牌用户群体在孕期不同阶段的搜索偏好变化，为精准营销提供了全新的数据视角。

反馈驱动的优化需要全面的技术工具链支撑。基于NLP的情感分析引擎可以从用户评论中提取情感极性倾向，智能家居企业通过分析用户对语音助手的负面反馈（如指令识别失败率较高），定位到方言识别模块的薄弱环节，随后通过迁移学习引入地方语言语料库，使方言指令识别准确率大幅提升。更值得注意的是，RLHF框架的引入使模型能够将用户显性的纠正行为（如修正生成内容）转化为参数优化的直接依据。内容生成平台通过建立用户评分—奖励机制，使模型在法律文书撰写中的合规性指标显著提升，同时保持创作效率的稳定。

2. 建立人工审核机制

在医疗诊断、金融风控等强合规领域，单纯依赖模型输出的决策机制存在重大风险。医院部署的辅助诊断系统采用"模型初筛+双人复核"机制，系统生成的疑似病例报告需经主治医师与AI专家联合评审，通过引入DICOM影像三维重建技术与自然语言描述的交叉验证，将误诊风险控制在极低水平。这种人机协同模式不仅满足了监管要求，更通过专家的经验注入弥补了模型对罕见病症认知的短板。

人工审核机制的设计需要兼顾效率与可靠性。金融机构构建的智能信贷审批系统，将AI生成的信用评估报告与人工复核流程深度绑定：系统通过知识图谱关联申请人、企业、担保方等多维度数据后，自动触发不同层级的复核程序。对于高风险申请，需经初审员、风险控制官、合规专家三级审核，通过引入区块链存证技术确保审核记录的不可篡改性。这种分层审核机制使信贷审批时效明显提高，同时将不良贷款率控制在行业低位。

11.1.8 保证安全与伦理

在人工智能技术加速渗透各行业的今天，大模型的安全与伦理问题已成为企业不可回避的核心议题。从生成有害内容到侵犯用户隐私，从算法偏见到合规风险，这些挑战不仅威胁企业声誉，更可能引发系统性风险。建立覆盖技术防御、制度约束和文化建设的全方位管理体系，已成为大模型应用的必然要求。

1. 内容安全边界

构建内容安全防线需从数据源头到应用终端建立多层屏障。在训练阶段，社交平台通过构建包含数亿条标注样本的"安全知识图谱"，将暴力、歧视等有害内容的识别准确率提升至行业领先水平。该图谱采用动态更新机制，每周自动抓取网络热点事件并更新语义规则库，使模型对新型网络用语的识别响应速度明显加快。在推理阶段，多级审核机制的建立至关重要：新闻资讯平台采用"AI初筛+人工复审+专家终审"的三级流程，使虚假信息拦截率显著提升，同时显著降低审核成本。

关键技术突破为内容安全提供新思路。基于对比学习的生成内容检测模型（如GAN判别器）能够有效识别模型自动生成的违规内容，游戏平台通过部署此类技术，大幅提升了作弊行为识别准确率。联邦学习框架的应用则实现了敏感数据"可用不可见"，医疗影像平台通过联邦审核机制，在不共享患者原始数据的前提下完成病灶识别模型的合规性验证。

2. 伦理与法规遵循

在医疗、金融等强合规领域，构建符合行业特性的治理框架是生存底线。金融机构建立的"三道防线"体系值得借鉴：业务部门负责需求合规性初审，科技部门实施技术风险评估，审计部门进行定期穿透式检查。这种分层治理模式使模型开发周期显著延长，却将合规风险事件发生率显著降低。

数据隐私保护需要技术创新与制度设计的双重保障。电商平台通过部署同态加密推理引擎，使用户行为数据在加密状态下完成特征提取，既满足了GDPR的合规要求，又能将推荐系统准确率保持在行业高位。在医疗领域，HIPAA合规框架的落地需要建立患者数据脱敏流水线，基因检测公司通过引入差分隐私技术，将个体基因信息泄露风险降至理论下限。

伦理审查机制的完善正逐渐成为行业共识。人工智能研究院设立的"算法伦理委员会"由法律专家、社会学家和技术工程师组成，其对面部识别系统的审查包含公平性测试（如不同人种识别误差率对比）、透明度评估（如决策逻辑可解释性评分）等多个维度，使系统上线前的伦理风险排查效率大幅提升。

11.1.9 成本效益平衡

在人工智能技术快速普及的背景下，如何在性能提升与成本控制之间找到平衡点，已成为企业部署大模型时面临的核心挑战。无论是初创公司还是行业巨头，都需要建立科学的成本效益管理框架，通过技术创新与资源优化实现技术投入的可持续回报。这种平衡不仅关乎企业短期的财务健康状况，更是决定大模型能否规模化落地、长期保持竞争力的关键因素。

1. 降低计算与部署成本

在追求高性能的同时，企业要关注资源投入和运营成本。可利用模型蒸馏、剪枝等技术降低计算需求，或采用多模型架构在保证效果的前提下节省成本。

模型轻量化技术的突破性进展正在重塑大模型的部署范式。模型蒸馏通过知识迁移将大型预训练模型的参数规模缩减到原模型的1/10至1/100，却能保留90%以上的核心能力。医疗影像分析平台采用知识蒸馏技术后，推理服务器的显存占用率大幅降低，单张CT影像的处理成本显著下降，使基层医疗机构能够以较低成本接入先进的AI诊断系统。剪枝技术则通过移除冗余参数和计算分支，在模型体积减小的同时加速推理进程。自动驾驶公司通过结构化剪枝显著降低了模型计算量，在车规级芯片上实现了实时决策响应，大幅降低了硬件采购成本。

多模型架构设计为资源优化提供了新的可能性。在推荐系统领域，电商平台构建了"通用模型+领域专家模型"的混合架构，通用模型处理基础需求，领域模型针对特定商品类别进行微调。这种架构使整体计算成本大幅降低，同时保持推荐精准度处于行业领先水平。在自然语言处理场景中，基于检索增强生成的混合架构，通过调用外部知识库替代部分模型参数计算，显著降低了响应延迟，同时大幅减少了训练数据需求。

分布式训练与推理技术的演进进一步释放了成本优化空间。云计算服务商通过构建跨地域分布式训练集群，将千卡级模型训练时间从数周压缩至数小时，同时利用电力峰谷电价策略显著降低了能耗成本。在推理阶段采用的边缘计算架构，通过在终端设备本地运行轻量级模型，大幅减少了云端服务器负载，智能安防系统的部署成本也因此大幅降低。

2. 动态预算控制

及时观察与智能调度系统是动态预算控制的关键技术支撑，金融科技平台形成了含CPU利用率、GPU显存占用率、网络带宽消耗等数种指标的观察看板，并经由机器学习算法来预测接下来30分钟的资源需求变动情况。一旦察觉到非高峰时段存在算力闲置现象，系统就会自动打开模型参数压缩任务，从而突出加强资源利用率，这种动态调度机制可显著削减年度IT支出，还能把模型更新频率从按季调整为及时更新。

成本预测模型的应用给企业带来了具有前瞻性的决策参考，零售企业所部署的人工智能激发预算管理系统，借助整合历史资源消耗数据、业务增长趋势、市场竞争动态等立体度信息，可以提早预测不同业务场景之下的算力需求，在促销时段，这个系统会动态调整推荐模型资源的分配，这样做使服务器成本大幅下降，转变率也得到了明显改善。

资源回收与复用机制的创新显著提升了成本效率。AI实验室开发的模型组件交易市场，允许企业将训练过程中淘汰的中间模型或参数模块进行二次交易。新药研发机构通过出售实验失败的模型参数给初创企业，不仅获得了额外收入，还降低了整体研发成本。这种资源共享机制使行业整体的算力利用率显著提升。

11.1.10 拥抱开源生态

在人工智能技术快速迭代的今天，开源生态已成为大模型开发者的核心创新源泉。从底层框架到应用层工具，开源社区持续输出的技术成果不仅显著降低了开发门槛，更为企业提供了快速追赶技术前沿的捷径。无论是初创公司还是行业巨头，深度参与开源生态建设已成为构建技术竞争力的关键战略。通过有效利用开源项目的代码、文档和社区资源，企业能够在保障技术自主性的同时，实现研发效率的指数级提升。

1. 跟进最新开源成果

开源框架的快速迭代加速了技术普惠。以Transformers库为代表的开源基础模型，通过模块化设计实现了模型架构的即插即用。电商平台通过集成HuggingFace开源社区的最新预训练模型，将商品描述生成模型的开发周期从三个月缩短至两周。这种技术普惠性在垂直领域表现得尤为显著——医疗影像分析平台通过复用MONAI开源工具链，显著压缩模型训练时间，同时显著降低算法开发成本。

社区驱动的创新模式打破了技术壁垒。深度学习框架如PyTorch，通过活跃的社区贡献机制，不断优化模型并行训练、分布式推理等核心功能。自动驾驶公司通过参与TensorFlow开源项目的代码审查，直接获取了多模态数据对齐的优化方案，显著提升了模型在激光雷达与摄像头融合推理中的效率。这种开放共享的模式使中小企业能够平等地获取顶尖技术资源，加速了行业整体技术水平的提升。

开源工具链趋于成熟，明显提升了开发效率，LangChain之类的新型开源框架经由抽象化知识反映和检索逻辑，使开发复杂多模态应用不再困难重重。法律科技企业依靠LangChain塑造了法律问答体系，并结合诸多开源法律文档分析工具，大幅缩减合同审查系统的开发历时，而且把错误率把控在行业前列水准。

2. 灵活迁移与升级

版本管理成了技术升级的关键环节，开源项目极速发展的时候，金融科技平台运用语义化版本控制策略，大幅削减了模型依赖库的版本冲突率。经由形成自动化依赖检测系统，开源项目发布新版本之际，它就能提早察觉潜在的API适配性问题，保障核心业务系统在升级期间保存稳定，这个策略让技术团队把精力从应急修正变成自发规划，极大提升了技术储备的可持续性。

11.2 常见误区警示

在大模型的应用进程里，新手及缺乏经验的开发者很容易步入某些常见的误区。接下来会逐个剖析这些误区带来的损害，而且给出避开它们的办法。

11.2.1 盲目迷信参数规模

如今，大模型应用极速普及，很多开发者在考察技术时极易走进认知误区，这些误区既会影响模型的效果，又可能造成资源浪费，甚至带来业务风险。拿"盲目迷信参数规模"来说，这种情况在初创企业和正在转型的传统企业里特别明显，开发者常常把参数量级当作衡量模型能力的唯一标准，觉得参数规模越大就越好，但是轻视了模型要适应具体场景的需求，这样的认知偏差在应用的时候会产生一连串的反应。

这类误区的危害体现在许多层面，第一，计算资源错配会大幅提升技术成本；第二，模型过度复杂可能引发部署环境出现协调问题，比如，金融科技公司在私有云环境部署千亿参数模型时遇到内存不足、显存带宽瓶颈等技术难题，最后只能重新创建整个基础设施架构，越发严峻的是，参数规模和实际业务需求并非呈正相关，这可能造成模型性能好像改善，实则不然。

避免此类误区需要建立科学的技术选型方法论。基于DIKWP白盒测评框架，开发者可以从数据、信息、知识、智慧、意图五个层次对模型进行全面评估。例如，在金融风控场景中，除了关注模型对违约数据的学习能力（知识层），更要检验其对新型欺诈模式的识别逻辑（智慧层）。这种认知偏差还可能衍生出其他技术陷阱。例如，在模型压缩过程中，过度追求参数削减可能导致关键特征信息的丢失。解决此类问题需要引入动态评估机制，在压缩过程中持续监测关键指标的波动情况。

在实际应用中，建立技术—业务的协同决策机制至关重要。这种协同模式不仅降低了技术风险，更实现了业务价值与技术能力的有机统一。随着大模型技术向垂直领域深度渗透，开发者需要建立更全面的认知框架。参数规模只是模型能力的众多影响因素之一，业务场景的特性、数据质量的基础、部署环境的要求等因素同样具有决定性作用。这种转变标志着大模型应用从"参数竞赛"向"场景驱动"的范式转变。

11.2.2 忽略上下文长度约束

大模型在处理多轮对话或长文档的时候，上下文长度有限制，这个限制会影响到它的性能，很多开发者做应用的时候，太看重模型参数规模和推导速度，却没好好管理输入信息的完整性。这种错误的认识也许会造成回答逻辑断档或信息遗漏，还可能让用户不再信任，这样就直接影响到业务目标能不能完成。接下来从技术原理、应用实例和解决办法这三个方面，详细探讨一下这个误区到底有哪些危害，又该怎么应对。

从技术角度分析，大模型的上下文长度限制主要是由底层架构设计所导致。以Transformer模型为例，由于自注意力机制的计算复杂度随序列长度呈平方级增长，因此过长的上下文会导致内存占用率激增、计算效率大幅下降。在实际业务场景中，开发者常常面临保持对话连贯性和避免超出模型处理能力之间的两难选择。例如，在多轮对话场景中，智能客服系统因未设置上下文长度阈值，在第五轮对话时突然中断，迫使用户不得不重新描述问题。这不仅降低了服务效率，还会引发用户的不满情绪。类似的，在长文档处理场景下，法律文书分析模型要是仅提取首尾部分内容进行摘要，就会忽略核心条款间的关联性，进而导致法律风险评估出现重大偏差。在医疗问诊场景中，要是模型不能完全获取患者的主诉、病史等信息，就很可能给出片面或错误的评价建议，进而引发医患纠纷。

这些隐性的技术风险包括上下文碎片化陷阱和状态记忆丢失。强行截断长文本会使模型陷入"局部最优"，如金融舆情分析中仅保留部分评论片段可能导致市场趋势判断失误。此外，对话系统若未设计合理的上下文刷新机制，可能会混淆新旧对话轮次，造成误解或误判。

为了解决上下文长度限制的问题，开发者需要从数据预处理、模型优化、架构设计三个层面构建系统性解决方案。首先，采用动态切分与滚动窗口策略，通过基于语义单元的智能分段，在保证信息完整性的同时降低计算负载。例如，搜索引擎利用依存句法分析技术拆解长查询，滑动窗口机制则适用于时间敏感型场景，实时调整窗口大小以适应不同需求。其次，长上下文模型的发展带来了突破性进展，如MoE技术通过动态路由机制分配计算资源，使模型既能处理长上下文，又能降低能耗。结合外部知识库的检索式回答范式也成为主流方法之一，当模型检测到超出当前上下文容量的专业术语时，就会自动调用知识库进行补充检索。最后，系统级优化策略包括分级缓存机制和上下文蒸馏技术，前者用于存储高频交互上下文和用户兴趣画像，后者通过训练摘要模型提取长文本核心语义，在提高处理效率的同时确保信息完整性。

11.2.3 缺乏充分测评就上线

"缺乏充分测评就上线"是企业数字化转型中的一个致命隐患。这种误区不仅可能导致对模型性能的虚假承诺，还可能引发一系列严重的业务风险，从技术缺陷到伦理危机，再到用户体验的彻底崩溃及法律合规问题，其负面影响贯穿于整个技术生命周期。以下将从技术本质、场景化风险及解决方案三个维度展开深入探讨。

理解大模型测评的技术本质至关重要。与传统软件系统相比，大模型更加复杂，其测评需覆盖算法、工程、业务三个层面。开发者常见的认知误区包括迷信预训练模型"开箱即用"能力，忽视微调后的适配性验证；片面追求BLEU分数等离线指标而忽略真实交互逻辑；认为经过基础训练即可满足安全需求，从而忽视对抗样本攻击等新型风险。例如，在医疗诊断中，未经临床验证就直接上线的AI影像系统导致肺结节良恶性判断错误率显著上升；在金融风控场景下，未通过压力测试的信贷模型在市场波动时违约预测准确率骤降；在法律咨询领域，缺少多语言测试的助手会因文化语境误解给出错误建议。此外，如技术债务积累、合规性灾难及品牌信任崩塌等隐性风险同样不容忽视。

为解决这些问题，构建一套覆盖开发、测试、部署全生命周期的测评体系显得尤为重要。这一体系需要从分层测评架构设计、混合测评机制创新及持续验证技术体系三个层面进行突破。单元级测试可以采用基于Diffusion的生成式测试框架自动构造边界样本；系统级验证则要求在特定领域引入"金标准"对照测试，确保模型输出的一致性；对抗性测试工具的应用能够增强模型的鲁棒性。自动化测试矩阵、人工测评规范及用户众测计划构成了混合测评机制的核心部分，有助于提高测试效率和准确性。在线学习监控、知识图谱追溯和混沌工程实践则是持续验证技术体系的关键组件，它们共同作用以确保模型在实际应用中的稳定性和可靠性。

进一步地，企业需要建立一个由技术防线、流程防线和文化防线组成的"三重防线"治理体系。技术防线涉及自动化测试平台的部署；流程防线强调测评环节纳入CI/CD流水线，并设置严格的测试门禁；文化防线则通过红蓝对抗演练等方式培养工程师的测试意识。在技术选型方面，建议采取分阶段验证策略，包括初期核心算法验证、中期私有环境下的压力测试和合规审查，以及后期的真实世界试验。

11.2.4 过度拟合

意图"过度拟合"是大模型微调阶段最典型的技术陷阱。这一现象虽然使模型在特定场景中表现出色，但由于缺乏泛化能力，在真实环境中可能导致灾难性的后果。本节将从技术本质、场景化风险及解决方案三个维度深入探讨这一问题，并结合行业实践提出防御策略。

首先，剖析过度拟合的本质是理解这一误区的关键。在大模型微调过程中，开发者往往倾向于认为数据量的增加可以提升模型性能。然而，当训练数据与实际应用场景存在分布差异时，模型可能陷入"记忆性学习"，而非真正具备理解和处理数据的能力。这种过度拟合带来的危害不仅在于技术层面，还具有深远的业务影响。例如，自动驾驶公司在封闭园区测试表现优异的模型，在复杂城市道路部署后因未见过某些特殊场景（如暴雨天逆光行驶），事故率显著增加；金融风控模型由于过度拟合历史交易数据，未能识别新型洗钱手法，在监管检查中被判定为无效；推荐系统由于训练数据偏向某一类用户群体，在新市场推广时出现推荐内容与用户兴趣严重不符的情况，导致用户投诉激增。此外，隐性风险如数据污染和模型衰减等也逐渐显现，进一步加剧了问题的严重性。

为了应对这些挑战，必须采取一系列技术创新和实践路径。首先，数据治理范式的革新至关重要。采用数据增强技术、联邦学习框架及主动学习机制，可以在保护隐私的同时扩大训练数据集，提高模型的适应性和准确性。例如，通过DiffusionModels生成合成病理图像，提高了对罕见病特征的识别率；利用联邦学习整合多数用户行为数据，构建跨区域适用的推荐模型，部署主动数据采集系统动态优化训练样本，提升了方言识别准确率。其次，验证体系需要结构性升级。建立动态验证架构，包括单元级对抗性测试、系统级多模态验证和业务级真实场景测试，以确保模型能够在各种条件下稳定运行。同时，持续监控技术的应用使实时追踪模型健康度成为可能，一旦发现过度拟合趋势即可自动触发相应措施进行调整。最后，创新模型迭代机制也是解决过度拟合问题的重要手段。知识蒸馏与压缩技术配合模块化更新策略，能够在有效减小模型规模的同时不牺牲其性能，同时保持灵活性，以便快速响应法规或业务需求的变化。

11.2.5 忽视用户反馈

意图"忽视用户反馈"成为阻碍大模型价值释放的关键瓶颈。这种现象不仅会导致模型性能的持续退化，还可能引发用户信任危机和商业价值流失。从技术缺陷到生态崩塌，其危害链条直指企业数字化转型的基础。以下将从技术本质、场景化危害及解决方案三个维度深入探讨这一问题，并结合行业实践揭示防御之道。

了解"忽视用户反馈"的技术本质至关重要。大模型的"黑箱"特性与用户反馈的"明箱"需求之间存在天然矛盾。开发者往往陷入"技术完美主义"的误区，认为预训练模型已经足够智能，从而忽视了真实应用场景中用户需求的动态变化。仅仅依赖实验室条件下的测试结果是远远不够的，必须重视并有效利用实际应用中的用户反馈。在场景化危害方面，忽视用户反馈可能导致一系列连锁反应。用户体验崩塌是最直接的表现之一，业务价值断层则表现为付费用户转化率下降，如法律咨询平台由于没有建立有效的用户纠错通道，导致新型合同条款处理错误率居高不下。认知偏差放大是指某些社交平台上的对话机器人由于未能分析用户的情感倾向，继续使用官方话术回应负面情绪，从而加剧了用户群体间的对立情绪。合规性风险升级则是另一个重要方面。

针对上述挑战，构建有效的解决方案需要从用户反馈系统的架构设计、深度反馈分析技术及 RLHF 与人工审核协同机制三个方面入手。首先，用户反馈系统的架构设计，包括多模态日志采集和实时处理引擎的部署。其次，深度反馈分析技术的应用可以极大地提升问题分类的准确性。例如，采用 BERT+LSTM 混合模型进行情感计算与语义分析融合；同时，知识图谱驱动的反馈关联能够自动归类相似问题并关联解决方案，提高解决效率。最后，RLHF 与人工审核的协同机制有助于确保模型更新既符合用户需求，也遵循专业规范。

11.2.6 安全与伦理风险

意图"安全与伦理风险"已成为大模型应用中最具挑战性的治理难题。开发者往往陷入"技术优先"的误区，忽视了内容安全边界和伦理约束，这可能导致灾难性的后果，从生成歧视性内容到引发国际舆论危机，其危害链条直接威胁企业的生存底线。以下将从技术本质、场景化危害及解决方案三个维度进行深入剖析，并结合行业实践揭示防御之道。

首先，理解安全与伦理问题的技术本质至关重要。大模型的"黑箱"特性和开放域生成能力构成了双重风险：一方面，预训练模型可能继承训练数据中的偏见，如种族或性别刻板印象；另一方面，生成的内容可能违反文化禁忌或政治敏感规则。其次，在场景化危害方面，忽视安全与伦理考量会带来一系列连锁反应。业务连续性风险表现为合规检查失败带来的巨额罚款；品牌信任崩塌则是因为社交平台上 AI 推荐算法放大仇恨言论而导致用户大规模抵制；法律合规危机涉及患者数据泄露等严重事件，使企业面临集体诉讼和巨额赔偿。此外，隐性风险包括算法偏见放大、文化认知冲突和技术债务累积等，这些问题会进一步加剧企业的困境。

针对上述挑战，构建有效的解决方案需要从技术创新、伦理治理及人机协同防御体系三个方面入手。首先，安全防护的技术突破包括部署多模态过滤和实时语义分析，以提高动态内容审核效率，以及利用 GAN 和语义扰动防御增强模型对有害内容的鲁棒性。其次，伦理治理方面的改进应用也非常重要，创建由跨学科专家合成的伦理审查委员会，制定包含模型开发、部署、更新各个阶段的 AI 产品生命时段伦理准则，保证技术应用符合伦理规范。开展文化适应性检测，激发可解释性，做好合规设计，有益于识别并修正潜在的伦理风险。最后，构建人机协同防御体系是保障安全与伦理的重要措施。通过设立三级复核机制（一级自动拦截、二级 AI 审核、三级人工复审），能够有效提升有害内容的拦截率，同时降低成本。此外，在数据标注、模型训练及部署的各阶段嵌入伦理考量，例如，使用伦理损失函数和设置伦理熔断机制，确保在出现高风险输出时自动降级服务，以此维护系统的安全性与公平性。

11.3 策略复盘

在前述章节中，分别介绍了模型选型、定制优化、多模型协同及各行业的应用案例。下面通过两个简短实例，复盘整个实施流程，帮助读者系统认识项目整体流程。

下面是"医疗健康领域的AI家庭医生"部分的详细展开，将从背景介绍、流程复盘的每个环节逐步深入讨论，并在每个环节中结合实际案例、数据和技术细节进行详细说明，最后总结复盘启示，力求为读者提供一个完整、系统且具有强操作性的实践指南。

11.3.1 AI家庭医生在医疗健康领域的应用

1. 背景简介

我国医疗资源分布不均衡，基层医疗服务能力短缺的问题越发凸显，互联网医疗平台就想借助人工智能技术减轻医生初诊负担，提升医疗服务效率和覆盖率。近年来，数字化医疗和远程医疗的概念逐渐深入人心，在这一背景下，知名互联网医疗平台决心构建一套AI家庭医生系统。该系统主要目标是为用户提供7×24小时的健康咨询服务，通过人工智能辅助实现初步的疾病判断和健康指导，从而在一定程度上缓解基层医疗资源紧张、提高就医效率，同时为用户提供及时、科学的健康建议。

传统医疗咨询主要依赖专业医生进行面对面诊断，然而面对大量常见病症，医生往往面临初诊压力过大、接诊效率低下的问题。另外，由于患者与医生之间在疾病理解上存在信息不对称，很多时候医生需要花费大量时间进行初步问诊，排查可能的病因。而AI家庭医生系统的出现正是为了解决这一痛点：通过运用大模型强大的自然语言处理与知识整合能力，将初诊环节自动化、标准化，使医生可以将更多精力集中在疑难病例和深度诊断上。与此同时，AI家庭医生系统还可以提供全天候健康咨询，特别适用于慢性病管理、常见症状问诊和健康科普，为广大用户提供便捷及时的健康指导。

2. 流程复盘

在构建AI家庭医生系统的过程中，建立了一整套从目标明确到部署反馈的闭环流程。下面将详细展开每个环节的具体内容及技术实现细节。

（1）目标明确

项目启动之前，平台团队率先举行战略规划会议，明确创建AI家庭医生系统的主要目标。会上，团队确立了三个核心目标：

◎ 减轻医生初诊的负担，如果平台凭借AI系统承担起常见病症的初诊任务，医生就会有更多的时间去处理疑难病症，借助初步的疾病筛查及风险提示，可以减轻医生应对众多重复性问题时的压力。

◎ 提升健康咨询的效率，AI系统须做到及时、准确地回应问答，保证用户在各个时段均能获取有效的健康咨询服务，要完成的目标是在用户输入之后较短时间内给出科学、详细的答复，从而改善用户的体验感和满意度。

◎ 确保回答准确、科学，医疗领域关乎人的生命健康，所以系统给出的答案应当按照权威医学文献和临床指南。项目组要求全部回答均要以数据作为支撑，逻辑严谨，必要时还要附上风险告知，保证答案只是供人参考，最终作决定还是要听医生的。

为达成前面提到的目标，项目组制定了详尽的指标体系，其中涉及回答准确率、响应速度、用户满意度、知识引用率、逻辑推测得分等等。团队也明确了各阶段的验收标准与考量机制，让每个环节都有清晰的目标指向，方便后续改进。

（2）模型选择

凭借DIKWP白盒测评报告，团队全面评定了诸多模型，发现DeepSeek-V3在知识广度上表现出色，是塑造AI家庭医生系统很好的基础模型，确切地说，DeepSeek-V3在数据感知和知识方面优势明显，能包含多数常见医学知识与临床指南。不过，测评也发现，DeepSeek在意图识别和推测复杂症状时有不够，于是，团队决定选定基础模型之后，针对意图识别的薄弱之处制定后续改进方案。

在模型选择过程中，团队综合考虑了以下因素：

◎ **知识覆盖能力：** 选择能提供广泛医学知识支持的模型。

◎ **逻辑推理能力：** 确保模型能在多步推理任务中输出合理诊断建议。

◎ **响应速度与部署成本：** 平衡模型性能与实际运行成本，确保系统在高并发情况下依然高效响应。

◎ **扩展性与定制性：** 选择开放程度高、便于二次开发与微调的模型，为后续定制化优化留足空间。

最终，DeepSeek-V3被选为基础模型，并将通过微调和提示工程进一步弥补其在意图识别上的短板，同时结合外部医学知识检索模块，形成多模型协同工作模式。

（3）定制与微调

①数据准备。

在构建AI家庭医生系统过程中，数据是定制化优化的基础。项目组从权威医学数据库、国内外公开医学文献、临床病例报告及平台历史问答中收集了大量数据。这些数据包括但不限于：

◎ **权威医学文献与指南：** 从PubMed、CDC、WHO及国内医院临床指南获取数据，确保权威科学性。

◎ **临床病例数据：** 汇集各类常见病与疑难病临床病例，详录症状、诊断、治疗方案及效果等信息。

◎ **平台历史问答记录：** 健康咨询问答集，常见病症、慢性病管理与紧急处理等内容整理。

◎ **专家访谈录音与文本：** 访谈知名医疗专家，记录其对常见症状的诊断思路与建议，为模型提供专业参考。

项目组做数据准备时，对数据执行了严格的清洗、标记和标准化操作，先利用自然语言处理技术给原始数据分词、除噪、纠错，再用正则表达式拿出关键信息。医疗专家团队会对数据执行二次标记，确定各个病例的主要症状、可能病因、推荐检查和就医建议等情况，最后把数据分成训练集，验证集和检测集，这样在微调时就能很好地观察模型的表现，杜绝产生过度拟合现象。

②微调策略。

基于准备好的高质量医学数据，项目组采用了全参数微调与LoRA参数高效微调相结合的策略，对DeepSeek-V3进行定制化训练。具体步骤如下：

◎ **模型初始化**：加载预训练的DeepSeek-V3模型作为基础模型，并对模型进行必要的冻结和解冻设置。针对模型中表现不足的意图识别层和推理层，设置较高的学习率和更新频率。

◎ **全参数微调**：在较小规模的医学问答数据集上进行全参数微调，确保模型能在较短时间内快速适应医疗领域的语言特点和知识结构。这一阶段侧重于模型的基础知识和逻辑推理能力的提升。

◎ **参数高效微调（LoRA）**：由于DeepSeek-V3模型参数量巨大，为了节省计算资源并减少微调过程中对预训练权重的干扰，项目组采用LoRA技术只对部分关键参数进行更新。LoRA技术能够在保持模型整体性能的前提下，通过对特定层进行低秩近似更新，实现高效定制。

◎ **多阶段训练与验证**：微调过程中，采用早停机制和交叉验证等技术，在每个训练阶段结束后进行全面测评。测评指标包括医学知识准确率、逻辑推理得分、意图对齐指标等。根据验证集反馈动态调整训练参数和数据分布，确保模型在不同任务场景下均能保持高效表现。

◎ **外部知识检索融合**：为进一步弥补模型在少见疾病和复杂症状处理上的知识盲区，微调过程中引入外部医学知识检索模块。该模块通过实时调用权威医学数据库API，对模型输出进行二次校验，确保答案的准确性和权威性。

通过这一系列微调策略，定制后的AI家庭医生系统在医学问答测试集上的准确率较原始模型提升了15%~20%，在逻辑推理和意图对齐方面也有明显改善，这表明系统充分满足了平台的实际需求。

（4）提示工程与规则设计

在微调的基础之上，提示工程和规则设计是促使模型按预期输出的关键环节。就医疗场景来说，团队做了如下的提示和规则设计。

①系统提示设计。

设计系统提示来明确要求模型作为"DeepSeek医生助手"角色，并规定回答的格式和内容要求。例如，提示内容如下。

角色说明：资深家庭医生助手的身份明确，回答需依据权威资料与临床指南。

回答格式：要求回答分为症状描述、病因分析与建议措施三部分。

安全提示：高风险症状（如剧烈疼痛、呼吸困难）下自动附加紧急就医建议，强调系统输出仅供参考。

示例提示如下。

"现在你是一位资深的家庭医生助手，名字叫'DeepSeek医生助手'。请根据患者的描述，参考权威医学资料给出回答。回答包括以下三部分：

症状解析（详细描述患者症状）；

可能病因（结合临床指南分析可能的疾病）；

建议措施（提出科学、合理的就医建议，必要时附加紧急提示）。请注意，所有回答仅供参考，最终的准确诊断请务必咨询专业医生。"

②少量示例。

为了让模型更好地掌握医疗问题的回答方式，团队设计了多个少量示例，覆盖常见病症及疑难问题。示例如下。

◎ **常见病症问答**：例如，"我最近连续发烧伴随咳嗽，可能是什么原因？"对于该问题，模型应回答:"这种症状常见于病毒性上呼吸道感染,建议多休息、多饮水,如症状持续或加重,请及时就医。"

◎ **疑难问题问答**:例如,"我连续发烧三天,且伴有剧烈头痛和呕吐,请问可能是什么问题?"对于该问题的示例回答中应提到可能的重症警示,如脑膜炎的可能性,并建议立即就医并进行进一步检查。

经由供应这些示例,模型在解决相似问题的时候,可以模仿示例的结构和风格,给出更贴合实际需求的答案。

③动态规则与安全机制。

设计动态规则以实现模型自动检测敏感词与风险指标。

◎ **条件触发规则**:如果检测到像"高热""剧烈疼痛""呼吸困难"这样一些关键词的时候,要自动在答复的最后加上"请马上就医"这样的告知。

◎ **外部校验机制**:医学关键输出前进行实时校验与知识检索API调用,确保答案精准无误。

◎ **反馈调整**:构建用户反馈渠道以实时纠正问题,并依据反馈持续优化提示内容与规则参数。

这些措施既增强了回答的准确性又保证了安全性,还让系统在实际部署中有不错的容错性与动态调节能力。

(5)多模型组合

微调和提示工程在很大程度上改善了模型在医疗领域的表现,不过,解决一些复杂病例的时候,单个模型还是会受到限制。所以,项目组采用了多模型拼合的方法,借助它们的协同作业来进一步提升系统的总体性能。

①组合模式选择。

医疗问诊中结合专家分工与投票集成的方式。

◎ **基础问诊模块**:微调后的DeepSeek-V3用于处理多数常见病症的回答。

◎ **专业知识模块**:复杂罕见病症的外部医学数据库调用与知识模型校验扩展机制。

◎ **投票集成**:多模型生成回答时的最佳答案选择(加权投票与融合策略)。

融合算法依靠模型的置信度、历史表现、随时反馈的数据来做动态调整,这样有助于输出结果保持准确一致。

②实践细节。

◎ **调用外部API**:在模型输出中融入"Tool_Calls"响应设计,通过调用权威医学数据库API来获取最新的临床指南和相关统计数据来验证模型的回答。

◎ **动态路由**:利用条件路由时,可把模型回答里那些不确定的部分转交专业模块来处理,这样做有助于维持系统整体逻辑的连贯性,减少信息出现遗漏或偏差的情况。

◎ **结果融合**:借助投票合成策略,对众多模型的输出展开全面分析,最后得出一份经多方验证的答案。开展期间,这种合成策略让系统整体准确率提高15%~20%。

(6)评估和迭代

项目组形成起一套全面的测评体系,借由DIKWP框架来评定系统各维度的表现。其测评流程如下。

◎ **自动化测评**:先预先设定好检测用例,然后自动采集系统的数据捕捉、知识引用、逻辑推测、意图对齐这些方面的指标数据。再经由统计分析得到各个模块的准确率、响应速度、用户满意度这样的量化指标。

◎ **人工审核**：请医疗专家针对系统输出展开抽样审核，核查回答有无科学性与安全性，着重留意回答是不是存在误导性提议与信息偏差。

◎ **反馈闭环**：把测评得出的结果同用户给予的反馈融合，剖析系统于实际应用当中存在的不足之处，然后制订针对性的改进方案。每取得一次提升以后，再次全方位地执行测评流程，保证每一次的改进均能达成实质性的巩固效果。

◎ **动态监控**：系统上线之后，要形成即时检测和日志记录的机制，对系统关键指标加以追踪，这些指标涉及回答准确率、响应时间、用户投诉率等，还要定期举办考量会议，就改进措施展开交流。

系统经过多次的更新改进，整体准确率大幅优化，逻辑连贯性变强，意图对齐度提高，这样就满足了平台对AI家庭医生系统的高要求。

（7）部署反馈

系统完成定制优化与充分测试后正式上线，部署阶段主要如下。

◎ **系统上线**：AI家庭医生系统经多轮发展改良后被部署进生产环境，可给予7×24小时在线服务。该系统采取云端和边缘协同的部署模式，这种模式不仅有助于保障系统稳定，还能捍卫数据安全。

◎ **实时监控**：创建细致的观察仪表盘，用以随时追踪系统的运行状况，其中要涵盖响应时间、数据处理速度、回答准确率及用户交互日志等方面。要保证系统即便处于高并发的场景之下，仍然能够稳定地运行。

◎ **用户反馈机制**：在平台里设置用户反馈入口，借助在线问卷、客服热线及社交媒体来搜集用户针对AI家庭医生系统给出的意见和建议，这些反馈内容会成为下一组次系统更新改进时重点参考。

◎ **定期评估与更新**：系统上线之后，项目组每个季度都会做一次全面的测评，会把用户的反馈同自动观测的数据融合，然后针对这些情况去调整参数、提示工程规则及多模型拼合策略，好让系统一贯维持良好的状态。

11.3.2 复盘和启示

复盘医疗健康领域AI家庭医生系统全流程，可总结出以下经验与启示。

◎ **全流程闭环的重要性**：整个系统的开发过程形成了一个完整的闭合环，即目标明确→模型选择→定制与微调→提示工程与规则设计→多模型组合→评价和迭代→部署反馈。每个环节都很关键，每个环节都要好好落实，仔细改进，系统在实际应用时才可能有好的表现，这个闭合机制既保证了项目初期目标和实际输出的一致性，又给后续的持续改进和升级赋予了保障。

◎ **数据质量与多样性的关键作用**：在整个定制优化过程中，拥有高质量、代表性强的数据是确保模型输出准确、科学的前提。无论是从权威医学数据库、临床指南中获取数据，还是从平台历史问答中提取的数据，都必须经过严格清洗和标注。只有数据多样性和高质量得到保障，微调后的模型才能在不同情况下保持稳定的表现。数据的定期更新同样至关重要，因为医学知识和临床实践不断进步，模型需要不断吸收最新知识才能跟上时代步伐。

◎ **提示工程与动态规则的优势**：在定制化优化过程中，提示工程不仅仅是简单地调整输入语句，更是一种动态、可控的输出引导机制。通过设置系统提示、少量示例及动态触发规则，模型能够更好地对齐用户意图的方向，并在回答过程中自动补充安全提示。这种方法大大提高了模型在处理复杂和敏感问题时的可靠性，同时也为后续多模型协同提供了一个统一的输出标准。

多模型协同的效益：单一模型经微调和提示改进之后，在多数常见问答场景中有不错的表现，不过在应对复杂或少见病例的时候，单一模型常常会受到限制，采用多模型协同，不同模型就能在不同的问题模块发挥各自的长处，在处理复杂症状时，系统可以调用专业医学数据库做二次校验，用专家分工或投票集成的策略把各个模型的优势有效地整合起来。实践表明，这种多模型协同不仅提升了整体的准确率，而且在一定程度上降低了误诊的风险，给医疗健康领域的AI应用带来了更多的安全保证和技术支持。

◎ **持续反馈与迭代机制**：AI系统的部署仅仅是个开端，持续收集反馈并开展更迭改进才是系统长久运行的关键所在，形成及时观测系统与用户反馈机制，平台可尽早找到问题并有针对性地加以改进，每次更迭均为一次增强的契机。唯有把用户反馈与自动测评数据纳入闭合反馈体系，系统方可逐步自我完善，从而在竞争激烈的市场上守住领先地位。

◎ **项目管理与团队协作**：塑造AI家庭医生系统并非仅是技术之事，还包含跨部门、多团队的协作，项目组始终维持高度的信息透明度，并积极开展跨专业的交流活动。医疗专家、数据工程师、算法工程师及用户体验设计师通力合作，一同确保每个环节均符合预期，团队协作与项目管理得以开展，这既保障了技术的实际应用，也为系统的商业化应用赋予了稳固的组织后盾。

以"医疗健康领域的AI家庭医生"为例，全面复盘了从预置目标到最终部署及获取反馈的整个流程，各个环节精心规划并持续改进，为系统最终完成构建了根基。从数据筹备、模型挑选、微调方案、提示设计、外部知识整合，再到多模型协作及及时浏览，这个完整的循环流程在大型模型应用项目中具有关键意义。还应意识到，唯有持续提升和改进模型，并严格遵照测评反馈形成的准则，才可能在复杂的应用情景下完成预期成果。

本案例为医疗健康领域的企业提供具体的技术参照，而且给像金融、教育、客服这些行业怎样创建定制化AI系统提供了珍贵经验。大模型技术与多模型协同系统持续走向成熟，未来AI在各个行业中的应用必然会取得更多突破，给社会和经济发展注入新的活力与动力。

详细复盘这个案例并总结经验，有益于开发者和企业在应用人工智能过程中避开常见错误，形成高效、精确而且可靠的人工智能系统，做到技术和业务的深度交融并不断改进。

11.4 总结

大模型与多智能体协同系统的发展将推动未来实践与优化策略的成熟和多样化。

◎ **群智协同**：未来，多模型协同会逐步变为群智系统，很多智能体之间的协作会变得更紧密、更高效，从而形成智能生态系统。

◎ **端、边、云协同**：在实际应用的时候，要让端、边、云协同起来工作，这样既能保证高性能，又能减少迟滞和成本，做到数据隐私的本地化处理。

◎ **跨领域融合**：未来的系统会更关注跨领域知识的整合，不同领域协同合作将会是AI应用的新走向，给企业带去更全面、更精准的决策支撑。

◎ **持续反馈与改进**：借助实时监控，基于用户反馈与人工审核，系统将持续自我优化，实现长效稳定运行与价值提升。

本章选取医疗健康、金融分析，教育培训这三个典型行业当作案例，系统论述怎样把DeepSeek模型同DIKWP白盒测评理念结合，达成大模型应用的实际落地，概括领先的应用情况和主要策略，而且利用具体例子重新梳理从模型挑选、定制改良、考量审查，一直到最后部署的整套流程。期望读者能够获取引导，在自身项目里严谨遵照这些指导性准则，规避潜在陷阱，持续更新改良，从而塑造高效且稳固的AI应用体系。

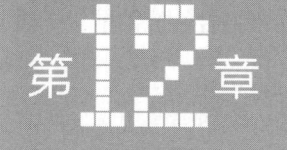

第12章 结语：未来展望与读者行动指南

在本书中，从基础技术原理、定制优化、多模型协同到行业应用案例，全方位探讨了大模型技术，特别是以DeepSeek为代表的国产大模型在DIKWP白盒测评理念指导下的落地实践。随着技术日新月异，大语言模型正处于快速发展阶段。展望未来，本章将从技术趋势、产业影响、读者的下一步行动等方面展开讨论，为读者提供一份详细的未来规划和实践指南。

12.1 大模型的未来趋势

12.1.1 技术演进与创新方向

未来LLM技术将沿着多条路径不断演进，其中几个关键方向尤为引人注目。

◎ **高效模型架构**：近年来，稀疏化技术、MoE架构等方法不断发展，使大模型在参数规模与推理效率之间取得平衡成为可能。未来有望看到更高效的架构设计，在不牺牲性能的前提下进一步降低计算资源消耗。

◎ **多模态通用模型**：图像、语音、视频等数据形式不断相互融合，多模态通用模型正在慢慢崛起。未来的LLM将不局限于文本处理，而是能够融合多种数据形式，实现跨模态理解和生成，打造更通用、更强大的智能系统。

◎ **模型规模与性能的平衡**：一个常见的问题，模型是不是越大就越好？未来的发展将更加注重规模与实际应用性能之间的平衡，通过模型压缩、知识蒸馏、剪枝等技术，在保证模型表现的同时显著降低部署成本和计算负担。

12.1.2 "人工意识"与认知进化

DIKWP白盒测评为研究者提供了一种全新视角，让人们不再仅关注模型输出是否正确，而是进一步关注模型"会不会思考"。这一测评框架有望推动模型向更接近人类认知模式发展。

◎ **人工意识探索**：借助在数据、信息、知识、智慧和意图这五个层面展开细致的测评，研究者能够慢慢揭示模型内部"思考"的机制，并考察人工意识的边界与可能性。这不仅具备理论价值，而且有可能引领可解释性AI的发展，从而为模型的安全和透明赋予保障。

◎ **意图与智慧的进一步提升**：未来的AI需要进一步改进模型的意图与智慧，一方面，要在语义理解和推测能力上高于传统系统；另一方面，还要让意图识别和决策能力更接近人类水平。如此一来，LLM就能在辅助决策、情感交流等方面有所突破，从而塑造更人性化的智能系统。

12.2 产业影响

12.2.1 医疗健康领域

◎ **从助手到辅助诊疗决策**：大模型技术日益成熟，未来AI在医疗领域不仅会扮演"家庭医生"的角色，而且会渐渐成为辅助医生进行临床决策的工具。经由与医疗数据库、文件处理及即时监测系统结合，AI系统能在诊断、治疗建议和病情监控上发挥更大的效能，从而为医疗质量和效率提供保障。

12.2.2 金融行业

◎ **智能投资与风控决策**：在金融领域，智能投资助手和风险评价系统将被更广泛地采用。未来的系统不仅能够动态地实时处理市场数据并生成投资报告，而且可以依靠多模型协同来完成跨数据源的分析，为决策者供应精准且及时的投资建议，同时系统还能助力企业控制风险，削减经营成本。

12.2.3 教育培训

◎ **个性化教学与学习伙伴**：AI学习导师会进一步扩展AI在教育领域的应用范围，同时也会在解答和引导方面有所突破，也许还会从情感交互、情景模拟等方面给学生全方位的学习支持。依靠多模态和情感计算技术，个性化教学将会做到更为精准、更具人性化的互动体验，推动大规模个性化教学不断发展。

12.2.4 企业运营与智能决策

◎ **标准基础设施与数字化转型**：随着企业数字化转型不断加速，大模型将成为企业运营中的标准基础设施。企业将通过大模型实现智能客服、自动化办公、精准营销等多项功能，并借助多模型协同技术构建全链路、端边云协同的智能决策系统，推动业务流程优化和资源配置升级。

12.2.5 政策与市场动向

◎ **监管趋严与竞争加剧**：随着AI技术的普及，各国监管机构将不断出台新的政策和法规，以确保AI应用的安全、合规。未来企业在技术创新的同时，需要时刻关注政策动向，平衡技术突破与合规风险。

◎ **市场机遇**：在数字化转型、智能化升级的浪潮中，大模型应用将为各行业带来前所未有的市场机遇。无论是医疗、金融、教育还是制造、物流，借助AI技术实现效率提升和成本降低，必将为企业创造巨大的商业价值。

12.3 读者的下一步行动

12.3.1 行动建议

本书不仅是一本理论与实践并重的指南，更希望能激励读者不止于阅读，而是亲自参与到大模型技术的实践中。以下是几条切实可行的行动建议。

◎ **加入开源社区**：积极加入DeepSeek社区、LangChain社区等开源大模型技术社区，与全球的开发者分享自己的经验，获取最新的动态和技术支持。DeepSeek官方网站和GitHub仓库等社区网站都是获取资源的好渠道。

◎ **搭建小型应用验证所学：** 尝试构建简单的AI应用，如智能问答机器人、医疗咨询系统或智能客服，通过实践验证本书中所讲的模型定制、提示工程、微调等方法。可以使用开源工具和框架，如LangChain、LangGraph等快速搭建原型。

◎ **参加线上竞赛和项目实践：** 积极参与各类AI竞赛和Hackathon这样的项目操作，通过实战不断打磨技能、优化模型。线上平台如Kaggle、天池竞赛等，都是很好的实践场所。

◎ **持续学习与分享：** 关注最新的研究论文、技术博客和开源项目，持续学习最新的技术，不断丰富和更新自己的知识储备。可以定期写博客或参与讨论，将自己的实践心得分享给社区，互相学习，共同进步。

12.3.2 建立个人或团队实践机制

◎ **项目规划与分工：** 如果条件允许，可以组建一个跨学科团队，覆盖数据工程、算法研发及产品设计各个方面，确保每个环节都有专人负责，实现从理论到实践的全流程落地。

◎ **制定反馈闭环：** 在项目过程中，建立完善的反馈机制，实时收集用户体验和系统指标数据，并及时迭代优化、更新升级，形成"测评诊断→定制优化→再测评"的闭环管理模式，确保项目始终处于不断进步状态。

◎ **借助工具与平台：** 善用开源平台和工具，如GitHub、HuggingFace、LangChain等，快速获取并应用前沿技术，同时要持续关注社区中的优秀实践案例。

12.4 总结

本章通过对未来大模型发展趋势、产业影响及读者实际行动建议的详细阐述，勾勒出一个充满希望与挑战的未来图景。我们看到了更高效的模型架构、多模态通用模型及人工意识探索的无限潜力；也看到了医疗、金融、教育、企业运营等领域正因AI技术而发生的深刻变革；更重要的是，为读者提供了一份切实可行的行动指南，鼓励大家走出书本，投身实践，共同推动AI领域的持续创新与进步。

愿每一位读者都能通过本书，找到属于自己的AI发展方向，并在未来的路上不断突破、勇攀高峰。让我们一起，用技术和智慧开启一个全新的智能时代！

后 记

当书稿画上最后一个句号，窗外的AI世界仍在飞速演进。就在定稿前的72小时，DeepSeek团队宣布其MoE架构实现万亿参数突破，而Chat GPT-5的多模态能力再次刷新行业认知。这种技术迭代速度印证了本书的核心观点：在智能涌现的浪潮中，唯有掌握认知本质的方法论，方能立于不败之地。

回望写作历程，三个洞见越发清晰：其一，大模型技术的价值不在于替代人类，而是拓展认知边疆——当AI能处理90%的常规决策时，人类得以专注于10%的创造性突破；其二，技术民主化不可逆转，开源的DeepSeek与封闭的GPT系列之争，本质是智能时代生产关系的重构；其三，DIKWP测评体系揭示的不仅是机器认知层次，更折射出人类智能的演化路径——从数据感知到意图实现，这正是文明进步的微观映射。

本书付梓之际，我们既感欣慰，更觉责任重大。文中提及的DIKWP模型和DIKWP白盒测评等理论还在不断发展优化，并在各个领域得到广泛应用。这些实践反馈让我们确信：当技术探索与人文关怀结合时，AI才能真正成为向善的力量。

要特别致谢DeepSeek研发团队的技术支持，他们的开放精神使本书案例得以具象化；感谢百余家合作企业的场景赋能，正是真实世界的复杂需求催生了方法论创新；更要感谢每位读者的智慧投入——你们在书页空白处写下的每个疑问，都将成为推动技术进化的思维火花。

展望未来十年，智能技术将完成从"工具"到"伙伴"的质变。当机器开始理解幽默背后的文化隐喻，当AI能够感知决策中的伦理困境，人类文明将进入全新的共生纪元。我们期待本书读者中涌现出下个时代的图灵与冯·诺依曼，用东方智慧与西方逻辑共同谱写智能文明的新篇章。

临笔驻思，忽觉技术探索犹如登山：当我们借DeepSeek之翼抵达某个峰顶，总会发现更多未知的巍峨群峰。谨以维特根斯坦的名言与诸君共勉："世界的意义必定在世界之外。"而对智能本质的追寻，永远指向人类认知的更深远处。